Reiner Dumke, Erik Foltin,
Reinhard Koeppe, Achim Winkler

Softwarequalität durch Meßtools

Verifikation und Validation
Software-Test für Studenten und Praktiker
von G. E. Thaller

Qualitätsoptimierung der Software-Entwicklung
Das Capability Maturity Model (CMM)
von G. E. Thaller

QM-Handbuch der Softwareentwicklung
Muster und Leitfaden nach DIN ISO 9001
von D. Burgartz

Softwareentwicklung nach Maß
Schätzen – Messen – Bewerten
von R. Dumke

Softwarequalität durch Meßtools
Assessment, Messung und
instrumentierte ISO 9000
von R. Dumke, E. Foltin, R. Koeppe und
A. Winkler

QM-Verfahrensanweisungen für Softwarehersteller
Mustersammlung und Audit-Fragenkatalog
nach DIN ISO 9001
von D. Burgartz und St. Schmitz

Vieweg

Reiner Dumke
Erik Foltin
Reinhard Koeppe
Achim Winkler

Softwarequalität durch Meßtools

Assessment, Messung und
instrumentierte ISO 9000

ISBN-13: 978-3-322-87243-2   e-ISBN-13: 978-3-322-87242-5
DOI: 10.1007/978-3-322-87242-5

Druck und buchbinderische Verarbeitung: Lengericher Handelsdruckerei, Lengerich
Gedruckt auf säurefreiem Papier

Vorwort

Das vorliegende Buch beschreibt die Grundlagen von Softwaremeßtools hinsichtlich ihrer Klassifikation, ihrer Architektur und ihrer wesentlichen Anwendungsmerkmale. Das erste Kapitel enthält eine allgemeine Einführung zur Softwaremessung und bezieht sich auf

- die wesentlichen Komponenten des Softwareproduktes hinsichtlich der verschiedenen Anwendungsausrichtungen und

- die wesentlichen Komponenten der Softwareentwicklung bezogen auf verschiedene, moderne Entwicklungsparadigmen bzw. Verbessserungsstrategien (ISO 9000, Capability-Maturity-Modell).

Im Anschluß werden die Meßtools hinsichtlich ihres Meßansatzes und ihrer Anwendungsart im Softwarelebenszyklus beschrieben.

Die einleitende Beschreibung der Grundlagen zur Softwaremessung betrifft die Zielrichtung der Softwaremessung bzw. die verschiedenen Ausprägungen und Ansatzpunkte. Dabei werden vor allem noch einmal die unterschiedlichen Meßstrategien, die insbesondere von der Meßart und vom konkreten Meßobjekt, wie Programmcode, Spezifikation, Dokumentation oder Testfile, abhängen, erläutert.

Eine ausführlichere Beschreibung der Validationsproblematik dient der wesentlichen Charakeristierung der richtigen Meßdateninterpretation. So stellt beispielsweise die Skalierungseigenschaft des jeweiligen Softwaremaßes eine wichtige Voraussetzung für die richtige Anwendung statistischer Auswertungsmethoden dar.

Die dann näher beschriebenen Meßtools stellen die wesentlichen zur Zeit auf dem Markt befindlichen Meßwerkzeuge, die Softwaremetriken anwenden, dar. Dabei wurde eine heute bereits sehr gebräuchliche Klassifikation der Softwaremeßbereiche in die Prozeß-, Produkt- und Ressourcenbewertung verwendet. Bei den Meßtools zur Produktbewertung wurde eine Aufteilung hinsichtlich der Entwicklungsphasen zugrunde gelegt. Die Unterstützung der Messung und Bewertung durch Meßtools wird an den jeweiligen Ausprägungen des Softwareproduktes in diesen Phasen gezeigt.

Die Beschreibung der einzelnen Meßtools im zweiten Kapitel dient vor allem dazu,

- *sich über die Meßaspekte und deren Zielsetzung generell einen Überblick zu verschaffen,*

- *die Bedingungen und Voraussetzungen für eine effiziente Anwendung dieser Meßtools zu erkennen,*

- *sich schließlich auch über die derzeitigen Grenzen bei der Softwaremeßtoolanwendung klar zu werden und gegebenenfalls sich selbst an einer Weiterentwicklung auf diesem Gebiet zu beteiligen.*

Die Auswahl der beschriebenen Meßtools schließt einige (universitäre) Prototypentwicklungen mit ein, wie zum Beispiel MCOMP, PDM und RMS. Dies dient der Demonstration von neuen Ansatzpunkten und Entwicklungen auf dem Gebiet der Meßtools, die dem Leser auch Entwicklungstrends verdeutlichen sollen.

Das dritte Kapitel klassifiziert die beschriebenen Meßtools noch einmal nach speziellen Anwendungsaspekten und dient als Hilfe für einen effizienten Einsatz dieser Meßtools.

Das vorliegende Buch ist vor allem für den industriellen Bereich eine wichtige Orientierungshilfe und dient ebenso als Ergänzungsliteratur für die Universitäten und (Fach-)Hochschulen im Fach Software Engineering, System Management und Softwarebewertung. Es kann dabei für die Fachrichtungen Informatik, Wirtschaftsinformatik und andere Informatikanwendungsgebiete genutzt werden.

Für die mühevolle Textzusammenstellung bedanken wir uns bei Frau Dörge und beim Vieweg-Verlag für die verständnisvolle Zusammenarbeit.

Magdeburg, im Dezember 1995   *Die Autoren*

Inhaltsverzeichnis

1 GRUNDLAGEN DER SOFTWAREMESSUNG

1.1 Ziele der Softwaremessung

Das Gebiet der Softwaremessung ist ein relativ neues Gebiet der Softwaretechnik. Daher reichen die Zielstellungen der Softwaremessung von der rein experimentellen Ausrichtung, bei der es erst einmal einfach um das Verständnis des jeweiligen Prozesses oder der Produktcharakteristika geht, bis hin zu einer nahezu automatisierten „rechnergestützten Qualitätssicherung". Ihre Berechtigung leitet die Softwaremessung (bzw. bezeichnet mit dem noch nicht sehr häufig verwendeten Begriff **Softwaremetrie**) aus solchen Zitaten wie *„To measure is to know."* (Clerk Maxwell*)*, *„You cannot control what you cannot measure."* (Tom DeMarco), *„Measurement is an excellent abstraction mechanism for learning what works and what doesn't."* (Victor Basili) und schließlich *„A science is as mature as its measurement tools."* (Louise Pasteur) her. Die zunehmende Bedeutung der Softwaremessung leitet Glass aus dem Wandel in der Softwareentwicklung her (/Glass 95/, S. 12) in der Form:

> *„To the extend that we are creative in building software, I believe:...*
> - We move from formal methods to less formal ones.
> - We adapt to providing solutions that satisfy rather than optimize.
> - We shift from quantitative to qualitative reasoning.
> - We look at both process and product. ..."

Daher vergrößert sich der experimentelle (gemessene) Aspekt bei der Softwareentwicklung. Eine allgemeine Klassifikation für die Durchführung von Experimenten in der Softwaretechnik lautet (siehe auch /Basili et al 86/ und /Dumke 92a/):

♦ **Definition:** mit den Aspekten
  - der *Motivation* als Ausrichtung auf das Verstehen, Bewerten, Managen, Erlernen, Verbessern, Validieren oder Gewährleisten einer speziellen (Qualitäts-) Eigenschaft,
  - des *Meßobjektes* als Softwareprodukt, Prozeß, Modell, dem Maß bzw. der Metrik[1] selbst und einer Theorie,
  - des *Zweckes* hinsichtlich einer Charakterisierung, der Bewertung, einer Abschätzung oder zur Motivation dienend,
  - der *Anwendersicht* als Ausrichtung für den Softwareentwickler, Wartungsingenieur, Projektmanager, Firmenmanager, Auftraggeber, Anwender oder Forscher,

---

[1] Maß und Metrik können in diesem Zusammenhang gleichermaßen verwendet werden. Während eine Metrik gemäß der Maßtheorie einen „Abstand" in den verschiedensten Dimensionen und Skalierungsformen bestimmt, ordnet man dem Maß gemäß der Meßtheorie eine empirische Bedeutung zu.

- des *Aufgabengebietes* für den Programmierer oder den Projektanten und
- der *Projektart* als Einzelprojekt, eingebettetes Projekt, Nachfolgeprojekt oder Mehrbereichsprojekt;

♦ **Planung:** mit den Teilkriterien

- der *Meßausrichtung* in den Formen einer experimentellen Ausprägung mit den entsprechenden statistischen Auswertungsverfahren,
- den *Meßkriterien* als direkte Messung (beispielsweise von Kosten, Fehlern, Zuverlässigkeit und Korrektheit) und als indirekte Messung (beispielsweise der Programmiererfahrung, dem Produktumfang oder der Komplexität),
- der *Meßart* in den Ausprägungen der Maßdefinitionsweise, der Validationsform, der Meßdatenhaltung und der Meßskalierung;

♦ **Durchführung:** mit den Teilschritten der Vorbereitung, der Messung und den Analyseformen bzw. Meßdatenpräsentationsformen und schließlich die

♦ **Auswertung:** hinsichtlich der Interpretation des Kontextes der jeweiligen Softwaremessung, seiner Ausrichtung und den Zielsetzungen.

Die Meßausrichtung hinsichtlich der Anwendersicht zeigt das folgende Schema.

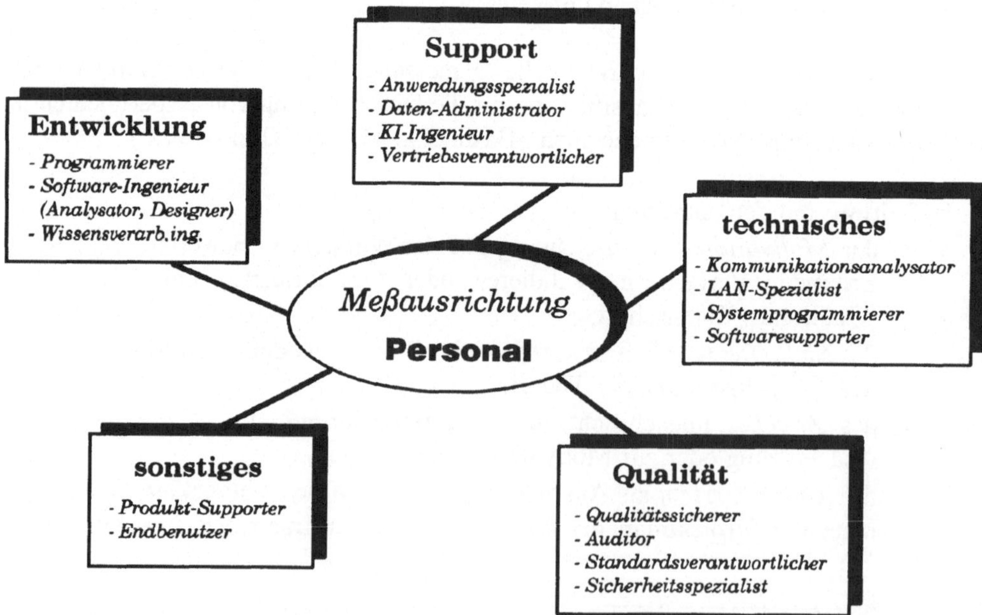

Sie prägt vor allem die Darstellungsform und erforderliche Interpretationsunterstützung für die Meßergebnisse.

Das Ziel der Softwaremessung liegt dabei in der Erkenntnis allgemeiner Zusammenhänge der Softwareentwicklung. So geht es beispielsweise darum, die für die Softwareentwickler bekannten, von Arthur als sogenannte Gesetze der Softwareentwicklung (**Laws of Evolution**, /Arthur 92/, S. 37-55) zusammengefaßten Regeln für die jeweilige Entwicklungsumgebung bzw. -methode quantitativ zu untersetzen. Derartige „Gesetze" lauten beispielsweise:

Allgemeinste Gesetze: dazu zählen

- **Gesetz der kontinuierlichen Veränderung**: Dieses Gesetz weist vor allem auf die Tatsache der Veränderung aller bei der Softwareentwicklung beteiligten Komponenten hin. So z. B. auch die Veränderung im Anwendungsbereich, die wiederum Veränderungen bzw. Anpassungen vorhandener Softwareprodukte nach sich zieht.

- **Gesetz der wachsenden Entropie**: Die Entropie eines Systems kennzeichnet seine „Unstrukturiertheit" bzw. „Undurchsichtigkeit" im Verlauf der Wartung eines Softwaresystems.

- **Das Gesetz des statistisch gleichmäßigen Wachstums**: Dieses Gesetz bezogen auf die Softwareentwicklung bedeutet, daß ungeachtet teilweise stochastischer Veränderungseffekte, im statistischen Sinne (Varianz, Verteilung usw.) ein gleichmäßiges Wachstum (hinsichtlich Komplexität, Umfang usw.) zu verzeichnen ist.

Das 7±2 Gesetz: Dieses Gesetz wurde von G. A. Miller (1956) aufgestellt und besagt, daß in einem Moment nie mehr als 7±2 Dinge (Informationen) betrachtet werden sollten. In der Software-Entwicklung bedeutet das konkret angewandt zum Beispiel

- **für die Komplexität**: Hierbei sollte 7±2 z. B. als McCabe-Zahl nicht überschritten werden. Unakzeptabel hingegen ist z. B. eine Komplexität von 7^2 ($\approx$50).

- **für die Modulstruktur**: Ein Modul (höherer Ebene) sollte höchstens 7±2 Komponenten besitzen.

- **für den Modultest**: „Testbare" Module sollten nicht mehr als 7±2 Entscheidungen besitzen.

- **für die Dokumentation**: Eine Dokumentation sollte stets nicht mehr als 7 ± 2-fach unterteilt sein.

Das Pareto-Gesetz: Hierbei wird zum Ausdruck gebracht, daß im allgemeinen jeweils 20 % eine 80 % -ige Auswirkung haben, wie beispielsweise nach /Arthur 92/:

20 % der ...		80 % der...
Module	bedürfen	Ressourcen
Module	haben eine Fehleranzahl von	Gesamtfehleranzahl
Erweiterungen	bedürfen	Anpassungskosten
Tools	benötigen	Anwendungserfahrung
Fehler	bedürfen	Wartungskosten

Gesetz der Wiederverwendung: Hierbei gilt der Grundsatz:

Don't solve any problem that has already been solved.

mit den konkreten Orientierungen:

- Zu einem bereits vorhandenen Repository (Programmbibliothek, Entwicklungsdokumentenbank u. ä. m.) sollte bei einer Entwicklung nicht mehr als ein Zehntel ergänzt werden.

- Entwicklungsdokumente sollten generell als wiederverwendbar ausgelegt sein.

- Wiederverwendung sollte honoriert werden.

Die Gesetze des (Qualitäts-) Managements: mit den Zitaten (siehe auch /Arthur 92/, /Brooks 75/)

- „Better a little caution than a great regret."

- Es gibt Produktivitätsunterschiede zwischen dem Entwicklungspersonal von 10:1.

- „Adding manpower to a late software project makes it later."

- „Wie du managest + Was du belohnst = Das Ergebnis erhältst du."

- Sowie das sogenannte Parkinson'sche Gesetz: „Work expands to fill the available time."

-

- „There's always time to do the *right* projects, but there's never time to do them over."

Diese allgemeinen Regeln geben einige Orientierungen, helfen aber wenig bei der Bestimmung des Entwicklungsniveaus bzw. der Softwareproduktqualität im einzelnen. Daher wurden umfangreiche Softwaremessungen, die zunächst auch erst einmal nur Klarheit über den Meßgegenstand verschafften, durchgeführt. So definierte Capers Jones bei seinen Softwaremessungen /Jones 93a/ erst einmal 16 verschiedene Programmklassen und zwar die

1. Programme für den eigenen Gebrauch,
2. Programme, die von anderen benutzt werden,
3. Programme, die in einem akademischen Umfeld entwickelt wurden,

4. firmeninterne Programme, die nur in einem Bereich verwendet werden,
5. firmeninterne Programme, die in mehreren Firmenbereichen verwendet werden,
6. firmeninterne Programme, die durch einen externen Auftraggeber initiiert wurden,
7. firmeninterne Programme, die gegebenenfalls für die externe Nutzung vorgesehen sind,
8. firmeninterne Programme, die Netzwerkzugriffsfunktionen beinhalten,
9. firmeninterne Programme im militärischen Bereich,

10. firmenexternc Programme, die für Public Domain vorgesehen sind,
11. firmenexterne Programme, die von Nutzern geleased werden,
12. fimenexterne Programme, die mit Hardware eng verbunden sind,
13. firmenexterne Programme, die für den kommerziellen Gebrauch vorgesehen sind,
14. firmenexterne Programme, die unter kommerziellen Auftrag entstehen,
15. firmenexterne Programme, die unter Regierungsauftrag entstehen und
16. firmenexterne Programme, die unter Militärauftrag entstehen.

Mit aufsteigender Nummer steigen hierbei auch die Qualitätsanforderungen, wie zum Beispiel das Dokumentationsniveau.

Die Messungen selbst sollten vor allem die obigen Erfahrungen untersetzen. So zum Beispiel für die Frage:

Welche Toolstützung führt zu welchen Produktivitätssteigerungen?

mit der Messung von Jones (/Jones 94/, S. 204) für ein spezielles Projekt mit über eine Millionen C-Codeanweisungen:

Konfigurationskontroll-element	ohne Tools (in Personenmonate)	mit Tools (in Personenmonate)
Pläne,Schätzungen, Budgets	15	3
Anforderungen, Spezifikationen	30	6
Graphiken, Illustrationen	15	3
Quellcode	50	10
Testfälle	35	5
Fehlerreports, Korrekturen	65	15

die den Sinn einer Toolstützung beim Konfigurationsmanagement verdeutlicht. Hierbei stellt sich natürlich auch erst einmal die Frage:

Was fördert die Produktivität am meisten?

mit der gemessenen Bewertung nach Boehm (in /Lehner 91/, S. 198):

Produktivitätsfaktor	Wichtung
Personal/Teamfähigkeit	4,18
Produktkomplexitätssenkung	2,36
geforderte Zuverlässigkeit	1,87
Termindruck	1,66
Anwendungserfahrung	1,57
Speicherknappheit	1,56
moderne Programmiertechniken	1,51
Softwarewerkzeuge	1,49

Die Meßergebnisse sind dabei oft überraschend, denn wer hätte die Softwarewerkzeuge in dieser Tabelle an letzter Stelle erwartet. Interessant ist natürlich auch die Frage:

Welche Programmiersprache führt zu welchen Entwicklungszeiten?

mit der Messung von Jones /Jones 93b/ für die Implementation desselben Algorithmus in drei verschiedenen Programmiersprachen (gemessen in Personenmonaten):

Aktivität	Macro Assembler	Ada 83	C++
Anforderungsanalyse	2.0	2.0	2.0
Entwurf	4.0	2.0	0.5
Kodierung	10.0	1.5	0.5
Test	4.0	1.5	1.0
Dokumentation	2.0	2.0	2.0
Management	2.0	1.0	0.5
insgesamt	**24.0**	**10.0**	**6.5**

Eine weitere Frage lautet:

*Welche Fehleranfälligkeit bzw. Zuverlässigkeit besitzt
meine Computeranwendung?*

mit dem Meßbeispiel nach Perry (/Perry 91/, S. 577) für einen Monat:

Fehlerkategorie	Fehleranzahl	prozentual
Hardware	212	44
Systemsoftware	106	22
Anwendungssoftware	10	2
Routineabarbeitung	29	6
externe	77	16
unbekannter Herkunft	10	2
Rekonfiguration	39	8

Hierbei sind natürlich weitere Informationen (Hardwaretyp, Betriebssystem usw.)
notwendig, um die Messung als allgemeine Trendaussage verwenden zu können. Die
folgende Fragestellung ist von grundsätzlicher Art:

Woran scheitern eigentlich Softwareproduktentwicklungen?

Eine „Messung" bzw. Analyse von Posner (in /Norris et al 93/, S. 44) lautet dazu:

ungeeignete Ressourcen	*69 %*
unrealistische Terminstellungen	*67 %*
unklare Zielrichtung	*63 %*
geringes personelles Engagement	*59 %*
unzureichende Planung	*56 %*
Änderungen in der Zielrichtung	*42 %*
Konflikte zwischen Teammitgliedern	*35 %*

Ein allgemeine Einschätzung zur Frage:

*Welche Fähigkeiten bzw. Leistungsmerkmale haben
eigentlich die Projektmanager?*

lautet nach Jones (/Jones 94/, S. 268):

Managementaktivität	Leistungsfähigkeit der Projektmanager für diese Aktivität	Anteil Projekte mit fehlender Toolunterstützung dafür
Softwarebeschaffung	schwach	85 %
Abschätzung der Projektressourcen	schwach	75 %
Projektplanung	ausreichend	35 %
Änderungs- und Kostenverfolgung	schwach	65 %
Projektmessungen	sehr schwach	95 %
Post-mortem-Bewertungen	schwach bis gut	90 %

Hier ist ein deutlicher Widerspruch zu erkennen, der durch diese Analyse erst einmal aufgezeigt wurde. Die Frage:

Welcher Kostenanteil entfällt auf welche Softwareproduktart?

beantwortet Johnson (/Johnson 91/, S. 162) in der Form:

Niveau	Programmtyp	Kostenfaktor
1	einfaches Programm	1X
2	Softwareprodukt	3X
3	Programmsystem	3X
4	Softwaresystemprodukt	9X

Die Niveaustufen stellen eine andere Art der Klassifikation von Jones (s. o.) dar. Die Frage:

Welchen (kumulativen) Fehlerverlauf kennzeichnet meine Softwareentwicklung?

beantworten zum Beispiel die Messungen von Grady (/Grady 92/, S. 53) in der Form:

Phase	Projekt 1		Projekt 2	
	prozentualer Anteil einge-führter Feh-ler	durchschnitt-liche Suchzeit in Stunden	prozentualer Anteil einge-führter Fehler	durchschnitt-liche Suchzeit in Stunden
Anforderungs-analyse/ Spezifikation	-	-	3	575
Entwurf	20	315	15	235
Implementation	75	80	65	118
Test	5	46	17	74
insgesamt	**100**	**125**	**100**	**142**

Dabei ist natürlich die Frage auch interessant:

Welche Fehlerart ist die häufigste?

mit dem Meßbeispiel von Gilb der Firma ICL (/Gilb 88/, S. 417):

Produktergebnis	Fehler insgesamt	prozentualer Anteil der Un-terlassungen	proz. Anteil von Mißver-ständnissen	sonstige
Anforderungen	203	63	34	3
Entwicklungsplan	451	61	33	6
Produktspezifikation	1627	56	40	4
Entwurfsspezifikation	503	53	39	8
Alpha-Testplan	472	71	26	3
Beta-Testplan	290	51	39	10
Codelisting	228	26	45	29
insgesamt	**3774**	**56**	**37**	**7**

Für das entstandene Softwareprodukt interessiert vor allem auch:

*Welchen Fehleranteil besitzt die in einer bestimmten
Entwicklungsmethode implementierte Software?*

Eine (spezielle) Antwort zeigt die Messung von Linger von Projekten, die nach der sogenannten Cleanroom-Methode entwickelt wurden (/Linger 94/, S. 56).

Projekt	LOC/Personenmonate[2]	Fehler/KLOC
COBOL/SF-Projekt	740	3,4
Doc. System in Foxbase	keine Angabe	0,0
IBM AOEXPERT/MVS in PL1	486	2,6
NASA-Satellit-Projekt	780	4,5
Projekt II (Fortran)	keine Angabe	4,2
IBM 3090E Tape Drive (in C)	keine Angabe	1,2
Ericson Telecom OS32	keine Angabe	1,0

Eine Untersetzung der Fehler wird durch die Frage:

Welche Fehlerarten können in einer speziellen Entwicklungsphase auftreten?

beispielsweise in der Messung von Humphrey beantwortet (/Humphrey 90/), und zwar für die Kodierung:

Fehlerart	prozentualer Anteil
falsches Entwurfsverständnis	14
Initialisierungsfehler	4
unterlassene Kontrolle	29
case-Anweisungsfehler	4
Variableninkonsistenzen	20
Ablauffolgefehler	7
Schleifensteuerungsfehler	4
Sprachbenutzungsprobleme	7
falscher Unterprogrammaufruf	4
sonstige	7

Für die Effektivität der Programmierung bezogen auf bereits vorhandener umfangreicher Software steht die Frage:

Welcher unterschiedliche Aufwand ist bei zu änderndem bzw.
neu zu schreibendem Code notwendig?

Eine Projektmessung von Frazier (in /Geringer et al 94/, S. 79) zeigt hierbei:

---

[2] LOC als Lines Of Code bzw. Quellcodezeilenzahl mit den Varianten KLOC als Kilo-LOC oder KSLOC als Kilo-Quell-LOC u.a.m.

Codeart	Produktivität (in KSLOC/ Personenmonate)
neu zu schreibender	0.98
zu modifizierender	1.02
übernommener	2.08

Eine andere Produktivitätsmessung auf der Grundlage der Frage:

Bei welcher Zielstellung für die Programmausrichtung wird die
höchste Produktivität erreicht?

zeigt das Experiment von Weinberg (in /Grace 93/, S. 312), wobei PH für Personenstunden und PM für Personenmonate steht:

Orientierung auf	LOC	LOC/PH	LOC/PM
minimale Programmgröße	33	1,1	143
minimaler Speicherplatzbedarf	52	0,7	91
gute Programmlesbarkeit	90	2,2	286
minimale Ausführungszeit	100	2,0	260
kürzeste Erstellungszeit	126	4,5	585
Klarheit der Ausgaben	166	5,5	715

Eine weitere Übersicht zur Programmierproduktivität (allerdings auch hierbei auf die Quellcodezeilenanzahl LOC bezogen) von Thaller zusammengetragen (/Thaller 93/, S. 96/97) lautet:

Softwareart	LOC/PM
kommerzielle	165-400
militärisch	176-220
erstes Ada-Projekt	152
Ada-Projekte, durchschnittlich	210
Real-Time	29-160
Raumfahrt	186
erstes C++-Projekt	161
C++-Projekte, durchschnittlich	187

Interessant ist schließlich auch die Frage:

Welchen Nutzen bringt die jeweilige Investition zur (angeblichen)
Verbesserung des Softwarentwicklungsprozesses?

Eine Auswahl der Messungen von Jones ist in der folgenden Tabelle gegeben (/Jones 94/, S. 496-500). Sie weist den Nutzen eines investierten Dollars nach jeweils ein bis vier Jahren aus, d. h. welchen Gewinn ein Dollar Investition gebracht hat.

unterstützte Maßnahme	1 Jahr	2 Jahre	3 Jahre	4 Jahre
Qualitätsunterstützung	0,25	0,30	1,50	3,50
Qualitätsmessung	1,15	3,50	10,00	17,50
Produktivitätsmessung	1,50	4,50	6,00	10,00
objektorientierte Sprachen	1,15	3,00	7,50	12,50
CSCW-Tools	1,25	2,00	3,00	6,00
Komplexitätsanalysetools	1,30	2,00	3,00	4,50
LOC-Metriken	0,70	0,50	0,40	0,30
ISO-Zertifizierung	0,75	1,25	1,75	3,50

Derartige Messungen haben natürlich auch die Zielstellung, aus den Meßwerten einen formelmäßigen Zusammenhang herzustellen. So ergibt beispielsweise die Softwaremessung von Putnam und Myers (/Putnam et al 92/, S. 51) in der Form

Projekt	Entwicklungszeit in Monaten	Entwicklungsaufwand in Personenmonaten	Umfang in SLOC
A	16	55	9700
B	14	80	12300
C	13	120	17200
D	12	180	23780
E	11	235	28450

stets den gleichen ganzzahligen Wert für die Formel

$$\text{Produktivität} = \text{Produktumfang}/(\text{Aufwand} * \text{Zeit})$$

und zwar 11 (für den sogenannten Produktivitätsindex). Das Ziel ist also die Formulierung der oben genannten Gesetzmäßigkeiten in Formeln. Einzelne derartige Formeln sind beispielsweise

- die Abschätzung der Planungszeit nach Conger (/Conger 94/, S. 61) in der Form

$$\text{geschätzte Zeit} = (\text{optimistische} + 2 * \text{realistische} + \text{pessimistische})/4$$

- die Abschätzung der anfallenden Dokumentationsseiten (in /Thaller 93/, S. 100)

$$DOC = 34{,}7 * KLOC^{0{,}93}$$

- die Bewertung der Einfachheit der Lesbarkeit von Dokumenten nach dem so-genannten Flesch-Index (in /Lehner 92/)

$$Lesbarkeit = 206{,}85 - 0{,}846*WL - 1{,}105*SL$$

mit WL als durchschnittliche Anzahl der Silben pro 100 Wörter und SL als durchschnittliche Satzlänge in Worten,

- die geschätzte Zeit für die Anforderungsanalyse nach Fisher (/Fisher 91/, S.47) in der Form

$$Zeitaufwand\ in\ Tagen = 3\ * Anzahl\ der\ Interviewpartner.$$

Die hierbei angegebenen Fragestellungen sind keinesfalls vollständig, zeigen jedoch beispielhaft die Untersetzung zu speziellen Problemen der Softwareentwicklung, wie der Produktivität, dem Projektmanagement, den Fehlerarten oder dem Programmieraufwand. Die verschiedenen oben genannten Anworten reichen dabei von Abschätzungen, einfachen Messungen und klassifizierenden Bewertungen bis hin zu verallgemeinerten Formeln. Um diese Antworten für den eigenen Softwareentwicklungsbereich anwenden zu können, fehlen jedoch oftmals weitere Angaben zur konkreten Art der gemessenen Softwareprodukte bzw. -prozesse. Sie können allenfalls als Trendaussage Anwendung finden. Daher wurde ein allgemeines Paradigma definiert, das einer sinnvollen Formulierung der Fragen und der zweckmäßigen Auswahl der zu messenden Größen zur Beantwortung dieser Fragen dient. Es handelt sich dabei um die sogenannte Goal-Question-Metric-Methode (**GQM**)[3] (/Basili et al 88/), die fordert, zunächst eine klare Zielstellung zu formulieren, dann die geeigneten Fragestellungen dazu auszuwählen und schließlich die für eine quantifizierte Beantwortung dieser Fragen erforderlichen Maße festzulegen. Ein Beispiel dafür lautet:

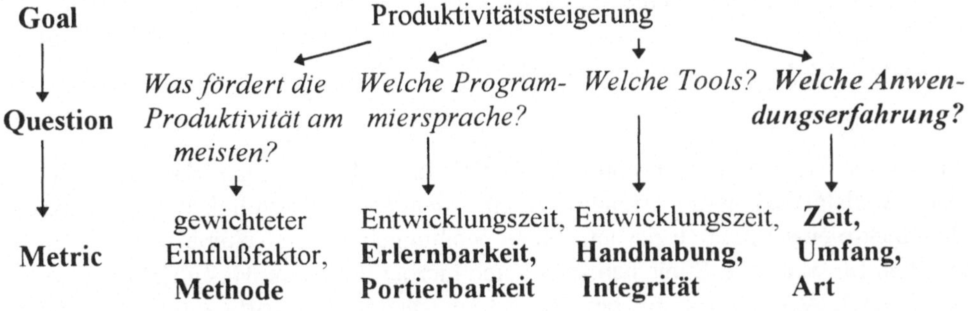

---

[3] Eine andere Methode ist beispielsweise die Factor-Criteria-Measure-Methode, die auf eine ähnliche konzeptionelle Strukturierung der Softwaremaße orientiert.

Das Beispiel ist aus den oben genannten Fragen bezogen und zeigt bereits einige Erweiterungen (fett gedruckt), die für die konkrete Firma weiter untersetzt werden können (siehe zum Beispiel /Baisch et al 94/). Die weiteren oben genannten Fragen haben in der GQM-Methode beispielsweise die Ausprägung:

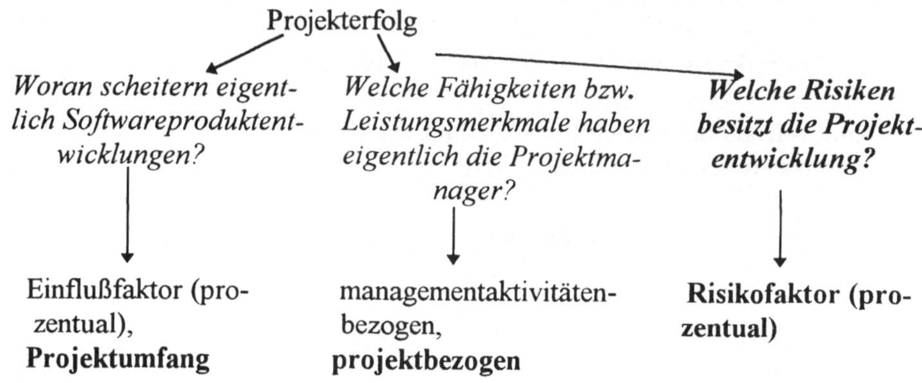

Beispielhaft sind auch hierbei Ergänzungen angegeben. Für die Fehlerbezogenheit lautet schließlich eine GQM-Formulierung:

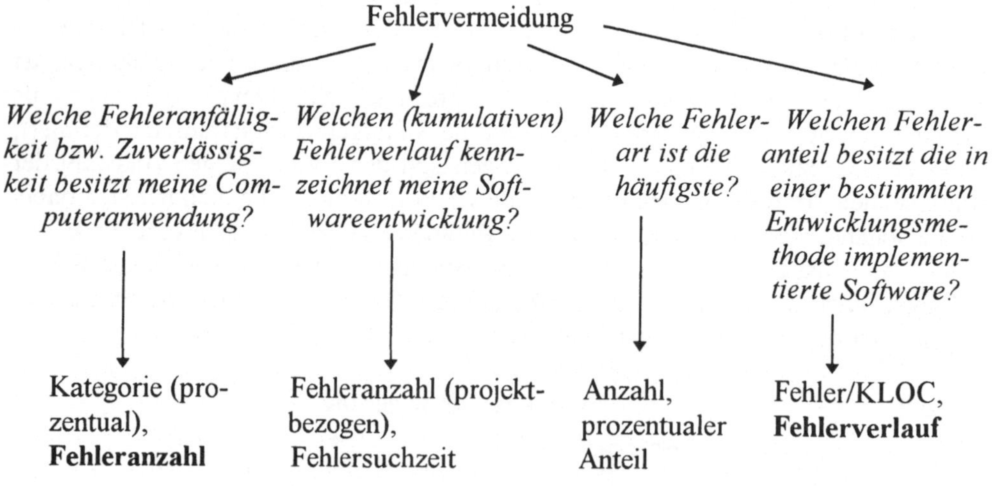

Um bei den Fragestellungen und insbesondere den erforderlichen Maßen eine hinreihende Vollständigkeit zu erreichen, ergibt sich die Notwendigkeit, die konkreten Meßobjekte einschließlich der jeweiligen Meßumgebung erst einmal genauer zu betrachten. Im weitesten Sinne handelt es sich hierbei um einen **Meßobjekteraum,** der sich je nach Ausrichtung auf ein Entwicklungsteam, eine Softwarefirma, eine Produktbranche oder auch auf den weltweiten Bereich der Softwareentwicklung bezieht.

1.2 Meßkomponenten des Softwareproduktes und des Softwareentwicklungsprozesses

Für die Ansatzpunkte der Softwaremessung, die hierbei auch die gegebenenfalls realisierbare Bewertung einschließen, gilt allgemein eine unter anderem von Fenton /Fenton 91/ eingeführte Klassifikation in

- **Prozeß:** mit all den bei der Softwareentwicklung zur Anwendung gelangenden organisatorischen und rechnergestützten Hilfsmitteln und Methoden,

- **Produkt:** mit all seinen Ausprägungen in den verschiedenen Entwicklungsphasen und den Bewertungskriterien hinsichtlich Qualität u. a. m.

- **Ressoucen:** bezogen auf das beteiligte Personal, die Soft- und Hardwareressourcen und andere Hilfsmittel bei der Softwareentwicklung.

Die einzelnen **Komponenten der Softwaremessung** sind dabei das *Meßobjekt,* die auf einem vorgegebenen Maß basierenden *Meßwerte,* die Meßwertcharakteristika (*Meßgenauigkeit, Meßtoleranzbereich, Meßwertinterpretation* und *-validation),* die *Meßwertdarstellung* und schließlich als „Meßgerät" das jeweilige *Meßtool* mit seinen spezifischen Merkmalen und Fähigkeiten zur Ausführung einer speziellen Klasse von Softwaremessungen.

Im folgenden sollen zunächst die verschiedenen Ausprägungen der Meßobjekte aufgezeigt werden. Für den (Softwareentwicklungs-) **Prozeß** können die Meßobjekte bzw. Meßkomponenten wie folgt kurz zusammengefaßt werden als

Programme: im Sinne von CASE-Tools, Meßtools, Managementtools, Hilfsprogrammen, Programmbibliotheken u. ä. m.

Dokumentationen: als Methodenbeschreibungen und -richtlinien, Standards, Managementdokumente (Planungs- und Qualitätsberichte, Kostenanalysen) u. ä. m.

Datenbasen: als Produktionskennzahlen (Terminplanung, Meßdaten, Reviewdaten), Ressourcenleistungsdaten, Informationsbasen usw.

Im allgemeinen werden bei der Softwareentwicklung in einer Firma verschiedene methodische Ansätze verfolgt. Eine derartige Meßausrichtung ist im folgenden Bild angedeutet.

Für das (Software-) **Produkt** ergeben sich beispielsweise folgende Meßkomponenten bzw. Meßobjekte (nach /Mayerhauser 90/, S. 12), die für die jeweilige Entwicklungsphase typisch sind.

Entwicklungsphase	Frage	Meßkomponenten
Problemdefinition	*WARUM*	**Problemdefinitionsdokument**: Vorschläge, Zielstellungen, Geltungsbedingungen
Anforderungsanalyse	*WAS*	**Anforderungsdokument**: Ausgangsbudget, Planung, Ziele, Bedingungen, Akzeptanzkriterien, Versionsplan, Machbarkeitsanalyse
Spezifikation	*WAS*	**Spezifikationsdokument**: Ausgangsbenutzerhandbuch, Funktionstestfälle, aktualisierter Entwicklungsplan
Entwurf	*WIE*	**Entwurfsdokument**: Architektur, detaillierter Entwurf, Entwurfsfälle
Kodierung	*WIE*	**Codedokument**: syntaxkorrekte Kodierung, Testfälle für die statische Programmanalyse, endgültiger Testplan
Testung	*WIE GUT*	**Testdokument**: Testcode, Abschlußdokumente, Schulungsunterlagen, Systemhandbuch in allen geforderten Versionen, bestätigte Akzeptanz, Nutzungsfreigabe, Wartungsplan
Wartung	*alle obigen Fragen*	**Wartungsdokument**: Problem-LOG-Informationen, Versionshandhabung, periodische Qualitätsbewertung, Effektivitätsbewertungen

Ein Softwareprodukt hat also allgemein die Meßkomponentenausprägung (siehe auch /Dumke 92a/)

Für die Ausrichtung eines Softwareproduktes für die verschiedenen Anwendungsbereiche gilt nach Conger (/Conger 94/, S. 17 ff.)

- **Eingebettete Systeme**
  - Robotersteuerungen,
  - Soft-/Hardwaresysteme,
  - Echtzeitanwendungen,
- **Transaktionsorientierte Systeme**
  - Banksysteme,
  - Versicherungssysteme,
  - Firmenmanagementsysteme,
- **Expertensysteme**
  - Beratungssysteme,
  - Wissensbasierte Systeme,
  - Lernende Systeme,
- **Datenanalyseanwendungen**
  - Anfragesysteme,
  - Digitale Bibliotheken im Internet,
  - Meßwertanalyse,
- **Entscheidungshilfeanwendungen**
  - Exekutive Informationssysteme,
  - Gruppenentscheidungshilfen.

Schließlich haben die Meßkomponenten der Dokumentation beispielsweise nach /Jones 91/ die Ausprägungen:

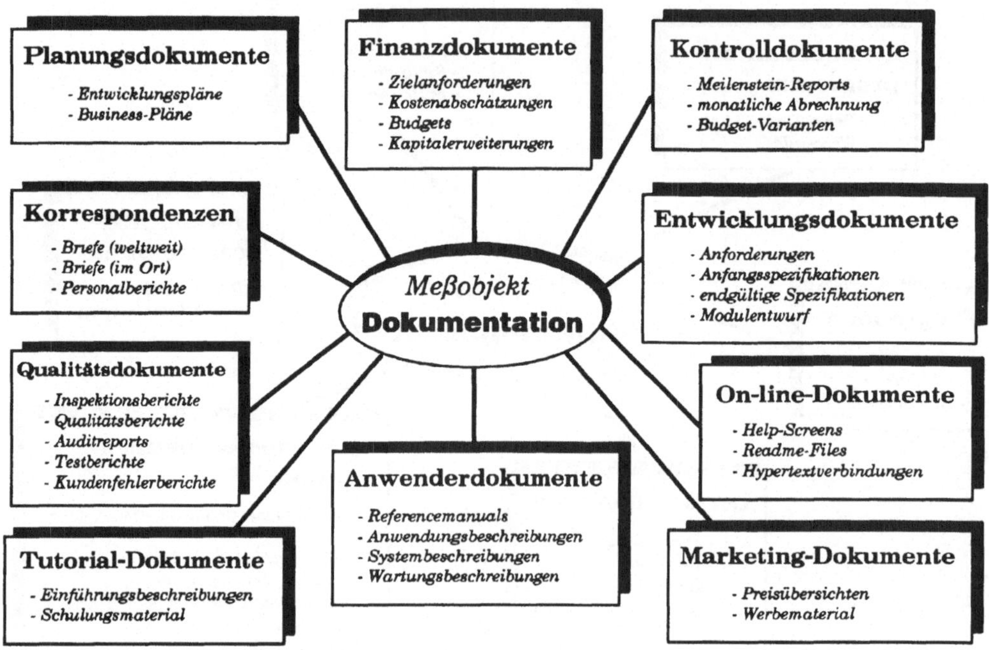

Die Vielfalt, der sich die Softwaremessung hierbei gegenübersieht, ist vor allem auch noch dadurch geprägt, daß die jeweiligen Komponenten der oben genannten Meßansatzpunkte in einer Softwareentwicklungsfirma

- *produkt-* bzw. *projektbezogen* (je nach der Verschiedenartigkeit der entwickelten Produkte),
- *methodenbezogen* (je nach der(den) zur Anwendung kommende(n) Entwicklungsmethode(n)),
- *basissoftwarebezogen* (je nach den Soft-/Hardwareplattformen),
- *teambezogen* (aufgrund der Beteiligung unterschiedlicher Entwicklungsteams),
- *firmenbezogen* (aufgrund der unterschiedlichen allgemeinen Managementformen in der jeweiligen Firma) und vor allem
- *zeitbezogen* (hinsichtlich der Aktualität aller Komponenten)

sind. Die hierbei umrissene Vielfalt für eine Softwareentwicklungsfirma kann kurz mit dem Begriff **Entwicklungskomplexität** charakterisiert werden /Dumke et al 95/. Das folgende Kiviatdiagramm verdeutlicht diese Komplexität.

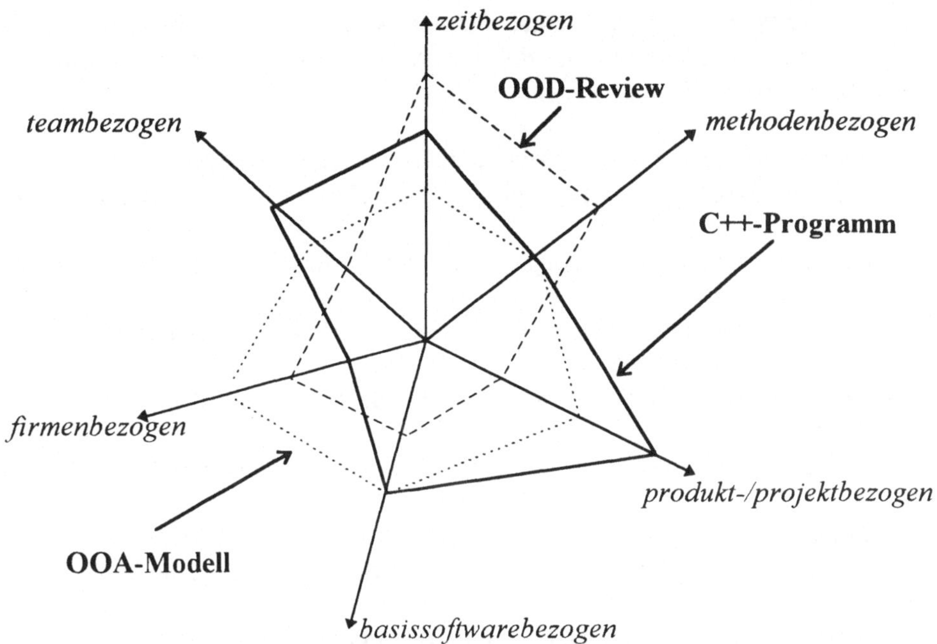

Für die Softwaremessung bedeutet das zum Beispiel, daß eine direkte Vergleichbarkeit von Meßdaten nur für die Meßkomponenten mit gleichem Kiviatdiagrammpolygon möglich ist.

1.3 Meßstrategien

Die sehr große Vielfalt an Vorgehensweisen bei der Softwaremessung und die erst am Anfang stehende Anwendung von Softwaremetriken führte zu einem Standard, der zunächst erst einmal einen Vergleich der verschiedenen Meßmethoden und -ergebnisse zuläßt. Dieser IEEE Standard 1061-1992, der unter Leitung von Norman Schneidewind 1993 herausgegeben wurde /IEEE 93/, beschreibt die folgenden Schritte für die Metrikenanwendung für die Qualitätssicherung:

- **Aufstellung der Software-Qualitätsanforderungen:** Hierbei sind entweder konkrete Wertbegrenzungen (z. B. für den MTTF[4]) oder aber Wertschätzungen (z.B. zulässige Fehleranzahl) vorzunehmen. Dabei sind zunächst alle möglichen Qualitätsanforderungen aufzulisten und dann die relevanten (z. B. durch Reviews u. ä.) auszuwählen.

---

[4]MTTF als Mean Time To Failure für die mittlere Zeit zwischen zwei auftretenden Fehlern.

- **Bestimmung der Software-Qualitätsmetriken:** Hierbei ist für jede Metrik eine Charakterisierung in einer durch den Standard vorgegebenen Form vorzunehmen mit den Komponenten

  Name: *(name)* zur Identifikation und Bezeichnug der Metrik,
  Kosten: *(costs)* als (geschätzte) Aufwandskosten für die Anwendung der Metrik,
  Nutzen: *(benefits)* als Angabe der durch diese Metrik quantifizierten Qualitätsmerkmale,
  Auswirkungen: *(impacts)* mit der Angabe des Einflusses der Metrik auf die Qualität insgesamt,
  Normalwerte: *(target value)* mit der Beschreibung der „zulässigen" Werte,
  Faktoren: *(factors)* hierbei sind gegebenenfalls Teilmerkmale der Metrik anzugeben,
  Tools: *(tools)* als Bezug zum jeweiligen Meßtool, das diese Metrik mißt,
  Anwendung: *(application)* kennzeichnet die Anwendungsmöglichkeit generell,
  Ausgangsdaten: *(data items)* sind die unter Umständen erforderlichen Eingabegrößen zur Berechnung der Metrikenwerte,
  Berechnung: *(computation)* beschreibt die algorithmischen Schritte zur Wertberechnung,
  Interpretation: *(interpretation)* gibt die Interpretationsmöglichkeiten der Resultate an,
  Auswertungen: *(considerations)* beinhaltet die Einschätzung der Eignung der jeweiligen Metrik für das gewählte Qualitätsmerkmal,
  Schulungsaufwand: *(training required)* beschreibt den Aufwand für die Einführung und Handhabung der Metrik,
  Beispiel: *(example)* beschreibt ein Anwendungsbeispiel,
  Validation: *(validation history)* gibt die Projekte und die erzielten Metrikenwerte an, für die diese Metrik bereits angewandt wurde,
  Referenzen: *(references)* zeigt schließlich Beispielanwendungen bzw. weitere Details für das Verständnis und die Anwendung der Metrik.

- **Implementation der Software-Qualitätsmetriken:** Die drei Teilschritte sind hierbei die Konzeption der Datengewinnung, die prototyphafte Anwendung der Konzeption und die Datenaufbereitung und vollständige Bestimmung der Metrikenwerte. Für die Beschreibung der jeweils zu definierenden Dateneinheit gilt wiederum eine vorgeschriebene Form, und zwar im einzelnen

  Name: *(name)* Bezeichnung der Dateneinheit,
  Metrikenbezug: *(metrics)* Angabe der Metriken, die diese Dateneinheit zu ihrer Berechnung benötigen,
  Definition: *(definition)* exakte Beschreibung der Dateneinheit,

Quelle: *(source)* Angabe der Entstehungspunkte der Dateneinheit,

Sammelpunkt: *(collector)* als Angabe der Zielpunkte der ermittelten Daten,

Phase: *(timing)* als Angabe der Softwareentwicklungsphase in der die Dateneinheit anfällt,

Berechnungsform: *(procedure)* als Form der Wertgewinnung (rechnergestützt oder manuell),

Speicherung: *(storage)* als Speicherbereich für die konkreten Werte,

Darstellung: *(representation)* als Art der Darstellung mit Genauigkeits- und Typangaben,

Muster: *(sample)* (typische) Beispielwerte der Dateneinheit,

Verifikation: *(verification)* Verfahren zur Vermeidung von Datenfehlern,

Anwendungsvarianten: *(alternatives)* weitere Methoden der Anwendung der Dateneinheit,

Datensicherheit: *(integrity)* Festlegungen zu Personen und Bereichen, die eine Berechtigung zum Umgang mit den jeweiligen Daten haben dürfen.

- **Analyse der Ergebniswerte der Softwaremetriken:** Auf der Grundlage der erhaltenen Metrikenwerte kann der jeweilige Prozeß oder das zu erstellende Softwareprodukt modifiziert („verbessert") werden.

- **Validation der Software-Qualitätsmetriken:** Neben der (ursächlich geplanten) Anwendung der Metriken sind diese selbst ständig einer Validation zu unterziehen. Die einzelnen Angaben hierzu lauten

  Korrelation: *(correlation)* die erhaltenen Werte sollten mit vorangegangenen Messungen korrelieren,

  Ablaufsentsprechung: *(tracking)* die Werte sollten die zeitlich veränderten Situationen berücksichtigen,

  Konsistenz: *(consictency)* der Verlauf einer Qualitätsbewertung zu einem Merkmal sollte sich auch in den Metrikenwerte in gleicher Weise ausdrükken,

  Abschätzung: *(predictability)* auf der Grundlage gegebener Metrikenwerte sollte eine Qualitätsabschätzung möglich sein,

  Unterscheidungskraft: *(discriminative power)* eine Metrik sollte deutlich zwischen hoher und niedrigerer Qualität wertmäßig unterscheiden,

  Zuverlässigkeit: *(reliability)* eine Metrik sollte unter gleichen Ausgangsbedingungen dieselben Werte liefern.

Dieser sehr allgemein angelegte Standard kennzeichnet auch die gegenwärtige Situation bei der Softwaremessung: die fehlenden (allgemein anerkannten) Grundmaße mit den zugehörigen (allgemein anerkannten) „zulässigen" Wertebereichen. Er dient daher erst einmal der eindeutigen und umfassenden Beschreibung einzelner Softwaremaße. Die allgemeinsten Schritte einer Softwaremeßstrategie sind:

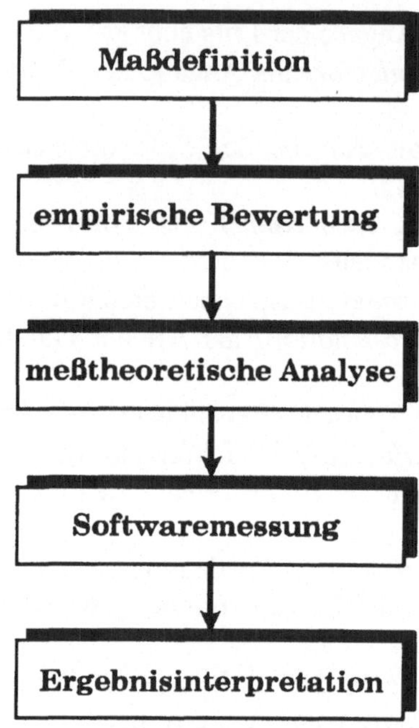

Diese Schritte sollen im folgenden am Beispiel des Lines-Of-Code-Maßes (LOC) erläutert werden. Die **Definition des LOC-Maßes** scheint zunächst sehr einfach, und zwar in der Form

LOC sei die Anzahl der Zeilen eines Quellprogrammes.

Diese Einfachheit täuscht jedoch. Impliziert man die Anwendung des LOC-Maßes, so entstehen sofort die Fragen nach der (oben definierten) Notwendigkeit der Einbeziehung von (lesbarkeitsverbessernden) Leerzeilen und Kommentarzeilen. Ebenso kritisch kann die Einbeziehung der Variablen-, Typ- oder auch Makrodefinitionszeilen angesehen werden. Andererseits - und das hängt eigentlich auch vom nächsten Schritt, der empirischen Bewertung, ab - kann es wünschenswert sein, zwischen geänderten, neugeschriebenen und wiederverwendeten Zeilen zu unterscheiden. Derartige Überlegungen führten bei einigen Firmen zu weiterführenden Definitionen des LOC-Maßes, wie zum Beispiel bei Siemens (/Möller et al 93/, S. 104)

- **BLOC:** als Brutto-LOC im obigen Sinne,

- **NLOC:** als Netto-LOC, welches die Kommentar- und Leerzeilen ausschließt,

- **DLOC:** als Differenz-LOC beinhaltet der Anzahl der geänderten und hinzugefügten Zeilen.

Anderseits ist bekannt, daß bei manchen Editoren die Zeilenanzahl von der zufällig gewählten Fenstergröße abhängt. Daher wird das LOC-Maß auch mit der Anweisungsanzahl gleichgesetzt, wie zum Beispiel bei Hewlett Packard (/Grady 92/, S. 3) als

- **NCSS:** als Non-Comment Source Statements, welches bereits Kommentarzeilen, Definitions- und Leerzeilen ausschließt,

- **KNCSS:** als Kilo-NCSS[5] .

Die **empirische Bewertung des LOC-Maßes** ist Voraussetzung für die Auswertung der Softwaremessung auf der Grundlage des LOC-Maßes als Ergebnisinterpretation. Hierbei sei als empirische Größe (auch *externe Variable* genannt) der Wartungsaufwand gegeben. Die empirische Bewertung lautet also allgemein

„je größer die LOC, je größer der Wartungsaufwand".

Auf dieser Grundlage erfolgt die **meßtheoretische Analyse des LOC-Maßes.** Dabei gilt aus der Meßtheorie nach /Roberts 79/, daß zu einem numerischen relationalen System (hierbei dem LOC-Maß) und einem empirischen relationalen System (hierbei die Wartungsaufwandsbewertung) eine homomorphe Funktion zu bestimmen ist, die die Grundlage für die Meßwertinterpretation darstellt. Dabei kann diese Funktion eine

- *nominale Skalierung* (die Meßobjekte können nur bezeichnet werden ohne irgendeine Vergleichsaussage),
- *ordinale Skalierung* (für die Meßobjekte besteht die Möglichkeit der Ordnungseinteilung und damit eines (plazierenden) Vergleiches),
- *Intervallskalierung* (die Meßobjekte können wohl unterschieden und statistisch ausgewertet werden),
- *Verhältnisskalierung* (die Meßobjekte können wohl unterschieden und statistisch uneingeschränkt bewertet werden),
- *Absolutskalierung* (die Meßwerte bilden zum jeweiligen Meßobjekt dessen „absolute" Ausprägung).

besitzen. Um beispielsweise die Verhältnisskalierung zu erreichen bzw. nachzuweisen, ist die Gültigkeit folgender Axiome nach Zuse zu prüfen (siehe /Dumke et al 94b/, S. 136 ff.):

---

[5] Die ursprünglich exakte Unterscheidung zwischen Kilo (=2^{10}=1024) und kilo (=1000) wird heutzutage häufig nicht mehr angewandt und stets mit 1000 interpretiert.

Für die Programme P1, P2, P3, P4, das Maß μ, die empirische Bewertung π und die Konkatenation o von Programmen gelte:

Axiom 1: *die schwache Ordnung, d. h. es gilt $\mu(P1) \geq \mu(P2) \approx \pi(P1) \geq \pi(P2)$,*

im weiteren gelte $\mu(P1 \ o \ P2) = \mu(P1) + \mu(P2) \approx \pi(P1) + \pi(P2) = \pi(P1 \ o \ P2)$ und

Axiom 2: *die schwache Assoziativität, d. h. es gilt $\mu((P1 \ o \ P2) \ o \ P3) = \mu(P1 \ o \ (P2 \ o \ P3)) = \mu(P1) + \mu(P2) + \mu(P3) \approx \pi(P1) + \pi(P2) + \pi(P3) = \pi((P1 \ o \ P2) \ o \ P3) = \pi(P1 \ o \ (P2 \ o \ P3))$,*

Axiom 3: *die schwache Kommunitativität, d. h. es gilt $\mu(P1 \ o \ P2) = \mu(P2 \ o \ P1) \approx \pi(P1 \ o \ P2) = \pi(P2 \ o \ P1)$,*

Axiom 4: *die schwache Monotonie, d. h. es gilt $\mu(P1) \geq \mu(P2)$ folgt $\mu(P1 \ o \ P3) \geq \mu(P2 \ o \ P3)$ und ebenso für $\pi(P1) \geq \pi(P2)$ folgt $\pi(P1 \ o \ P3) \geq \pi(P2 \ o \ P3)$,*

Axiom 5: *als Archimedisches Axiom, d. h. es gibt eine Zahl n so daß für $\mu(P1) \leq \mu(P2)$ und $\mu(P3) \geq \mu(P4)$ gilt $\mu(P1 \ o \ nP3) \geq \mu(P1 \ o \ nP4)$ und analog für π.*

Für das LOC-Maß selbst sind die verhältnisskalierten Eigenschaften einfach zu zeigen. Man erkennt sofort die Gültigkeit der Gleichungen:

$$LOC(P1 \ o \ P2) = LOC(P1) + LOC(P2),$$
$$LOC((P1 \ o \ P2) \ o \ P3) = LOC(P1 \ o \ (P2 \ o \ P3)) =$$
$$LOC(P1) + LOC(P2) + LOC(P3),$$
$$LOC(P1 \ o \ P2) = LOC(P2 \ o \ P1),$$
$$\text{für } LOC(P1) \geq LOC(P2) \text{ folgt } LOC(P1 \ o \ P3) \geq LOC(P2 \ o \ P3),$$
$$\text{es gibt eine Zahl n so daß für } LOC(P1) \leq LOC(P2) \text{ und}$$
$$LOC(P3) \geq LOC(P4) \text{ gilt } LOC(P1 \ o \ nP3) \geq LOC(P1 \ o \ nP4).$$

Die Übertragung dieser Eigenschaften im Sinne des Homomorphismus (in der Axiomenauflistung mit „$\approx$'' symbolisiert) auf die empirische Bewertung ist dagegen schon schwieriger. Für W als Wartungsaufwand müßte erst einmal uneingeschränkt gelten:

$$W(P1 \circ P2) = W(P1) + W(P2),$$
$$W((P1 \circ P2) \circ P3) = W(P1 \circ (P2 \circ P3)) =$$
$$W(P1) + W(P2) + W(P3),$$
$$W(P1 \circ P2) = W(P2 \circ P1),$$
$$\text{für } W(P1) \geq W(P2) \text{ folgt } W(P1 \circ P3) \geq W(P2 \circ P3),$$
$$\text{es gibt eine Zahl } n \text{ so daß für } W(P1) \leq W(P2) \text{ und}$$
$$W(P3) \geq W(P4) \text{ gilt } W(P1 \circ nP3) \geq W(P1 \circ nP4).$$

Für diese Eigenschaften gibt es auch grundsätzliche Ablehnungen (siehe zum Beispiel /Weyuker 88/) beispielsweise in der Form, daß die Wartung zweier Programme bzw. Programmteile nicht unabhängig von der Reihenfolge sei (ein im praktischen Sinne durchaus verständlicher Standpunkt im Falle durch das Maß nicht erfaßter semantischer Zusammenhänge). Wenn wir die Gültigkeit aber annehmen, sind beispielsweise die folgenden Aussagen unter Einbeziehung der oben genannten allgemeinen empirischen Bewertung sinnvoll:

- *ein Programm P1, welches doppelt so lang (im Sinne von LOC) wie ein Programm P2 ist, hat auch einen doppelt so großen Wartungsaufwand,*

- *das Hinzufügen nur einer einzigen Programmzeile zu einem Programm erhöht den Wartungsaufwand um genau eine Einheit (diese kann in Zeit, Kosten oder anderem gemessen sein),*

- *eine bestimmte Programmenge hat einen durchschnittlichen Wartungsaufwand von ... Einheiten,*

- *usw.*

Gilt für den Wartungsaufwand die Verhältnisskalierung nicht, jedoch die schwache Ordnung, so liegt eine Ordinalskala vor, und wir können zumindest die folgenden Aussagen nach einer LOC-Messung treffen:

- *das längere Programm P1 hat einen höheren Wartungsaufwand als das kürzere Programm P2,*

- *das längste Programm P3 hat den höchsten Wartungsaufwand u. ä. m.*

Die **Messung des LOC-Maßes** ist im allgemeinen (je nach Definition) einfach und wird durch die meisten Programmierumgebungen bereits unterstützt.

Die **Ergebnisinterpretation des LOC-Maßes** hängt schließlich von der vorgegebenen Art der empirischen Bewertung und dem Ergebnis der meßtheoretischen Analyse ab. Für das LOC-Maß sind oben bereits einige Auswertungsformen genannt. Zu diesem Punkt der allgemeinen Meßstrategie gehört allerdings auch noch die Prüfung der generellen Eignung des jeweiligen Softwaremaßes. Für das LOC-Maß könnte das bedeuten, daß wir die Anwendung auf zwei Programme *P1* und *P2* der Art vorgenommen haben, daß *P1* nicht wohlstrukturiert ist (im Sinne der Strukturierten Programierung), *P2* aber wohlstrukturiert ist. Erfahrungsgemäß gilt

> *wohlstrukturierte Programme haben einen geringeren Wartungsaufwand.*

Andererseits gilt aber auch erfahrungsgemäß, daß wohlstrukturierte Programme im allgemeinen länger als nichtwohlstrukturierte Programme sind. Damit stehen wir bei der Maßdefinition und vor allem der empirischen Bewertung wieder am Anfang.

Zu den gegenwärtigen Softwaremeß- und -bewertungsstrategien zählen auch Formen, die keine eigentliche Messung bzw. meßtheoretische Analyse beinhalten, aber dennoch zum Gebiet der Softwaremetrie hinzugerechnet werden. Es handelt sich dabei insgesamt um vier Kategorien, und zwar um Evaluierungen, Merkmalswertabschätzungen, modellbezogene Softwaremessung und die direkte Softwaremessung. Diese Formen werden im folgenden kurz beschrieben.

I. Evaluierungen: Sie basieren i. a. auf einem Fragebogen, der einen oder mehrere Merkmale beinhaltet und zumeist in einer Tabellenform eine Bewertung abfordert. Eine derartige Bewertungsskala ist zum Beispiel

Bewertung	empirische Bedeutung
1	*unbedeutend*
2	*wenig bedeutend*
3	*bedeutend*
4	*stark bedeutend*
5	*außerordentlich bedeutend*

Diese Bewertungsskala ermöglicht die jeweilige Klassifikation des Bewertungsmerkmals. Statt einer Bewertungsskala kann auch eine einfache Beantwortung der Frage mit *Ja* oder *Nein* zur Anwendung kommen. Beispiele hierfür sind die Bewertung nach dem Capability-Maturity-Modell, nach dem ISO 9000[6] usw. und liefern eine Vergleichsmöglichkeit bzw. ordinale (plazierende) Bewertung. „Gemessen" wird dabei die Rangfolge bzw. die Einordnung bezüglich Vorgabekriterien. Das allgemeine Prinzip zeigt die folgende Skizze. Das Entfallen der Maße bedeutet hier-

---

[6] Diese Modelle bzw. Richtlinien werden im Punkt „Meßtools für die Prozeßbwertung" kurz erläutert.

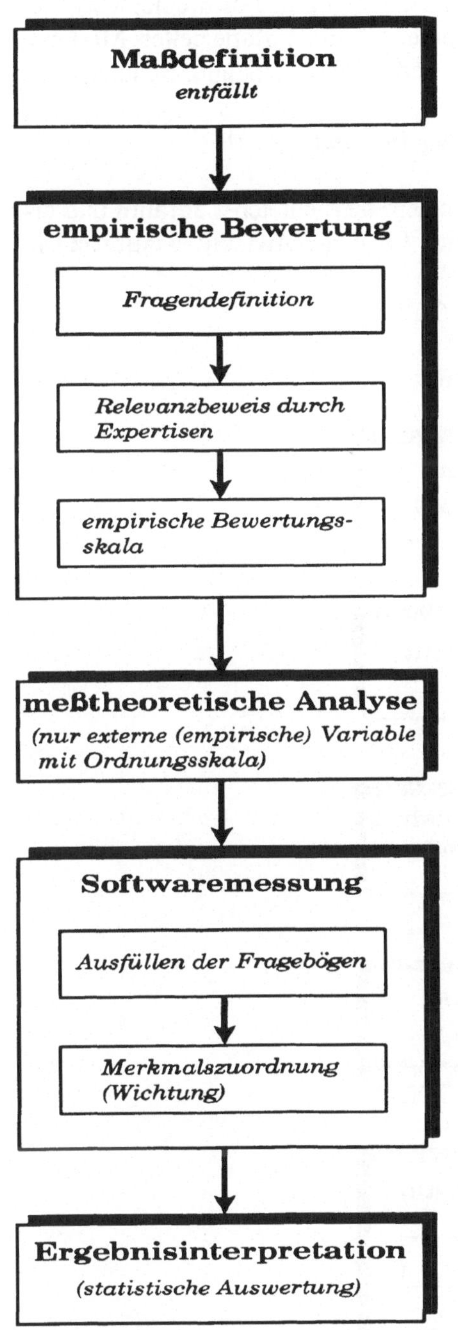

bei, daß nur Bewertungskriterien, die im Einzelfall auch (empirische) Maße sein können, zur Anwendung kommen. Die Evaluierung kann dabei in verschiedenen Ebenen vorgenommen werden (/Hausen et al 93/, S. 25 ff.). Sie ergeben sich durch den Ansatz der Bewertung hinsichtlich der bewerteten Entwicklungs- oder Produktkomponenten, der Zielgruppe, wie zum Beispiel Entwickler, Auftraggeber oder Anwender, sowie aus den zur Bewertung verwendeten Indikatoren bzw. Merkmalen, die in den oben genannten Modellen und Standards bereits vereinheitlicht und festgeschrieben sind. Im anderen Falle ergibt sich hierbei die Notwendigkeit, die Bewertungsformen jeweils erst zu definieren bzw. für die erhaltenen Ergebnisse Interpretationshilfen (Tabellen und dergleichen) zur Verfügung zu stellen. Das gilt insbesondere für eine gegebenenfalls zur Anwendung kommende *Wichtung* der Zwischenergebnisse zur Bewertung der unterschiedlichsten, komplexeren Bewertungsmerkmale. Allgemein hierbei zur Anwendung kommende statistische Verfahren sind beispielsweise

- Verteilungsübersichten,
- prozentuale Anteildarstellungen,
- Häufigkeitsanalysen u. ä. m.

Auch bei Evaluierungen sind Nachuntersuchungen zur „Tauglichkeit" der Bewertungskriterien erforderlich. Sie resultieren aus einer ständig anwachsenden, repräsentativen Anzahl an bewerteten Komponenten und führen zumeist zu einer Modifikation der jeweiligen Wichtungsfaktoren.
Die Problematik bei der Anwendung vorgegebener Evaluierungsmethoden bzw. -modelle liegt in der Abschätzung ihrer Gültigkeit für den eigenen Softwareentwicklungsbereich.

II. Merkmalsabschätzung: Hierbei erfolgt eine Bewertung in Form einer vorgegebenen Formel bzw. allgemeinen Berechnungsvorschrift für ein spezielles Merkmal
bzw. einer Merkmalsgruppe. Ein Beispiel ist die bereits oben genannte Schätzformel
nach Putnam

$$Produktivität = Produktumfang/(Aufwand * Zeit)$$

Setzt man eine gleichbleibende Produktivität in einem betrachteten Zeitraum und als
Umfangsmaß LOC an, so erhält die Schätzformel für den Entwicklungsaufwand in
der allgemeinen Form

$$Aufwand = faktor * LOC^{exponent}.$$

Die allgemeine Meßstrategie hat hierbei die Form

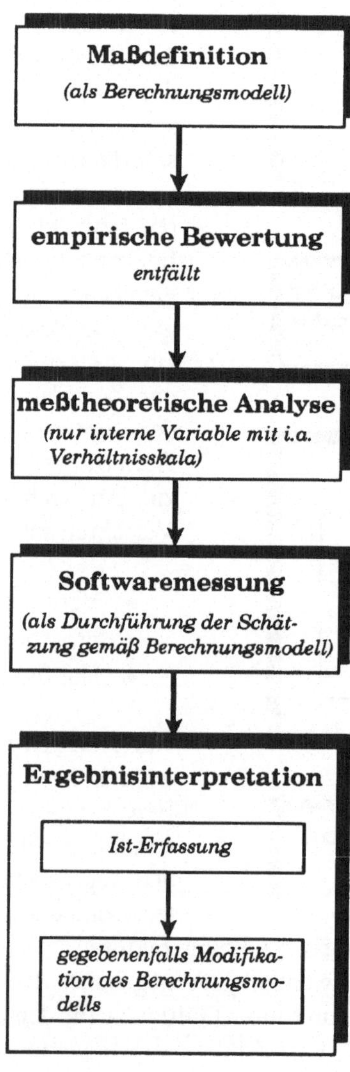

Beispiele für diese Bewertungsform sind das Function-Point-Verfahren[7], das CO-COMO-Verfahren oder anderen Kosten- bzw. Aufwandsschätzverfahren. Die Softwaremessung ist hierbei die Voraussetzung für den Charakter und die explizite Form der Schätzformel und dient andererseits im Nachhinein einer u. U. erforderlichen Anpassung der Schätzformel.

III. Modellbezogene Softwaremessung: Hierbei wird die Softwaremessung *indirekt* über ein Modell oder über abgeleitete Zwischensprachen (Syntaxtabellen, Metasprachen usw.) vorgenommen.

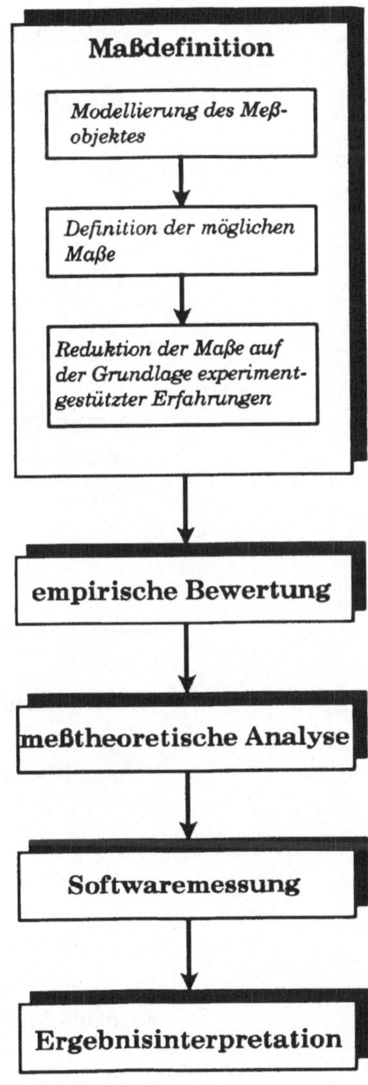

---

[7] Eine kurze Beschreibung dieser Verfahren ist im Abschnitt „Meßtools für die Prozeßbewertung" angegeben.

Beispiele für derartige Modelle und einige Maße zu diesen Modellen sind im folgenden angegeben (siehe auch /Dumke 92a/).

Modell	**Maße**

Hierarchiebaum einer objekt-orientierten Klassenhieracrhie

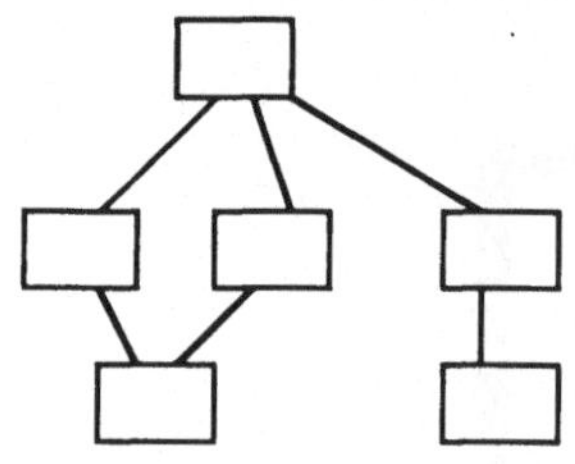

* Tiefe der Hierarchie,

* Breite der Hierarchie,

* Gesamtzahl der Klassen,

* Anzahl der Subklassen,

* usw.

Datenflußdiagramm

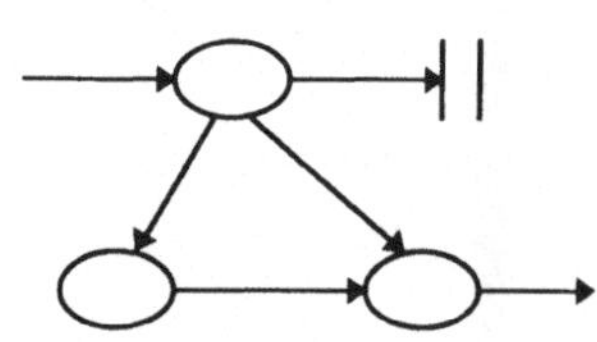

* Anzahl der Prozesse,

* Anzahl der Datenbasen,

* Anzahl der Ein- und Austritts-dateneinheiten pro Prozeß,
* usw.

Structure Charts

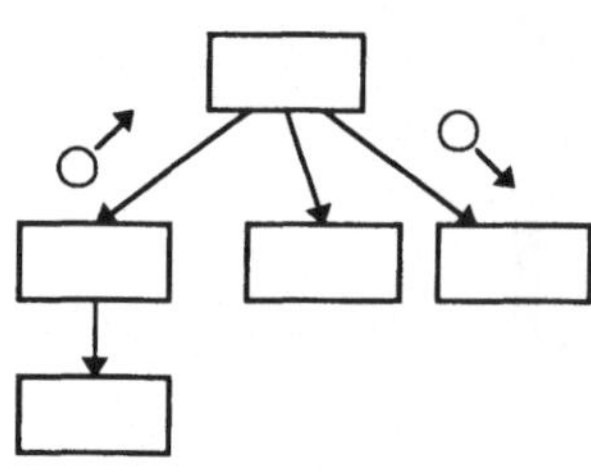

* Anzahl Funktionen,

* Anzahl Eintrittsgrößen,

* Anzahl Austrittsgrößen,

* usw.

Petrinetze

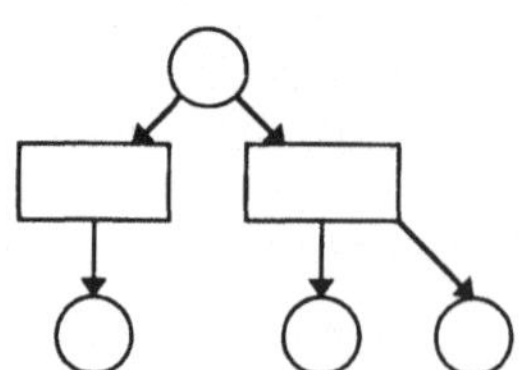

* Anzahl Transitionen,

* Anzahl Stellen,

* Anzahl Markierungen,
* usw.

Modell	**Maße**

Call-Graph

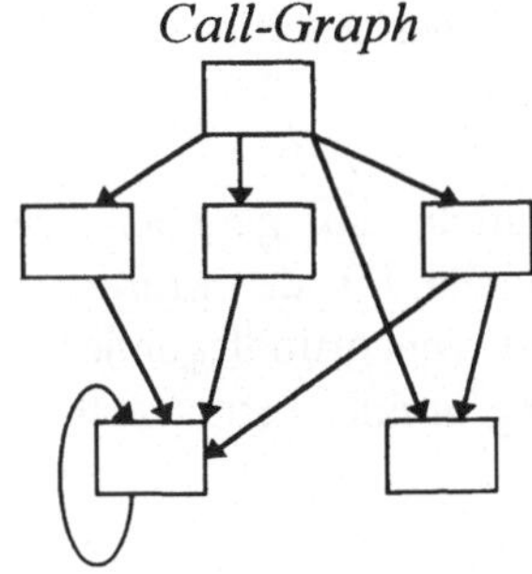

- Anzahl der aufrufenden Programme,

- Anzahl der gerufenen Programme,

- Tiefe und Breite des Graphen,

- usw.

Steuerflußgraph

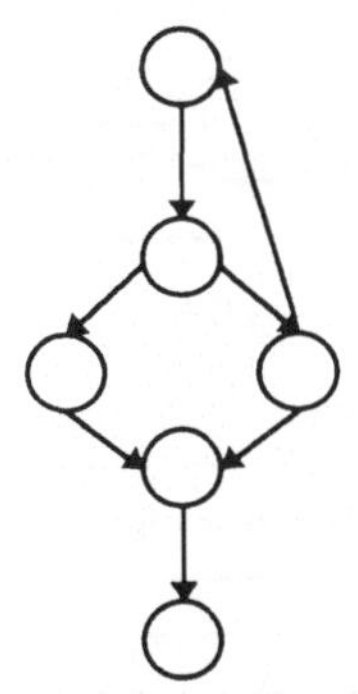

- Anzahl Knoten,

- Anzahl Entscheidungsknoten,

- Verschachtelungstiefe,

- Anzahl Testpfade,

- usw.

Datenflußgraph

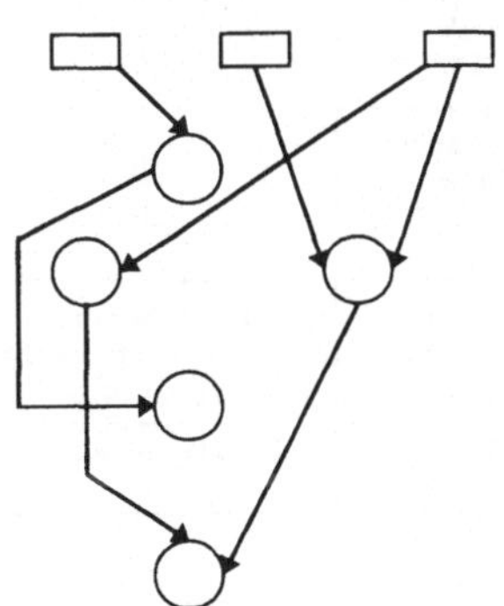

- Anzahl Datendefinitionen,

- Spannweite der Datendefinition und Datennutzung,

- Anzahl der Definitions-Anwendungs-Paare,

- usw.

Ein Beispiel einer modellbezogenen Softwaremessung ist bereits oben mit dem LOC-Maßbeispiel gegeben (siehe auch /Gustafson et al 93/).

IV. Direkte Softwaremessung: Hierbei wird eine Softwareeigenschaft unmittelbar gemessen, wie zum Beispiel die Codelänge, die Abarbeitungszeit und die Speicherverwendung. Eine empirische Bewertung auf der Grundlage einer externen Variablen entfällt.

Die Beschreibung dieser Meßstrategieformen zeigt aber auch, daß gegebenenfalls Kombinationen dieser Formen zur Anwendung kommen können. Für den praktischen Bereich ist dabei die allgemeine Managementdatenstruktur von grundlegender Bedeutung. Eine derartige Einbeziehung der Softwaremessung in eine Firma zeigt die folgende Darstellung von Jones (/Jones 91/, S. 23).

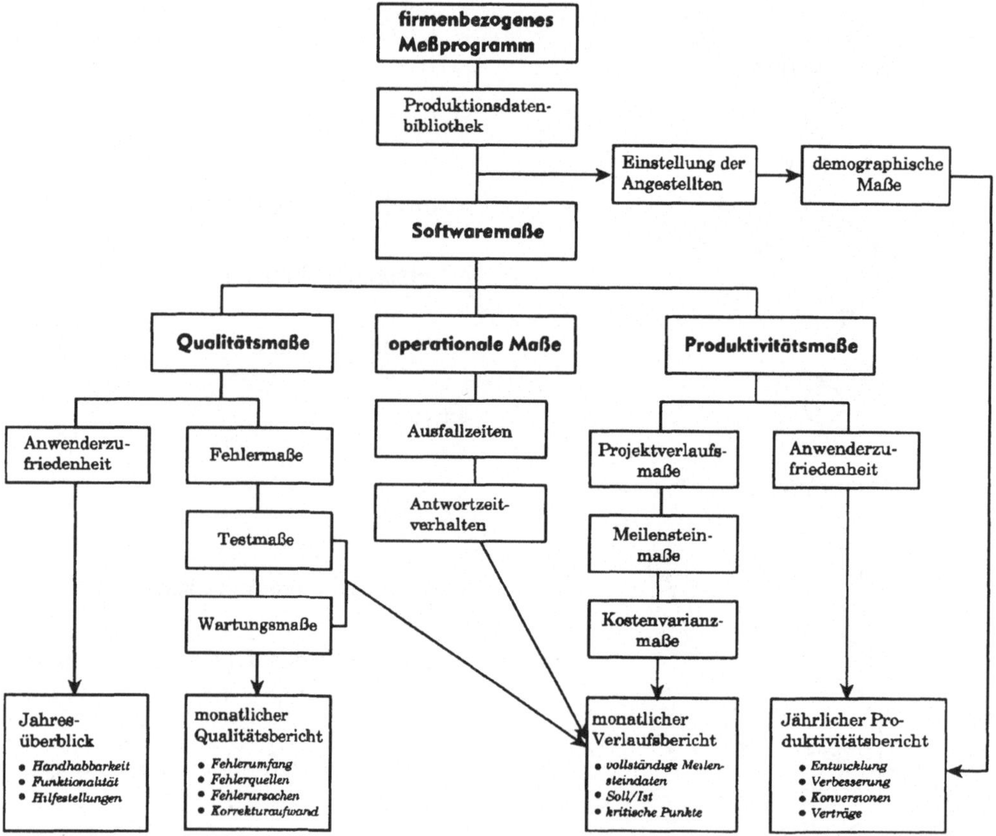

Die hierbei entstehende firmeneigene *Meßdatenbasis* stellt ein eigenständiges Informationssystem zur Bewertung der Softwareentwicklungsprozesse in der Firma selbst dar. Wesentlich für die Effizienz einer derartigen Datenbasis ist jedoch eine (unter Umständen jahrelange (siehe /Grady 92/ und /Hetzel 93/)) vorausgegangene Erfassung („Messung") der Fehlerarten bzw. der Mängel überhaupt.

1.4 Softwaremaße und ihre Validation

Softwaremaße bzw. -metriken lassen sich unmittelbar aus den Ansatzpunkten der Softwaremessung ableiten und dienen der Quantifizierung den der Softwaremessung bzw. -bewertung zugrunde liegenden Zielen.
Die folgende Zusammenstellung von Softwaremaßen ist an den Meßobjekten bzw. Ansatzpunkten der oben angeführten Klassifikation angelehnt und stellt nur eine grobe Übersicht dar (siehe auch /Dumke 92a/, /Mills 88/ und /Zuse 91/).

- **Prozeßmaße:**
  - *Maturity-Maße* (Organisationsniveau, Ressourcenniveau, Technologieniveau, Datenmanagement, Prozeßsteuerung, Dokumentationsstandards, Prozeßniveau),
  - *Managementmaße* (Meilensteinmaße, Reviewmaße, Risikomaße, Produktivitätsmaße),
  - *Life-Cycle-Maße* (Problemdefinitionsmaße, Analyse-/ Spezifikationsmaße, Entwurfsmaße, Implementationsmaße, Wartungsmaße);

- **Produktmaße:**
  - *Umfangsmaße* (Elementeanzahl (Lines of Code, Anzahl Dokumentationsseiten, Anzahl der Testfälle usw.), Erstellungszeit, -kosten, Ressourcenbedarfsumfang),
  - *Architekturmaße* (Komponentenanzahl, Sprach-/Paradigmenanzahl, Schichten),
  - *Strukturmaße* (Tiefe, Breite, Kopplung),
  - *Qualitätsmaße* (Effizienzmaße (Zeitverhalten, Ressourcenverhalten), Wartbarkeitsmaße (Analysierbarkeit, Testbarkeit, Änderbarkeit, Stabilität), Funktionalitätsmaße (Eignung, Korrektheit, Interoperabilität, Sicherheit, Standardgerechtheit), Zuverlässigkeitsmaße (Fehlerhäufigkeit, Fehlertoleranz, Wiederanlaufmöglichkeit), Portabilitätsmaße (Anpaßbarkeit, Konformität, Installationsaufwand, Ersetzbarkeit), Handhabbarkeitsmaße (Lesbarkeit, Lernaufwand, Handhabungsaufwand)),
  - *Komplexitätsmaße* (algorithmische Komplexitätsmaße, psychologische Komplexitätsmaße (Steuerfluß, Datenfluß, Mnemonik, Entropie, Topologie));

- **Ressourcenmaße:**
  - *Personalmaße* (Programmiererfahrung, Kommunikationsniveau, Produktivtät, Teamstruktur),
  - *Softwaremaße* (Leistungsmerkmale, Paradigmenabdeckung, Erneuerungsrate)
  - *Hardwaremaße* (Leistungsmerkmale, Verfügbarkeit, Zuverlässigkeit).

Dabei sind insbesondere die Prozeßmaße stets auf ein spezielles Entwicklungsparadigma bezogen, wie z. B. für die Strukturierte Analyse, die (jeweils nach einer bestimmen Methode vorliegende) objektorientierte Softwareentwicklung u. a. m.

Die Validationseigenschaft eines Softwaremaßes bestimmt, ob es für den jeweiligen
Anwendungsbereich anwendbar ist. Das folgende Schema verdeutlicht diese Problemstellung.

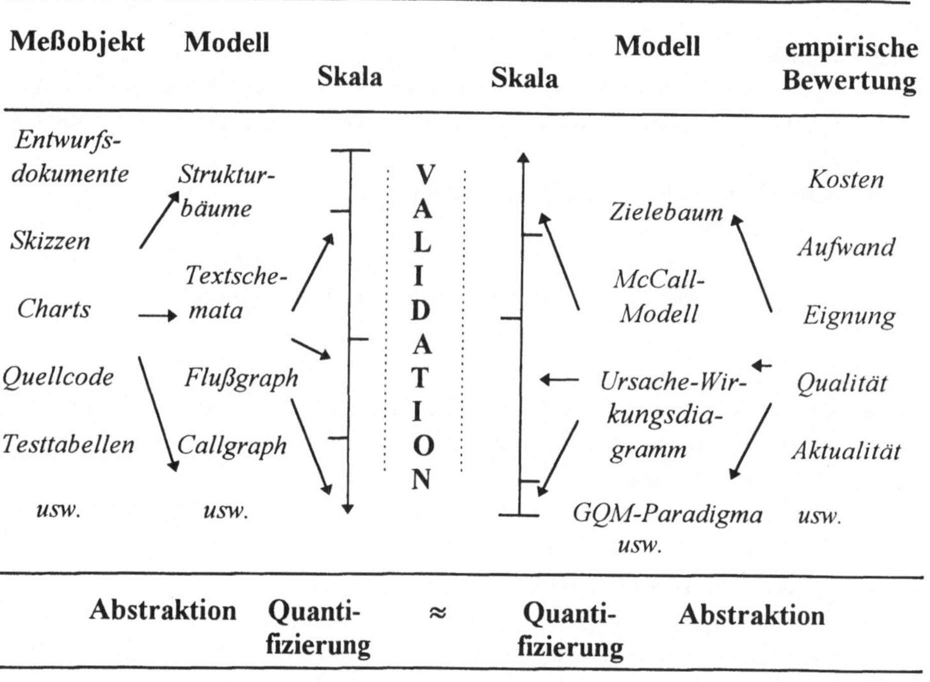

Bei der Validation sind die folgenden Problemstellungen zu lösen:

- **das Repräsentanzproblem:** Es fordert die Möglichkeit, daß das Maß eine zah-
lenmäßige Darstellung (als Meßwert) für die gemessene Eigenschaft liefert.

- **das Eindeutigkeitsproblem:** Es besteht in der Gleichartigkeit (Eindeutigkeit) des
Verhaltens von mehreren Repräsentationen für ein und dieselbe Eigenschaft.

- **das Bedeutungsproblem:** Hierbei wird trotz zulässiger Meßwerttransformatio-
nen die Beibehaltung der richtigen Bedeutung im Sinne der Interpretation gefor-
dert.

- **das Skalierungsproblem:** Es besteht in der bereits oben erläuterten Art und
Weise der Bestimmung der jeweiligen Skalierung für das Softwaremaß.

Validationsmethoden sind beispielsweise

- die Anwendung der meßtheoretischen Analyse im bereits oben behandelten Sinne,

- die Anwendung von Expertisen (Abschätzungen, Erfahrungswertvergleich, statistische Erhebung),

- die Anwendung statistischer Methoden, wie beispielsweise der Korrelation.

Korrelationen bieten vor allem die Möglichkeit, eine Vielfalt an Softwaremaßen hinsichtlich ihrer Gleichartigkeit zu untersuchen und somit eine sinnvolle Reduzierung vornehmen zu können. Insbesondere die Skalierung ist wichtig für die Anwendung der jeweils richtigen statistischen Methoden, wie zum Beispiel die Korrelation. Die folgende Tabelle zeigt ihre skalenbezogene Anwendbarkeit (/Fenton 93/, S. 437)

Skalentyp	definierte Relationen	anwendbare Statistiken	anwendbare Testmethoden
nominal	Äquivalenz	Häufigkeitsverteilung	nichtparametrische Testmethoden
ordinal	Äquivalenz, größer oder gleich	Verteilung, Kendall-, Spearman-Korrelation	
intervall	Äquivalenz, größer oder gleich, Verhältniswert in einem Intervall	arithmetisches Mittel, Standardabweichung, Pearson-Korrelation, multiple Korrelation	parametrische und nichtparametrische Testmethoden
verhältnis-skaliert	Gleichheit, größer oder gleich, Verhältniswert von je zwei Werten	geometrisches Mittel, Variationskoeffizient, alle obigen	

Die Beachtung dieser Charakteristika ist für den Vergleich und die Reduzierung der Menge an Softwaremaßen für die jeweiligen Modelle und für einen konkreten Softwareentwicklungsprozeß von grundlegender Bedeutung.

1.5 Voraussetzungen für die toolgestützte Softwaremessung

Für eine toolgestützte Softwaremessung sind folgende Voraussetzungen zu erfüllen:

- die jeweiligen Maße müssen algorithmisierbar sein,
- die zu messenden Komponenten müssen in gespeicherter Form vorliegen und die Kompatibilitätsanforderungen des jeweiligen Meßtools erfüllen.

Als Beispiel einer derartigen Algorithmisierung sei das McCabe-Maß als zyklomatische Zahl für den jeweiligen Steuerflußgraphen eines Programmes gewählt. Die Berechnung[8] lautet

G1: 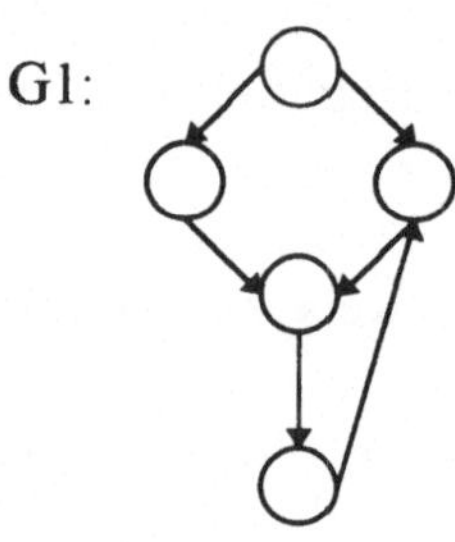

$$V(G) = e - n + 2,$$

für das nebenstehende Beispiel also V(G1)=6-5+2=3,

wobei G den jeweiligen Flußgraphen, e die Kanten und n die Knoten kennzeichnen. Betrachtet man den Flußgraphen, so scheint die Berechnung äußerst einfach zu sein. Das Programm liegt aber als Meßobjekt in Quellcodeform vor, so daß erst eine Transformation in ein Modell (hierbei in den Flußgraphen) notwendig ist. Das ist in diesem Fall prinzipiell möglich, für die Berechnung aber sehr aufwendig. Das oben beschriebene McCabe-Maß hat aber auch noch die Berechnungsform

$$V(G) = Anzahl\ der\ Entscheidungsknoten + 1.$$

Auf dieser Grundlage kann beispielsweise eine einfache Berechnung des McCabe-Maßes für Smalltalk/V-Methoden in der Form[9]

```
complexityOfMeasure: aMethod fromObject: aObject
   "Answer the complexity by McCabe"
   | string sum bag input word |
   bag := aObject selectors.
   (bag includes: aMethod asSymbol)
     ifFalse:[^-1].
   sum := 1.
   bag := Bag new.
   word := ''.
   string := aObject sourceCodeAt: aMethod asSymbol.
   input := ReadStream on:string.
   [input atEnd]
      whileFalse:[word := input nextWord.
                  bag add:word].
```

---

[8] Zu den meßtheoretischen Eigenschaften und Varianten des McCabe-Maßes siehe /Zuse 91/.

[9] Als Entscheidungsknoten werden hierbei nur *ifFalse, ifTrue, whileTrue* und *whileFalse* verwendet. Vernachlässigt sind also beispielsweise *timesRepeat* und indirekte Zyklen bzw. Auswahlformen.

#('ifFalse' 'ifTrue' 'whileTrue' 'whileFalse') do:
[:w | sum := sum + (bag occurencesOf: w)].
^ sum

erfolgen. Ein anderes, sehr einfach erscheinendes Maß (/Dumke et al 95/) ist die

Anzahl potentieller Objekte bzw. Klassen in einer Problembeschreibung
als Anzahl der Begriffe und Bezeichnungen.

Da die Problemstellung im allgemeinen eine mehr oder weniger systematisierte verbale Beschreibung darstellt, kann hierbei nur interaktiv vorgegangen werden.

Der Einsatz von Meßtools hängt aber auch von dem jeweiligen Anwendungssystem bzw. der Programmierumgebung ab. So können Softwaremetriken einfache Ergänzungen darstellen (z. B. in CASE-Tools bzw. im Smalltalk-System) oder in Form eigenständiger (*stand alone*) Meßtools mit den jeweiligen erforderlichen Schnittstellen zur Anwendung kommen.

Die unmittelbare Anwendung von Meßtools kann eine (rechnergestützte) Vorbereitung erfordern, so beispielsweise als

- Transformation der Meßkomponente in die Eingangsform des Meßtools,
- Transformation der Programmiersprache[10] in die dem Meßtool zugrunde liegende.

Ebenso gilt für die Phase der Nachbereitung bzw. der gezielten Anwendung der Meßergebnisse für eine Produkt- oder Prozeßverbesserung der Einsatz von *meßwertbasierenden* Korrektur- bzw. Transformationstools, wie es bereits von den optimierenden Compilern her bekannt ist.

Die Softwaremessung ist also Bestandteil eines allgemeinen „Regelkreises" in der Form

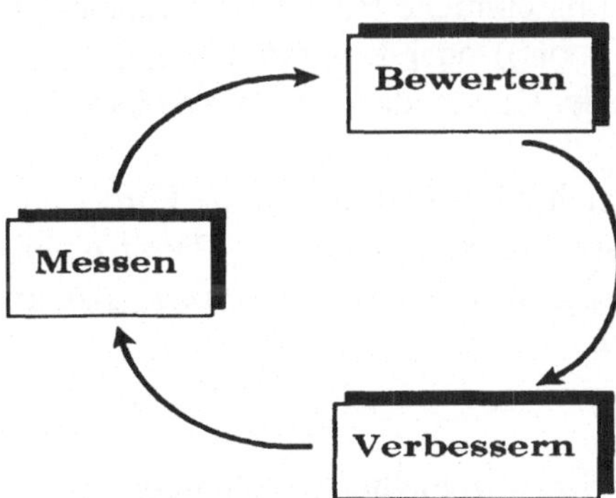

---

[10] Bei dieser Transformation muß auf die metrikenerhaltenden Eigenschaften geachtet werden, da sonst das Meßergebnis nicht auf die ursprüngliche Auswertungsquelle anwendbar ist.

Zur Anwendung von (Meß-) Tools bestehen daher im allgemeinen die in der folgenden Skizze dargestellten Möglichkeiten.

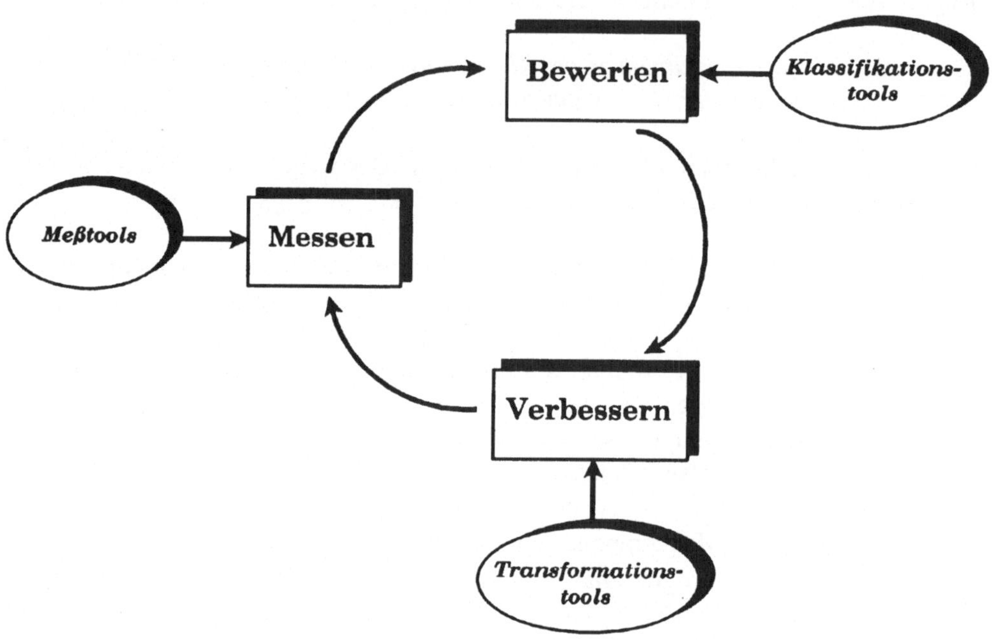

Eine weitere Problemstellung ergibt sich bei der Anwendung von Softwaremeßtools aus der Verschiedenartigkeit der Inputs und den Anforderungen an die Ausgaben. Hinsichtlich der Inputs kann es sich dabei zum einen um textliche Dokumente (in einfacher verbaler (informaler) Form oder mit einer formalen Notation (z. B. Spezifikationen)), Graphiken (als einfache Bilder oder topologisch analysierbare Zeichnungen (z. B. in CASE-Tools)) oder Programmcode in den verschiedenen Ausprägungen als Precompilercode, Quellcode, Objektcode usw. handeln.

Für die Ausgaben ergibt sich unter Umständen die Forderung nach graphischen Präsentationen bzw. ersten statistischen Analysen. Damit ist eine Schnittstellenproblematik zu bereits vorhandenen Präsentations- bzw. statistischen Analysetools in möglichst effektiver Weise zu lösen.

Allgemein gilt dabei, daß Softwaremeßtools stets in einer firmenbezogenen Strategie (in Form eines sogenannten **Metrikenprogramms** bzw. **Measurement Framework**) einzugliedern bzw. zuzuordnen sind.

2 SOFTWAREMESSTOOLS

2.1 Einführende Bemerkungen

Ein Softwaremeßtool sei wie folgt definiert (siehe auch /Dumke et al 94b/, S. 248 ff., bzw. /Fenton, S. 2/):

> *Ein **Softwaremeßtool** sei ein Softwarewerkzeug, welches Komponenten eines Softwareproduktes oder der Softwareentwicklung in ihrer Quellform oder transformierten Form (z.B. als spezielles Modell) einliest und nach vorgegebenen Verarbeitungsvorschriften numerisch oder symbolisch auswertet.*

Diese Verarbeitungsvorschriften sind durch das jeweilige (Software-) Maß definiert und können einfache Auszählungen bis hin zu komplexen parametrisierten Berechnungen (mit u. U. eigenständigen Modelltransformationen) sein. Sie können weiterhin auch mit einer speziellen Maßeinheit versehen sein (Zeit, Byte-Anzahl, Einheit pro Zeit usw.) oder einfache Anzahlen bzw. Verhältniszahlen darstellen.

Andererseits sind Softwaremeßtools in Meßstrategien (s. o.) eingebettet. Auch hierbei werden Tools verwendet, die im obigen Sinne keine Meßtools darstellen, für die zielgerichtete Anwendung der Meßstrategie aber notwendig sind. Es gelte daher weiterhin (siehe /Dumke et al 94b/, S. 264 ff.):

> ***Tools für die Softwaremessung*** *sind sowohl Meßtools als auch Softwarewerkzeuge, die der Ausprägung der jeweiligen Meßstrategie, der Aufbereitung der Meßobjekte oder der (statistischen) Auswertung bzw. Darstellung der Meßergebnisse dienen.*

Die Tools für die Softwaremessung werden hierbei unter dem Begriff **CAME-Tools** (**C**omputer **A**ssisted Software **M**easurement and **E**valuation) zusammengefaßt.

Die folgende Klassifikation ist zur Einordnung sowohl der Werkzeuge zur Softwaremessung als auch der Meßtools in den Softwareentwicklungsprozeß und bezüglich der Softwareproduktkomponenten geeignet (siehe auch /Dumke et al 94b/, S. 279 ff.).

CAME-Tools zur Komponentenklassifikation: Diese Toolart unterstützt eine auf (selbst definierbaren) Kriterien beruhende Bewertung der verschiedensten Komponenten und Aspekte bei der Softwareentwicklung. Durch Vorgabe von Bewertungsskalen (z. B. „sehr gut" bis „ungeeignet") kann nach entsprechender Bewertung ein „Abstand" (als Metrik) zwischen den jeweiligen

Aspekten ausgewiesen werden. Hierbei können die bisher bekannten Tools zur Klassifikation überhaupt angeführt werden.

CAME-Tools zur Komponentenmessung: Dazu zählen

- *Quellcodeanalysatoren*, die beispielsweise Lines Of Code (LOC) ermitteln, Häufigkeitsanalysen von Token's aufstellen oder strukturelle (Komponentenverteilung, Verschachtelungstiefe u.ä.m.) und/oder qualitätskennzeichnende Maße (Verständlichkeit, Änderbarkeit usw.) bestimmen,
- *Compiler*, die Umfangsmaße, strukturelle Angaben und (statische) Fehleranalysen ermitteln,
- *Betriebssystemkomponenten* zur Leistungsmessung der jeweiligen Entwicklungskomponenten,
- *Textverarbeitungstools* zur Analyse der Softwareentwicklungsdokumente.

Diese Tools schließen z. T. auch die (interne) Transformation der Ausgangskomponenten in das für die jeweilige Messung notwendige Modell (Steuerflußgraph, Syntaxgraph usw.) mit ein. Ihre Ausrichtung kann auf Komponenten des Softwareproduktes, des -prozesses oder auf die Ressourcen angelegt sein.

CAME-Tools zur bewertenden Komponentenmessung: Diese Tools schließen einen Bewertungsmechanismus, der z. B. auf initial vorgegebene Erfahrungswerte basieren kann, mit ein. Im allgemeinen werden dazu erste Messungen verwendet und dann diese Vergleichswerte nach einer Meßvalidierung der eigenen Entwicklungsumgebung angepaßt (z. B. Ausgangsmeßkurve beim Function-Point-Verfahren). Diese Bewertungstools werden nach ihrem Ansatzpunkt in statische (auf die „Quellkomponente" bezogen) und/oder dynamische (als Interpretation bzw. Abarbeitung der Komponente) eingeteilt. Auch hierbei kann es sich jeweils um eine das Softwareprodukt betreffende, den Softwareentwicklungsprozeß oder die Ressourcen betreffende Ausrichtung handeln.

CAME-Tools zur Meßdatenauswertung: Hierbei werden bereits die Meßergebnisse verwendet, die dann z. T. umfangreichen statistischen Auswertungen zugeführt werden und eine genauere Analysearbeit unterstützen. Zu diesen Tools zählen

- *Auswertungstools*, die einfache bzw. weitergehende statistische Analyseformen ermöglichen,
- *Datenverwaltungstools*, die bei entsprechendem Umfang und Struktur (zeitlich, bezogen auf verschiedene Projekte) der Meßdaten eine Datenhaltung in Form von Datenbanken ermöglichen.

CAME-Tools zur Softwareproduktbewertung : Hierbei geht es um die Bewertung aller Komponenten eines Softwareproduktes, die vor allem auch die verschiedenen Dokumentationsformen und deren Entsprechung zu den anderen Komponenten in den jeweiligen Entwicklungsphasen betreffen.

CAME-Tools zur Softwareentwicklungsbewertung: Hierbei ist der gesamte Softwareentwicklungsprozeß mit einbezogen. Es geht um die Einordnung der (vorhandenen) Entwicklungsmethodik in ein allgemeines Bewertungsschema, wie z. B. dem Capability-Maturity-Modell (s. u.).

CAME-Tools zur Bewertung der Meßmethodik: Dabei geht es um eine Hilfestellung für die allgemeine Vorgehensweise bei der Softwaremessung. Spezielle Toolarten sind dabei

- *Meßstrategieplaner*, wie beispielsweise die Unterstützung einer Testmethodik oder die Unterstützung der GQM-Methodik,
- *Metrikenanalysetools*, die spezielle Eigenschaften der Programmodelle bzw. der Softwaremetriken selbst aufzeigen und die Wertebereiche analysieren,
- *Tutorial-Tools*, für die grundlegende Vermittlung von Kenntnissen zu Softwaremetriken und zur Softwaremessung.

Aus der bisher beschriebenen Situation bzw. Charakteristik der Softwaremessung ergeben sich die folgenden allgemeinen Anforderungen an Tools für die Softwaremessung:

♦ Meßtools sollten alle *(Meß-) Daten computergestützt ermitteln* und für eine weitere Verarbeitung zeitlich oder komponentenbezogen speichern.

♦ Die Meßergebnisse sind in den (relativ) allgemein *„üblichen" Diagrammformen* aus der statistischen Analyse zu präsentieren.

♦ Zur Auswertung der Meßergebnisse sollten *die jeweils gültigen statistischen Methoden und Verfahren* anwendbar sein.

♦ Die Eingabe der Meßobjekte bzw. die Speicherung der Meßdaten sollte jeweils eine *Kopplung zu vorhandenen Tools*, wie z. B. CASE-Tools, Datenauswertungstools, ermöglichen.

♦ Die Meßtools selbst sollten *der jeweiligen Softwareentwicklungsmethodologie entsprechen* und somit die Entwicklungskomplexität insgesamt nicht wesentlich vergrößern.

♦   Sie sollten sich an allgemeine *Standards zur Softwaremessung* bzw. zur Aus-
     richtung des Meßtools (Qualitätsmessung, Leistungsanalyse usw.) orientieren.

Gemäß diesen allgemeinen Anforderungen werden im folgenden Meßtoolbeispiele
und Vorschläge für eine effiziente Anwendung angegeben.

2.2 Meßtools für die Prozeßbewertung

Grundlagen der Bewertung des Softwareentwicklungsprozesses sind die bereits im
ersten Kapitel genannten Meßkomponenten. Die Bewertung selbst erfolgt dabei
(/Fenton 91/, S. 44) nach den Kriterien der

- **Kosten** bzw. Kosteneffektivität als Hauptziel einer Softwareproduktion,

- **Qualität** als wesentlicher Einflußfaktor auf das erste Bewertungskriterium,

- **Stabilität** im weitesten Sinne als erfolgreiche Bewältigung der hohen Dynamik
  bei der Hard- und Systemsoftwareentwicklung bzw. den allgemein sich ständig
  verändernden Marktbedingungen.

Im allgemeinen werden zur Abschätzung der **Kosten** teilweise analoge Umrech-
nungsformen genutzt, wie etwa die Personalkosten in der indirekten Form als
„Personenmonate" oder der Aufwand in Zeit, der eine spezifische Zeitkostenform
impliziert. Eine Klassifikation der Kostenschätzmodelle wurde bereits durch Barry
Boehm (/Boehm 86/)[11] gegeben:

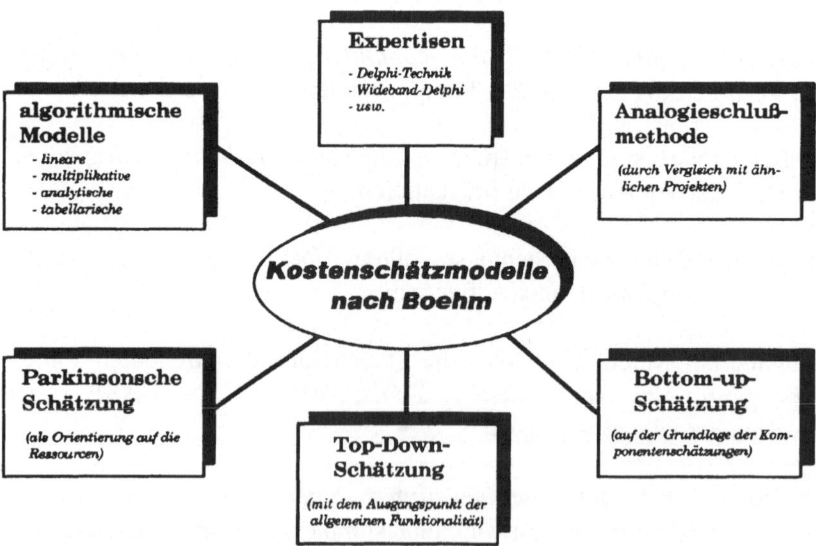

---

[11] Hier ist die deutsche Übersetzung des bereits 1981 erschienenen Originals angegeben.

Eine Form der algorithmischen Kostenschätzung ist das **COCOMO** (*COnstructive COst MOdel*) von Boehm (/Boehm 86/). Es berechnet den geschätzten Aufwand in Personenmonaten (PM) für drei verschiedene Projektarten nach der allgemeinen Formel

$$PM = c\, KDSI^{\,b} * a_1 a_2 \ldots a_{15}$$

wobei a_1, a_2.,..., a_{15} spezielle Einflußfaktoren, wie beispielsweise Programmiererfahrung, Methodik- und Toolunterstützung, darstellen. KDSI ist als *Kilo Delivered Lines of Code* eine spezielle (anweisungsbezogene) Ausprägung des LOC-Maßes in Form der auszuführenden Befehle. Für c und b gilt:

Projektart	c	b
organisch	3,2	1,05
teilintegriert	3,0	1,12
eingebettet	2,8	1,20

Die Problematik bei der Anwendung dieser Methode ist natürlich die zu schätzenden KDSI zu Beginn der Projektentwicklung.

Eine weitere Schätzmethode ist die sogenannte **BANG-Metrik** von DeMarco (/DeMarco 89/, S. 111 ff.). Sie ist ausschließlich auf eine spezielle Entwicklungsmethode - der Strukturierten Analyse - ausgerichtet. Ihre wesentlichen Anwendungsschritte sind:

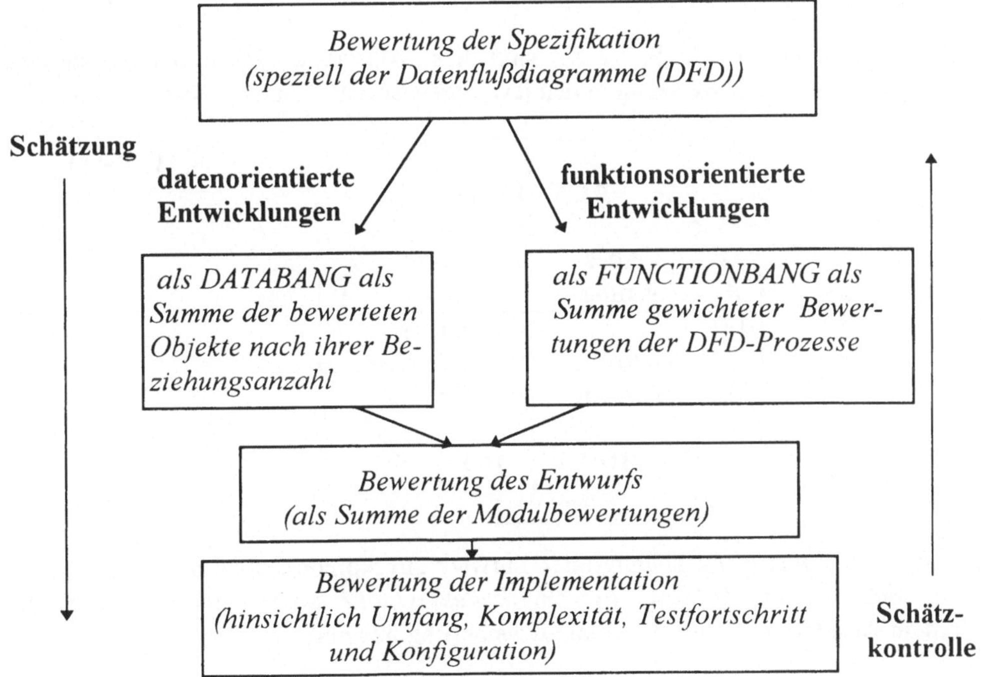

Für die Anwendung schlägt DeMarco eine erste Bewertungsform vor, die schließlich der jeweiligen Entwicklungsumgebung angepaßt werden muß.

Eine andere der Aufwands- (Kosten-) Schätzung ist die **Function-Point-Methode**. Dabei wird der „funktionelle Gehalt" als Ausgangspunkt für die Schätzung verwendet. Eine genauere Beschreibung dieser und ähnlich gearteter Methoden ist im Abschnitt 2.3 angegeben.

Die (Software-) **Qualität** ist nach der DIN 55350 definiert als (/Quali 87/):

> *Qualität: „Gesamtheit der Merkmale und Merkmalswerte eines materiellen oder immateriellen Gegenstandes der Betrachtung bezüglich ihrer Eignung, festgelegte oder vorausgesetzte Erfordernisse zu erfüllen. "*

Der Schwerpunkt liegt dabei also in der Erfüllung der Anforderungen an ein Softwareprodukt. Die Gewährleistung dieser Forderung soll im Softwareentwicklungsprozeß durch die Qualitätssicherung erreicht werden. Sie ist allgemein definiert (ebenfalls in /Quali 87/) als:

> *Qualitätssicherung: „Gesamtheit der Tätigkeiten des Qualitätsmanagements, der Qualitätsplanung, der Qualitätslenkung und der Qualitätsprüfung. "*

Nach Arthur (/Arthur 93/, S. 92 ff.) sind diese Aktivitäten zyklisch im gesamten Prozeß der Softwareentwicklung in den jeweiligen Schritten einzubinden:

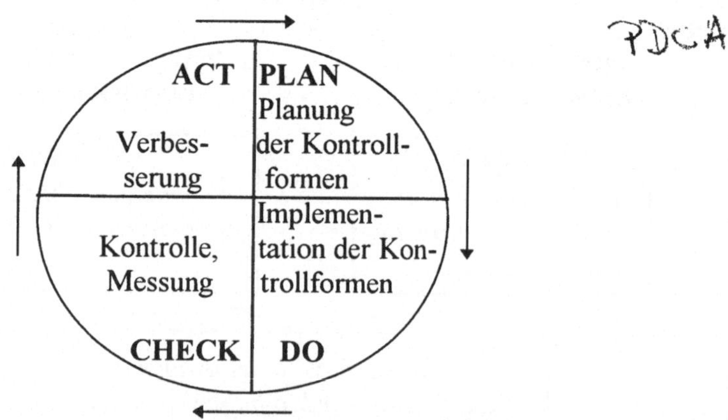

Bei einer derartigen Einbeziehung aller Entwicklungskomponenten und Phasen handelt es sich um ein *„Totales" (ganzheitliches) Qualitätsmanagement (TQM)*. Je nach dem Ansatzpunkt wird die Qualitätssicherung allgemein in

- **konstruktive** (mit der Anwendung konstruktiver Techniken, wie Generatoren und Transformatoren, die eine gewisse Qualität implizieren) und

- **analytische** (im Sinne einer Messung und Bewertung nach Entwicklungsabschluß und der dann folgenden Korrektur oder Verbesserung)

eingeteilt. Eine detailliertere Form ist der sogenannte **ISO 9000-Standard**. Er bezieht sich auf einen ganz allgemeinen „Qualitätskreis" der Form:

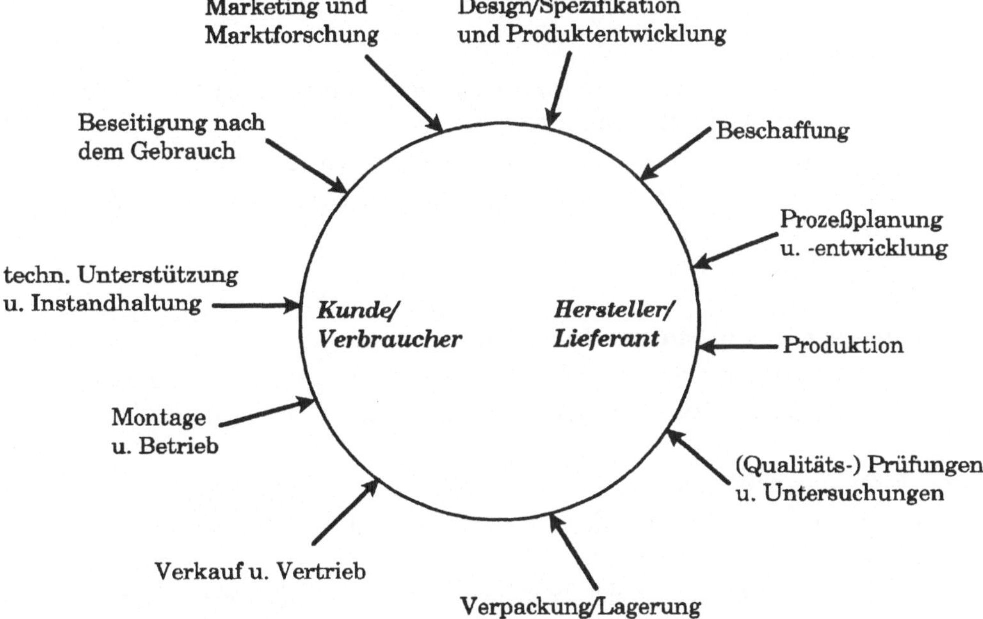

Der ISO 9000 entspricht der Europanorm EN 29000 (/Quali 90/) und hat folgende Einteilung:

ISO 9000: Qualitätsmanagement- und Qualitätssicherungsnormen mit den allgemeinen Begriffserklärungen für die Qualitätspolitik, -management, -sicherungssystem, -lenkung und -sicherung sowie der Zusammenfassung der Merkmale von Qualitätssicherungssystemen als

◆ **Leitungsverantwortung:**
  - oberste Leitung (Firmenmanagement) muß Qualitätsverpflichtung dokumentieren,
  - klare Befugnisfestlegung und Qualitätsüberwachung,
  - Schulung des Qualitätssicherungspersonals,
  - Festlegung eines Verantwortlichen der Firmenleitung;

♦ **Qualitätsmanagementsystem:**
  - als Ausarbeitung dokumentierter Verfahren und Anweisungen,
  - deren effektive Verwirklichung,
  - (gegebenenfalls) Änderung der weiteren Komponenten des Qualitätssicherungssystems;

♦ **Vertragsprüfung:**
  - jeden Vertrag durch den Lieferanten zu überprüfen,
  - alle von der Ausschreibung abweichende Anforderungen erklären;

♦ **Designlenkung:**
  - Lieferant muß Pläne erstellen, welche die Verantwortung für jede Design- und Entwicklungstätigkeit festlegen,
  - produktbezogene Forderungen durch Lieferanten zu überprüfen,
  - Designergebnisse in Form von Forderungen, Berechnungen und Analysen darstellen,
  - es sind Design-Reviews zu realisieren;

♦ **Lenkung der Dokumente und Daten**: mit
  - der ordnungsgemäßen Genehmigung und Herausgabe von Dokumenten,
  - der analogen Überprüfung der Änderungen bzw. Modifikationen;

♦ **Beschaffungsqualität:** als
  - Absicherung der ordnungsgemäßen Qualität der beschafften Produkte (z.B. als Teilkomponenten),
  - klare Dokumentation der bestellten Produkte (insbesondere hinsichtlich Rückverfolgung);

♦ **Prozeß- und Produktionslenkung**: mit den Merkmalen
  - Lieferant muß die Produktions- und falls zutreffend, Montageprozesse, welche die Qualität direkt beeinflussen, festlegen und planen,
  - Realisierung einer kontinuierlichen Überwachung,
  - Grundlage: Identifikation und Rückverfolgung, sowie Prüfstatusüberwachung;

♦ **Prüfungen**: mit den Merkmalen
  - Realisierung der Eingangsprüfungen (insbesondere für beschaffte Produkte),
  - Durchführung von Zwischenprüfungen mit beispielsweise der Kennzeichnung „widerrufbar freigegeben",
  - Realisierung von Endprüfungen gemäß Qualitätssicherungplan auf der Grundlage exakter Aufzeichnungen;

♦ **Prüfmittelüberwachung:** als
- der Lieferant muß die Prüfmittel überwachen, kalibrieren und instandhalten,
- die erforderliche Meßgenauigkeit ist zu gewährleisten;

♦ **Prüfstatus:** in Form von
- Prüfstatus ist zu kennzeichnen (durch Markierung mit zugelassenen Stempeln, Etiketten, Prüfsoftware u.a.m.),
- Prüfstatus muß über gesamten Entwicklungszeitraum gekennzeichnet sein;

♦ **Lenkung fehlerhafter Produkte:** als
- fehlerhafte Produkte - im Sinne der Nichterfüllung der Qualitätsanforderungen - sind zu kennzeichnen und gesondert zu behandeln,
- Nacharbeitung und Neueinstufung oder die Verschrottung sind explizit zu planen und nachverfolgbar zu realisieren,

♦ **Korrekturmaßnahmen:**
- zur Korrektur zählen auch die Ursachenuntersuchung und die Analyse der Fehlerursachen,
- weiterhin sind Fehlerverhütungsmaßnahmen einzuführen;

♦ **Handhabung und Versand:**
- für die Handhabung, Lagerung, Verpackung und den Versand müssen Maßnahmen zur Sicherung der Qualität getroffen werden,
- der Vertrieb hat produktgerecht zu erfolgen;

♦ **Qualitätsaufzeichnungen:** als
- Lieferant muß Verfahren für die Identifikation, Sammlung, Indexierung, Ordnung, Speicherung/Aufbewahrung, Pflege und Bereitstellung von Qualitätsaufzeichnungen einführen,
- die Qualitätsaufzeichnungen müssen selbst gewissen Qualitätsanforderungen genügen;

♦ **Personalschulung:** mit den Merkmalen
- der Schulungsbedarf ist ständig zu ermitteln,
- das Schulungsniveau muß stets den für die jeweilige Tätigkeit notwendigen Anforderungen entsprechen;

♦ **Kundendienst:** in Form von
- im Rahmen des Kundendienstes ist eine entsprechende Produktsicherheit und -haftung zu gewährleisten;

- der Kundendienst ist i. a. vertraglich zu vereinbaren;

◆ **Gebrauch statistischer Methoden**: mit den Merkmalen
  - Auswahl geeigneter statistischer Methoden für die Verifizierung der Annehmbarkeit der Eignung der Prozesse und Produktmerkmale.

ISO 9001: Qualitätssicherungssysteme (Qualitätsmodell in Design/Entwicklung, Produktion, Montage und Kundendienst) mit einer konkreten Untersetzung der im ISO 9000 angegebenen Merkmalen.

ISO 9002: Qualitätssicherungssysteme (Qualitätsmodell in Produktion und Montage) mit der Beschreibung einer modifizierten Teilmenge des ISO 9001.

ISO 9003: Qualitätssicherungssysteme (Qualitätsmodell bei der Endprüfung) ebenfalls als entsprechende Teilmenge des ISO 9001.

ISO 9004: Qualitätsmanagement und Elemente eines Qualitätssicherungssystems (als Leitfaden) als allgemeine Zusammenfassung der Qualitätsrichtlinien auf der Grundlage des oben angegebenen Qualitätskreises.

Für die besonderen Belange der Softwareentwicklung wurde eine Ergänzung - als **ISO 9000-3** - formuliert, die folgende allgemeine Aktivitäten beim Softwaremanagement fordert (siehe auch /Schmauch 94/, S. 121 ff.)[12] :

- Konfigurationsmanagement,
- Dokumentationskontrollen,
- Qualitätsreports (Reviews und Audits),
- Qualitätspläne (Testpläne, Abnahmeplan usw.),
- Softwaremessungen,
- anforderungsgerechte Soft- und Hardwarebeschaffung,
- (methodenbezogene) Entwicklungskonventionen,
- CASE-Tool-Anwendungen und moderne Entwicklungstechnologien,
- Kosten- und Aufwandsanalysen,
- Schulungen des Entwicklungspersonals,
- nutzergerechte Softwarewartung.

Beim ISO 9000 geht es also vor allem darum, die Softwareprodukte in ihrem gesamten Lebenszyklus zu „betreuen". Das bedeutet vor allem auch die Beherrschung bzw. Reduzierung der Entwicklungskomplexität.

---

[12] Eine detaillierte Auflistung der Fragen zu den jeweiligen Merkmalen ist unter anderem in /Wallmüller 95/ S. 248 ff. angegeben.

Bei der Bewertung der **Stabilität** der Softwareentwicklung geht es um den Grad der Beherrschung des gesamten Prozesses hinsichtlich einer zugrunde liegenden Bewertung *(Assessment)* und der auf dieser Grundlage angestrebten Verbesserung *(Process Improvement)*. Einflußfaktoren sind hierbei

- die **Durchgängigkeit des zugrunde liegenden Entwicklungsparadigmas** in der Weise, ob es sich um eine phasenweise Prozeßunterstützung (gegebenenfalls mit ganz unterschiedlicher Soft- und/oder Hardware) oder um eine integrierte Methode handelt,

- die allgemeine **Form des vorliegenden Prozeßmodells** in der Ausprägung als nichtoperationales (auf einer phasenweise Verfeinerung basierenden) oder operationales Modell, bei der die Funktionalität bereits bei der Spezifikation vollständig festgelegt wird und dann Generierungstechniken eingesetzt werden (/Ency 94/, S. 866 ff.),

- schließlich der **Ansatzpunkt** der Messung, Bewertung und angestrebten Verbesserung, wobei es sich zum einen um einzelne Komponenten, wie zum Beispiel die Programmdokumentation, oder um den gesamten Prozeß handeln kann.

Ein Beispiel für eine allgemeine prozeßmodell- und paradigmenunabhängige Bewertungsform ist das sogenannte Capability-Maturity-Modell (CMM) der Universität Pittsburg. Es bewertet die Softwareentwicklung nach fünf Niveaustufen. Das Modell lautet in der verkürzten Form nach Arthur (/Arthur 92/,S. 25):

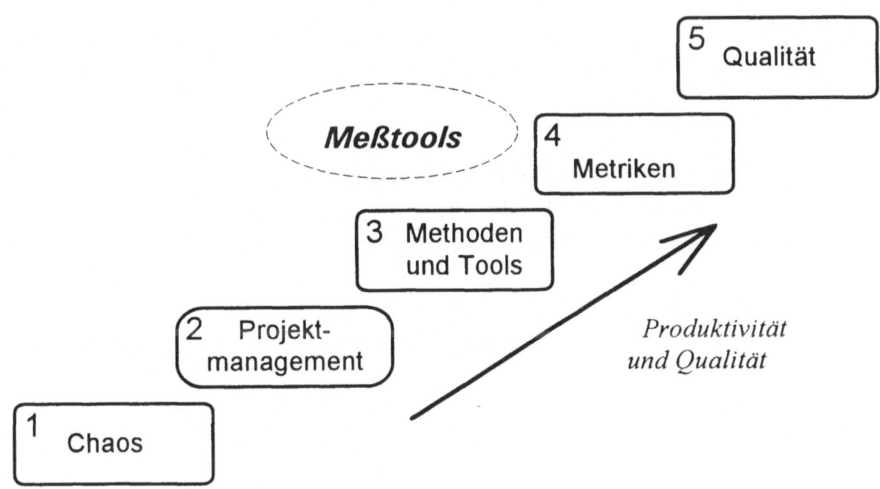

Die Kernpunkte, die die jeweiligen Niveaustufen unterscheiden, sind in der folgenden Tabelle kurz angedeutet (siehe auch /Thaller 93/). Sie bringen gleichzeitig auch zum

Ausdruck, mit welchen Mitteln und Strategien die nächst höhere Stufe erreicht werden kann.

CMM-Stufe[13]	Charakteristika
1 (Initial)	Abhängigkeit von einzelnen Personen und deren Fähigkeiten
2 (Repeatable)	Softwareprojektmanagement, Softwarequalitätssicherung, Konfigurationsmanagement, Kosten-/Aufwandsschätzungen
3 (Defined)	Prozeßdefinition auf der Grundlage einer Prozeßanalyse, Integriertes Softwaremanagement, CASE-Tool-Anwendung, Schulungsprogramm, Peer-to-Peer Reviews
4 (Managed)	Quantitatives Prozeßmanagement auf der Grundlage von Metriken, Softwarequalitätsmanagement
5 (Optimizing)	Prozeßänderungsbeherrschung, Gezielte Fehlervermeidung, Technologieänderungsbeherrschung

Während der ISO 9000-3-Standard alle Anforderungen für einen qualitätssichernden Prozeß beinhaltet, zeigt das CMM die möglichen Stufen zur Erreichung dieser Prozeßqualität auf.

Die Bewertung wird aufgrund eines Fragenkataloges vorgenommen. Diese Fragen beziehen sich auf die Schwerpunkte der Organisation, des Projektmanagements, des Prozeßmanagements und der Technologie.

Der effiziente Softwaremeßtooleinsatz besteht hierbei vor allem in dem meßwertgesteuerten Management und der rechtzeitigen Erkennung von Paradigmenwechseln im Sinne der fünften Modellstufe.

---

[13] Eine Bewertung durch Humphrey 1989 in den USA zeigte das Ergebnis von 86 % der Firmen der Stufe 1, 12 % der Stufe 2 und 2% der Stufe 3. Die Stufen 4 und 5 konnten bei keiner Firma festgestellt werden.

2.2.1 Das SynQuest-Tool

Das Programm SynQuest dient der Prozeßbewertung (/SynQuest/) auf der Grundlage einer ISO 9000-Standarderweiterung - dem sogenannten BOOTSTRAP (/Koch 93/). Die Bewertung basiert auf der Beantwortung folgender Fragenkomplexe:

◆ 5 allgemeine Fragen zur Firmencharakteristik in den Formen

- Firmendaten (Bezeichnung, Adreßangaben),
- Kooperationsformen,
- Personalstruktur (Art, Erfahrung),
- Marktsituation (Umsatz, Art usw.),
- Projektportfolio (Projektarten, -dauer usw.)

◆ (inzwischen) 37 Fragen zum Softwareentwicklungsprozeß:

- Verpflichtung zur Qualität,
- Organisation der Kommunikation und Berichtswege,
- Dokumentenverwaltung,
- Ressourcenplanung (Personen, Hardware, Software, Infrastruktur),
- Programm (Konzept) für Personalschulung und Fortbildung,
- Stellenbesetzung in Bezug auf Qualifikation und Stellenanforderung,
- Bewertung und Einführung neuer Technologien,
- Formelle Prozeduren für die Vertragsprüfung,
- Verfahren für Kostenschätzung,
- Planung der Software Entwicklung,
- Risiko Management,
- Anwendung eines Qualitätshandbuches,
- Anwendung eines standardisierten Softwareentwicklungsprozesses,
- Begründete Abweichung vom Standardvorgehensmodell,
- Durchführung von Design und Code Reviews,
- Analyse der Fehlerursachen mit der Absicht, die Prozesse zu ändern, um diese Fehler zu vermeiden,
- Kontrolle von Produkt- und Prozeßqualität von extern entwickelter Software,
- Methode für Konfigurations- und Versionsverwaltung,
- Handhabung von Änderungen (change management) in den Phasen: Design, Implementierung, Testen und Auslieferung,
- Sammeln von Information über Kundenzufriedenheit (Feedback),
- Messen von Arbeits-, Fehlerbehebungs- und Fehlerkosten während aller Phasen des Lebenszyklus,
- Methode für Produktivitätsmessung (Metrik),

- Metriken zur Überprüfung der Qualitätsmerkmale des Softwareproduktes,
- Statistische Analyse von gesammelten Fehlerdaten und Korrekturmaßnahmen,
- Anwendung von Methoden zur Analyse der Anforderungen,
- Prototyping für die Schnittstelle zwischen Mensch und Maschine oder für Performance-Tests,
- Anwendung von Methoden zum Architectural Design (rückverfolgbar zur vorigen Phase),
- Anwendung von Methoden für Detailed Design und Implementierung (rückverfolgbar zur vorigen Phase),
- Anwendung von Richtlinien für die Kodierung zur Qualitätssteigerung,
- Anwendung von Regelungen für Design- oder Kodiermethoden in Hinblick auf wiederverwendbare Elemente,
- Methode zur Erstellung von Dokumentation,
- Testen mit Methoden, die auch zu den Fehlerursachen führen,
- Anwendung von Integrationsmethoden,
- Anwendung von Abnahmetestmethoden,
- Anwendung von Methoden für Transfer und Schulung,
- Methode für Wartung,
- Systematischer Kundenservice.

♦ die letzte Frage erfaßt schließlich den Bewerter selbst bzw. gibt die Möglichkeit zu einer zusammenfassenden Kommentierung der Fragenbeantwortung.

Die Prozeßbewertung erfolgt ausschließlich auf der Grundlage der oben skizzierten Prozeßbewertungsfragen. Diese Fragen implizieren zur Bewertung insgesamt 9 sogenannte Prozeßbereiche.

1. der Organisation,
2. dem Projektmanagement,
3. dem Qualitätsmanagement,
4. dem Konfigurations- und Änderungsmanagement,
5. der Metrikenanwendung,
6. der Anforderungsanalyse,
7. dem Entwurf und der Implementierung,
8. dem Test und der Integration und
9. dem Transfer mit dem eigentlichen Einsatz und der Wartung.

Explizit unterteilt sich jede Frage bzw. Prozeßeigenschaft in die 7 Prozeßattribute *Existenz* (als Aussage über das Vorhandensein), *Dokumentation, Verantwortung, Nützlichkeit, Inspektion, Aufzeichnungen* und *Werkzeuge*. Schließlich ist es noch möglich, durch „Ankreuzen" (Anklicken) der Felder „Frage nicht klar" bzw. „nicht anwendbar" die Frage selbst aus der Bewertung herauszunehmen.

Den Zusammenhang der Prozeßbereiche zeigt die folgende Darstellung:

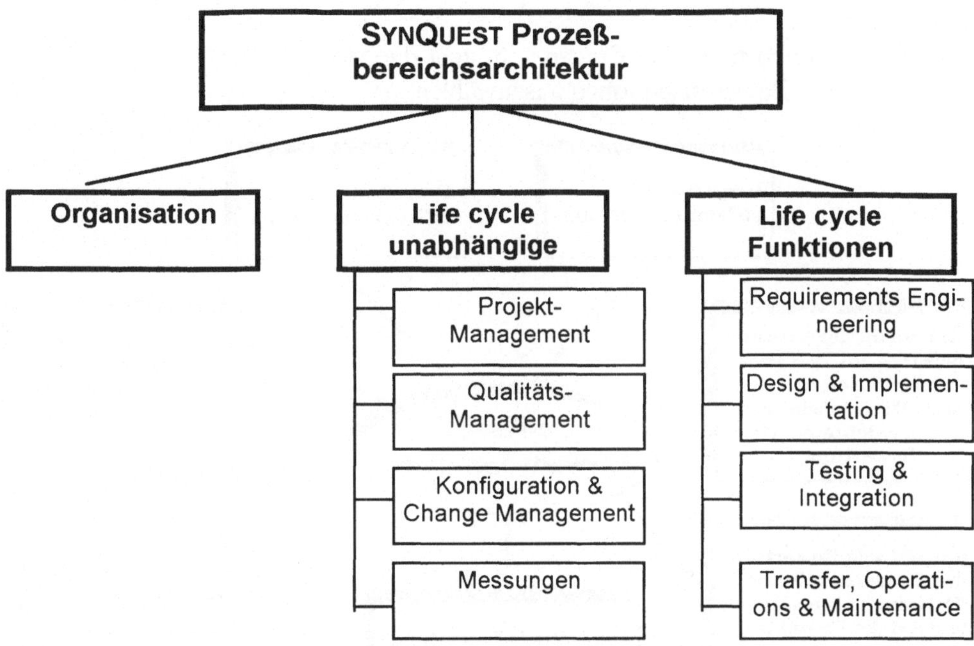

Eine Beantwortung hat im SynQuest beispielsweise die Form:

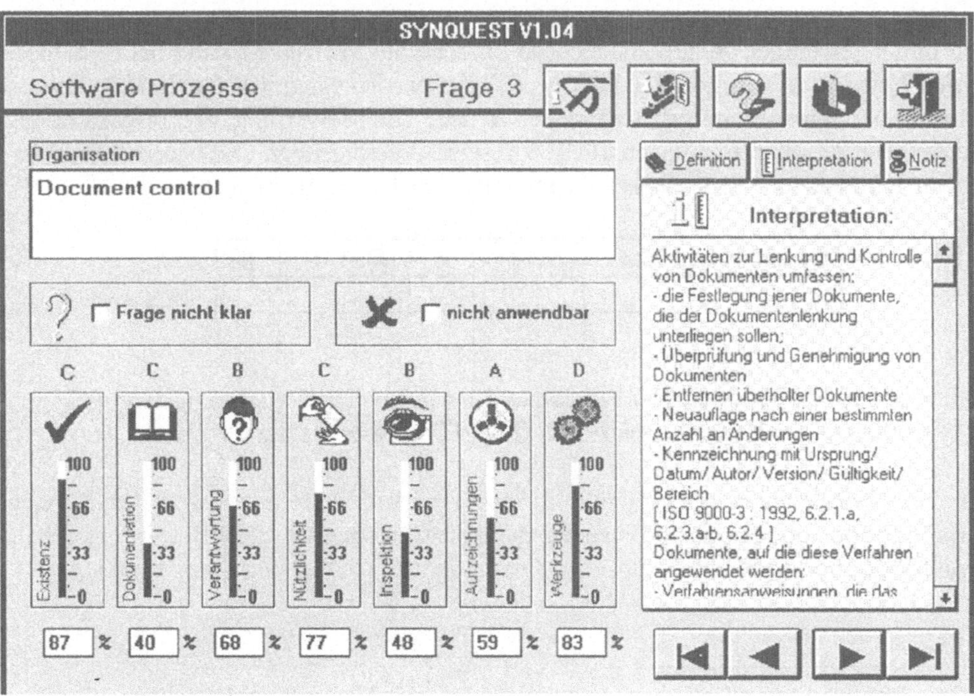

Das Ergebnis der Beantwortung der Fragen kann unter einem Paßwort gespeichert werden.

Nach der Beantwortung aller Fragen[14] besteht die Möglichkeit, die folgenden Auswertungs- bzw. Bewertungsformen auszuwählen:

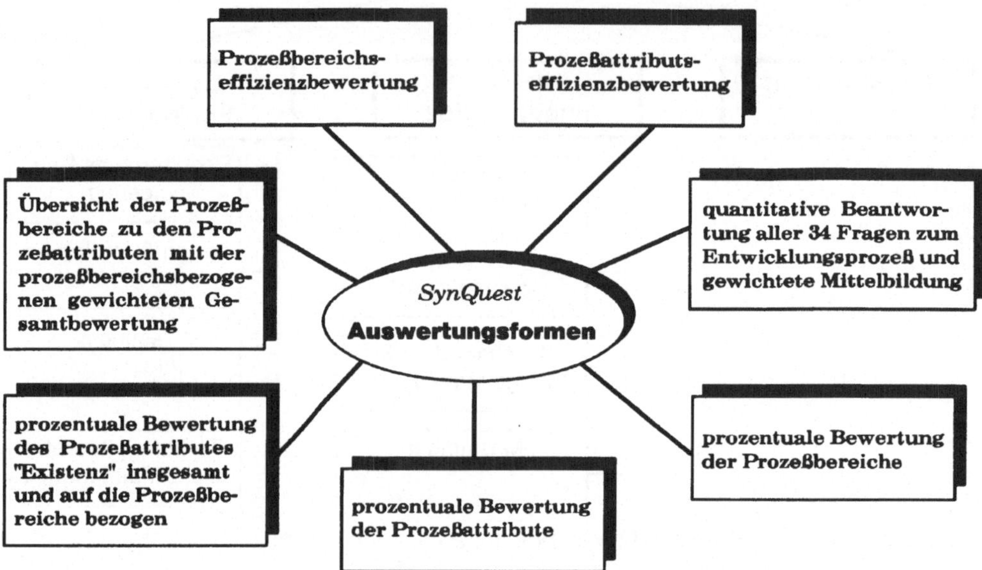

Die in der jeweiligen Spalte angegebene prozentuale Wertigkeit kann bei SynQuest in den Formen als (unterschiedlich große) Kreise, Tortengrafik (auch 3D), Uhren, farbige Zellen oder Balken dargestellt werden. Die Bewertung gilt insgesamt als *ideal*, wenn an allen Positionen ein 100 %-iger Wert vorliegt. Die beiden Diagramme zur Effizienz der Prozeßbereiche und -attribute haben die allgemeine Form:

Bereich /Attribut	Score	A	B	C	D
...	...				
...					

wobei *Score* den gemittelten Wert darstellt und eine Effizienz genau dann gegeben ist, wenn keine der Bewertungen für B, C oder D größer als die für A ist.

Für eine Vergleichsmöglichkeit mit anderen Firmen bietet SynSpace den Service eines Reports an, der nach Einsendung einer Diskette mit dem Bewertungsinhalt erstellt und zugesandt wird.

---

[14] Die Beantwortung *aller* Fragen ist für eine korrekte Auswertungsdarstellung erforderlich.

2.2.2 NEXTRA

NEXTRA ist ein Tool /NEXTRA/ zur Klassifikation bzw. Evaluierung beliebiger Objekte nach zuvor zu erfassenden Merkmalen und deren objektbezogene Ausprägung. Es kann damit zur allgemeinen Prozeßbewertung verwendet werden, bei der die Bewertungskriterien und der für das jeweilige Kriterium verwendete Wertebereich noch vorgegeben werden können.

Die Bewertung beginnt daher zunächst mit der Definition eines Bewertungsmerkmals bzw. Attributes als Angabe der beiden Wertepole, also beispielsweise durch „sehr geeignet" und „völlig ungeeignet" oder auch für die Bewertung eines Softwaremeßtools durch „meßanleitend" und „meßdurchführend und auswertend". Die Unterteilung dieser Wertepolintervalle erfolgt standardgemäß durch die Werte 1 bis 9. Anschließend erfolgt die Klassifizierung der zu bewertenden Objekte bzw. Instanzen hinsichtlich dieser Attribute. Die Präsentation erfolgt zum einen bezogen auf das jeweilige Objekt, wie zum Beispiel

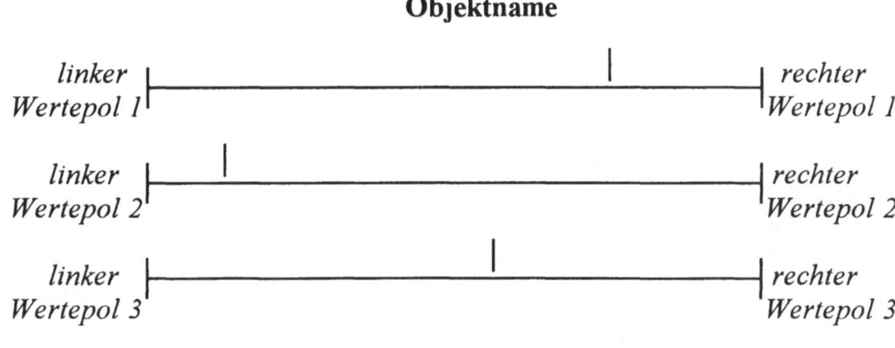

oder in der attributsbezogenen Form als

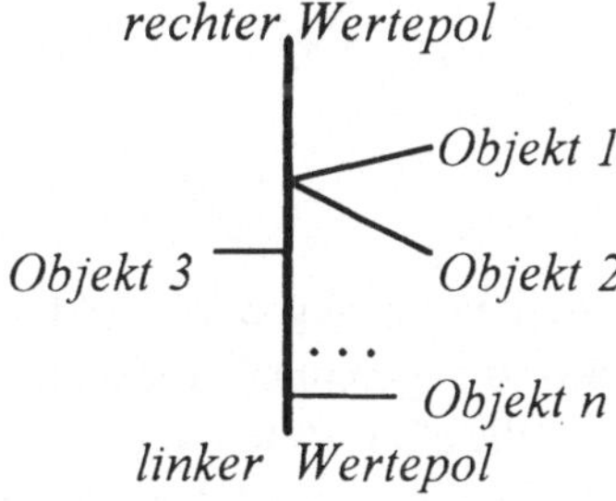

und zum anderen in einer tabellarischen Form, wie z. B.

linker Wertepol	Objekt 1	...	Objekt n	rechter Wertepol
Attribut 1	*Wert 1,1*	...	*Wert 1,n*	*Attribut 1*
...	...	...	...	...
Attribut m	*Wert m,1*	...	*Wert m,n*	*Attribut m*

Zur Darstellung dieser Tabelle gibt es weitere Varianten in der Form, daß

- die niedrigen, mittleren oder höheren Wertebereiche besonders hervorgehoben werden (beispielsweise mit einer Grautönung),
- die Werte hinsichtlich ihrer Wertebereiche gruppiert werden (als sogenannte Cluster-Darstellung).

Die Tabelle bildet auch eine Grundlage für verschiedene statistische Analysen, wie Korrelationsdarstellungen zwischen den Attributswerten und sogenannten Differenzengraphen, die die Werte prozentual auf die Objekte bezogen visualisieren.
Eine besondere Form der Überblicksvisualisierung ist schließlich die sogenannte Map-Form bzw. mehrdimensionale Darstellung, beispielsweise in der Art:

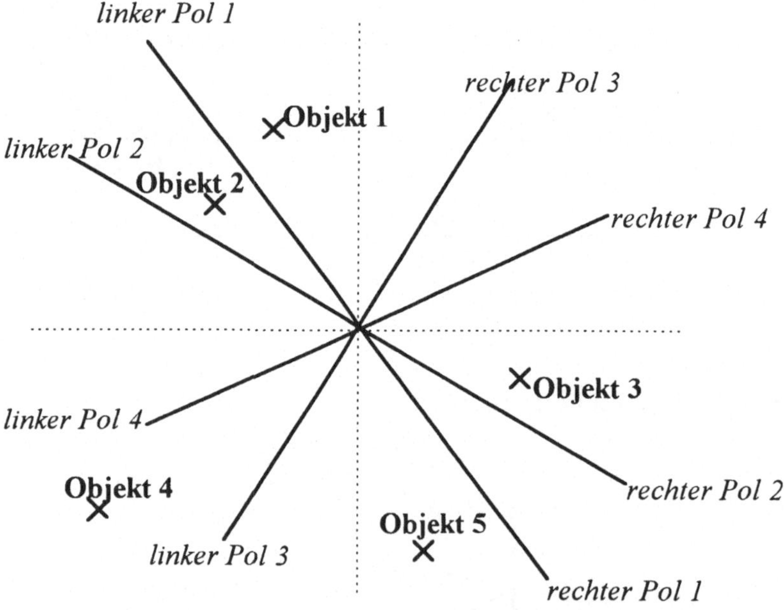

Neben diesen graphischen Präsentationen besteht bei NEXTRA die Möglichkeit, die jeweils erhaltene Klassifikation in Form sogenannter (gespeicherter) Regeln als Input für das Expertensystem NEXPERT OBJECT zu verwenden.
Das NEXTRA-Tool ist also auf die Analyse und Klassifikation der verschiedensten Komponentenformen und -arten bei der Softwareentwicklung bzw. bezogen auf das Softwareprodukt anwendbar.

2.2.3 Das AMI-Tool

Das AMI-Tool realisiert den AMI[15]-Ansatz (siehe /AMI1/) und dient der Bewertung des Softwareentwicklungsprozesses in einer Firma. Es faßt Erfahrungen verschiedener Europäischer Projekte zusammen, wie

- **METKIT**: Metrics Tool-Kit (s. u.) ist eine Menge von Tools, die insbesondere aus Schulungsprogrammen zur sinnvollen Anwendung von Softwaremetriken bestehen,

- **MUSE**: als Menge von Meßtools zur Bestimmung der Metrikenwerte für die unterschiedlichsten Programmentwurfs- und Programmiersprachen,

- **PYRAMID**: als anwendungsorienterte Toolnutzung zur Motivation der Softwaremessung überhaupt,

- **MUSiC**: als Analyse von Metriken zur Anwendung von Standards u. a. m.

Die allgemeine Strategie besteht aus vier Schritten (siehe auch /Debou et al 93/):

1. Die **Bestandsaufnahme** *(Assessment)* in der Bewertungsmöglichkeit nach dem Fragenkatalog des Capability-Maturity-Modells (CMM) des Software-Engi-neering-Instituts (SEI) in Pittsburgh (der allerdings auch modifizierbar ist bzw. einer vollkommen neuen (eigenen) Bewertung dienen kann) bildet den ersten Schritt.
Beim AMI-Tool wird die Bewertung nach dem CMM-Niveau in sieben Bereiche aufgeteilt, und zwar in den Bereich der Prozeßorganisation (*Organization*), der Prozeßsteuerung (*Process Control*), dem Datenmanagement (*Data Management and Analysis*), der Prozeßquantifizierung (*Prozess Metrics*), dem Standardisierungsniveau (*Document Standards and Procedures*), der Technologiebeherrschung (*Technology Management*) und dem Ressourcenniveau (*Resource, Personel and Training*), der speziell auf die Entwickler- bzw. Programmiererfahrung gerichtet ist. Fragen zu den einzelnen Stufenbereichen sind beispielsweise

Wertungsbereich	Frage	CMM-Stufe (bei Yes)
Organisation	*Hat jedes Projekt einen Projektmanager?*	*2*
	Wird für jedes Produkt eine Konfigurationskontrolle durchgeführt?	*2*

---

[15] AMI steht für „Application of Metrics in Industry" und ist eine Europäische Initiative zur effizienten Anwendung der GQM-Methode.

Prozeßquantifizierung	*Werden Statistiken über Softwarefehler gesammelt?*	*3*
Prozeßsteuerung	*Wird eine regelmäßige Entwicklungsstandskontrolle durchgeführt?*	*2*
	Wird das Prozeßniveau einschließlich möglicher Verbesserungen überwacht?	*4*
Technologie	*Wird ein Verfahren zur Ersetzung veralteter Tehnologien verwendet?*	*5*

Insgesamt sind für jeden Teilbereich zwischen 5 und 22 Fragen zu beantworten. Das Kiviat-Diagramm einer CMM-Bewertung beim AMI-Tool hat die Form:

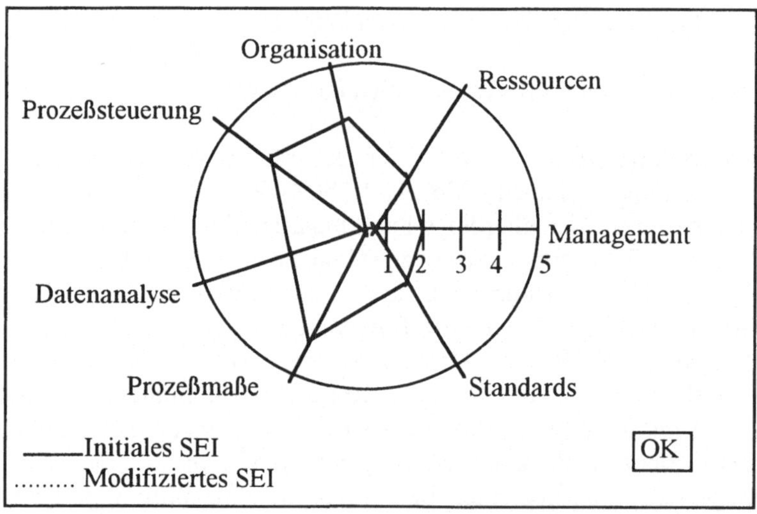

Damit ist zunächst die Bestandsaufnahme abgeschlossen und es sind Ansatzpunkte für eine mögliche (und notwendige) Prozeßverbesserung bestimmt.

2. Es folgt die **Analyse** hinsichtlich der beabsichtigten Ziele bzw. Teilziele, den zu diesen Zielen führenden Fragen und schließlich den die Fragen quantifiziert beantwortenden Maße und Metriken im Sinne der GQM-Methode.
Beim AMI-Tool ist eine derartige Ziele-Struktur in Form eines Baumes *(Goal tree)* vorgegeben. Gegebenenfalls kann diese Ziele-Struktur selbst vorgegeben werden. Die dabei vorgegebenen Hauptziele sind:

- ein besseres Verständnis für die Projektkosten zu erhalten,
- die Projektsoftwarequalität zu analysieren,
- die Auswirkungen einer neuen Technologie zu messen,
- die Kontrolle über die Fehleranalyse zu erhalten,
- die Softwareproduktivität zu überwachen und
- schließlich den Softwareentwicklungsprozeß zu verbessern.

Die Attribute der Ziele sind das interessierende Objekt (Produkt, Prozeß oder Ressource), der jeweilige Zweck (Verständnis, Charakterisierung oder Verbesserung), die Zielgruppe (Management, Entwickler, Auftraggeber) und die Umgebung (Kontext für die Resultatsgewinnung). Der vorgegebene Ziele-Baum lautet auszugsweise

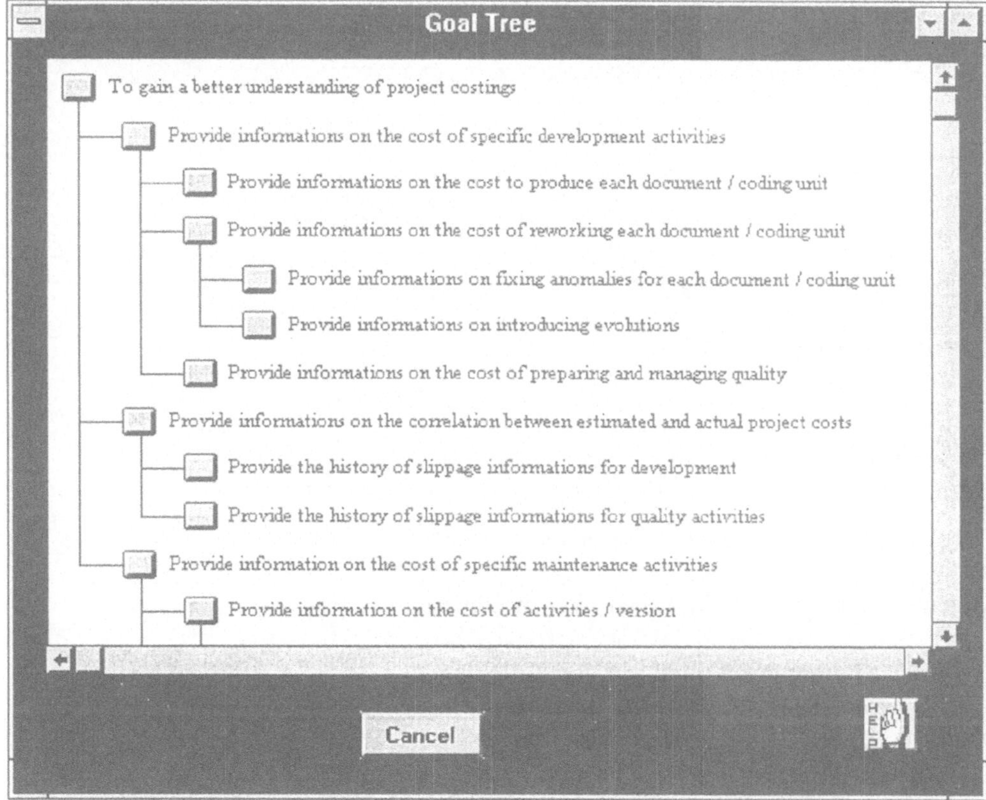

Zu den jeweiligen Blättern des Baumes werden die Fragen und Bewertungseinheiten zugeordnet. Diese Bewertungseinheiten sind

- Prozeßmerkmale, wie Audit, Codeinspektion, Entwurf, Entwurfsreviews usw.
- Produktmerkmale, wie Budget, Code, Entwurfsdokument, Testplan u. a. m.

- Ressourcenmerkmale, wie Plattenkapazität, Aufwand, Programmierer, Tools usw.

In dieser Weise werden die wesentlichen Komponenten für eine Prozeßverbesserung zusammengestellt, um im Sinne der GQM-Methodik eine Verbesserung bei der CMM- bzw. SEI-Bewertung zu erreichen.

3. Die **Definition der Metriken** (*Metricate*) und die Durchführung der Messungen bilden den dritten Schritt. Analog zum Ziele-Baum kann auch hierbei auf vordefinierte Metriken für die jeweiligen Bewertungseinheiten zurückgegriffen werden. Eine Metrikbeschreibung lautet beispielsweise:

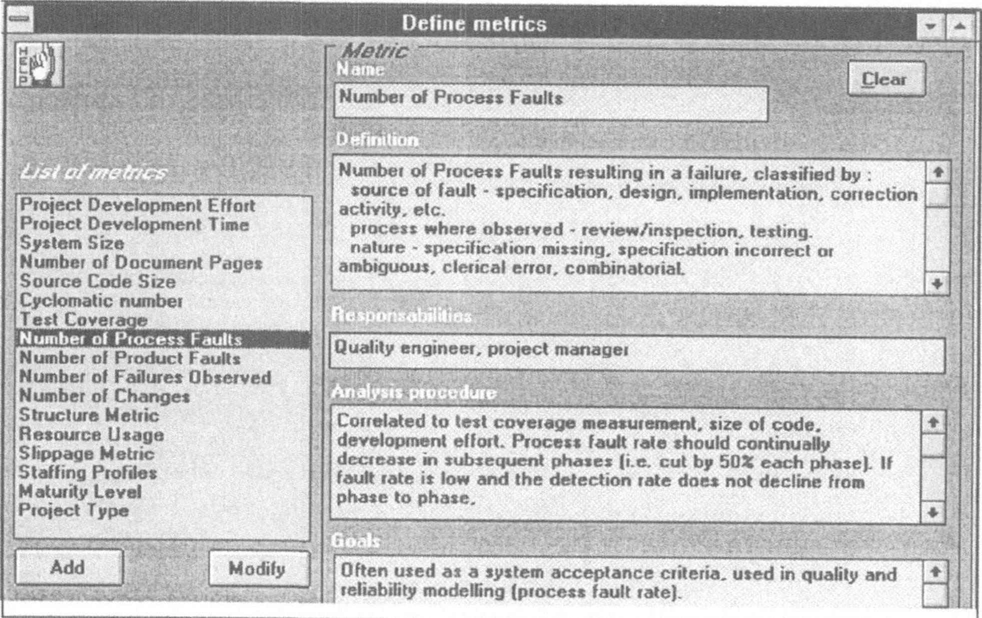

Allgemein sind folgende Metriken (-beschreibungen) vorgegeben.

Project Development Effort: mit den Teildaten
- *Specification Effort*: Gesamtzeit für die Spezifikation (einschließlich Review),
- *Rework Effort*: zeitlicher Aufwand für die Spezifikationsänderung (aus allen möglichen Gründen),
- *Quality Effort (and Cost)*: zeitlicher Aufwand für die Qualitätssicherung;

Project Development Time: mit der Untersetzung
- *Specification Time*: als zeitlicher Aufwand (in Wochen) für das Schreiben, Reviewen und Korrigieren der Spezifikation;

System Size: als Anzahl charakteristischer Einheiten (z. B. Function Points, LOC, Anzahl Objekte u. a. m.);

Number of Document Pages: als Gesamtzahl der Dokumentationsseiten aller Dokumentationsarten;

Source Code Size: in der Untersetzung
- *Number of Statements*: als SLOC;
- *Cyclomatic Number*: als Anzahl der linear unabhängigen Programmpfade;

Test Coverage: in der Unterteilung
- *NI*: Anzahl abgearbeiteter Anweisungen,
- *NN*: Anzahl durchlaufener Zweige,
- *NLCS*: als LCSAJ (s.u. LOGISCOPE-Metriken);

Number of Process Faults: Fehler klassifiziert nach Quelle, Auftrittsort und Art;

Number of Product Faults: Fehler nach Quelle, Art und betroffener Komponenten;

Number of Failures Observed: mit der Untersetzung
- *Number of Fixed Failures*: Anzahl ständig auftretender Fehler (als Fehlverhalten);

Number of Changes: als Fehlerkorrekturzahl, Erweiterungs- und Änderungsanzahlen u. ä. m.;

Structure Metric: Bewertung verschiedener Strukturkomplexitäten, wie beispielsweise
- *Data Flow Complexity*: Informationsfluß zwischen Modulen;

Resource Usage: als Anzahlen der Umgebungskomponenten (z. B. Anzahl Terminals, CPU-Zeit);

Slippage Metric: Differenz zwischen Schätzung und den tatsächlichen Gegebenheiten (Aufwand, Kosten usw.);

Staffing Profiles: team-Mitglied-bezogene Metrik hinsichtlich Erfahrung, Fähigkeiten usw.;

Maturity Level: gemäß dem CMM in den Stufen 1 bis 5;

Project Type: Kennzeichnung bzw. Anforderungen hinsichtlich Zuverlässigkeit, Einbettung, Kommerzialität u. ä. m.

Auf der Grundlage der CMM-Bewertung im ersten Schritt, des Ziele-Baumes und der Metrikenbeschreibungen kann - nach gegebenenfalls erfolgter Modifikation - ein sogenannter **Meßplan** generiert werden. Er dient als Anleitung für die Durchführung und Auswertung der jeweiligen Messungen. Bei einer Anwendung auf neue Softwareentwicklungsformen bzw. Projektarten schließt dieser Schritt auch Validationsbetrachtungen zu den jeweils verwendeten Metriken ein. Diese Aktivitäten werden allerdings nicht durch das AMI-Tool unterstützt, gehören aber zur Gesamtstrategie, die mit dem folgenden Schritt abschließt.

4. Die **Verbesserung** (*Improvement*) im Sinne der gesetzten Ziele. Die Verbesserung kann dabei im einzelnen nach dem jeweils verwendeten Maß nachgewiesen werden. Insgesamt kann sie durch eine erneute Prozeßbewertung (Schritt 1) bestätigt werden.

Für die Realisierung dieser Strategie hat das AMI-Tool folgendes Grundmenü:

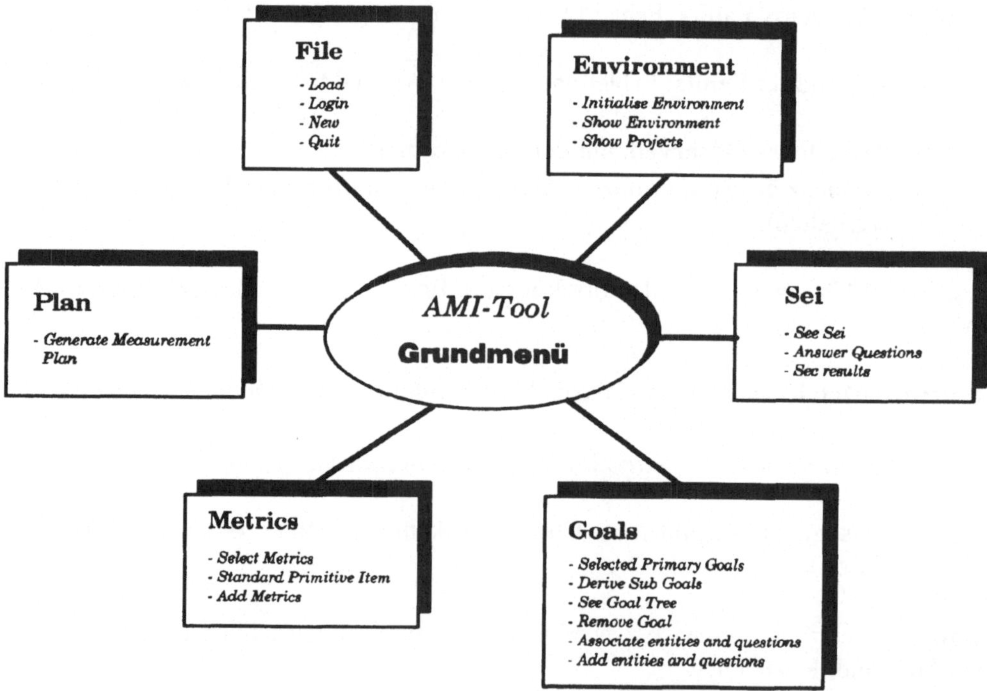

Im **File**-Menü wird mittels *Load* die vorgegebene AMI-Datenbasis des Ziele-Baumes und der vordefinierten Metrikenbeschreibungen geladen. Mit *Login* legt man die Nutzungsart des AMI-Tools fest. Nur über den „administrator" in der Funktion eines „metricpromoter" können alle AMI-Tool-Funktionen verwendet und mittels *New* eine eigene Datenbasis definiert werden.

Das **Environment**-Menü dient der Beschreibung der Prozeßbewertung bezüglich der beteiligten Mitarbeiter, verwendeten Meßtools, gemessenen Programmiersprachen usw.

Das **Sei**-Menü dient der Erfassung der Antworten zu den CMM-Fragen und der Darstellung der erhaltenen Ergebnisse. Dabei können zwei Varianten gegenübergestellt werden.

Das **Goals**-Menü gibt die Möglichkeit der Definition des Ziele-Baumes einschließlich der Teilziele, zugeordneten Fragen und Maßen bzw. Metriken. Dazu kann auch die vorgegebene Form verwendet werden.

Das **Metrics**-Menü beschreibt die zur Realisierung der Ziele dienenden Maße in ihrer Definition, Komponentenbezogenheit und Wertequellen der Berechnung.

Das **Plan**-Menü dient schließlich der Generierung eines sogenannten Meßplanes, der die Ergebnisse der CMM-Bewertung und die Meßstrategie beinhaltet.

Das Ergebnis einer praktischen Anwendung lautet aus /Knaak et al 94/:

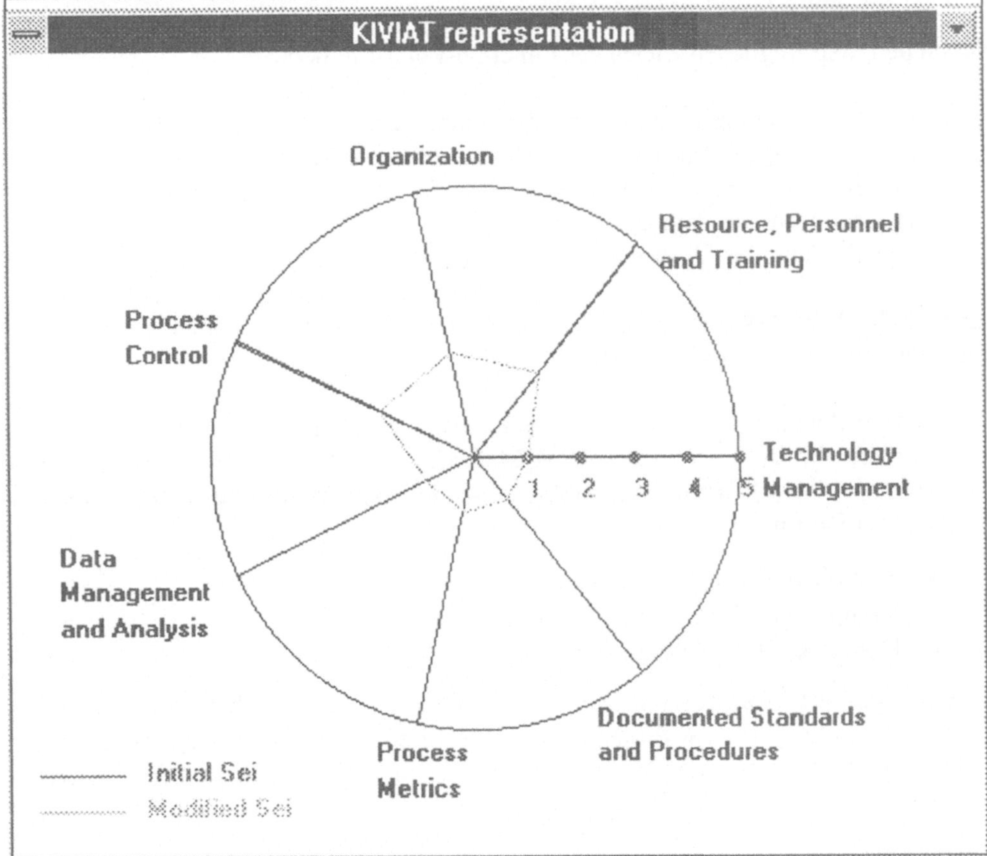

Die zwei Stufen für drei Bewertungsbereiche ergaben sich lediglich auf der Grundlage von noch umzusetzenden Vorschlägen.

2.2.4 SPQR/20

Das Tool SPQR/20 der Firma Software Productivity Research /SPQR/ faßt die mehrjährigen Erfahrungen von Capers Jones zusammen und dient vor allem der Bewertung des Aufwands und der Qualität eines zu erstellenden Softwareproduktes. Dabei kommt unter anderem das Function-Point-Verfahren zur Anwendung. Die Bewertung unterscheidet Neuentwicklung, Erweiterung und Wartung und ist in zwei Varianten (einschließlich Variantenvergleich) möglich.

Die Bezeichnung SPQR/20 steht für „Software Productivity, Quality and Reliability". Die „20" gibt die Anzahl der Faktoren, die in die Bewertung einfließen, an. SPQR/20 ist kein Meßtool im eigentlichen Sinne. Es kann als Realisierung einer „eigenständigen Methode" aufgefaßt werden, die das Ziel hat, das Verfahren der Ermittelung der Function-Points zu vereinfachen und zuverlässige Qualitäts- und Aufwandsschätzung zu realisieren.

Neben den ursprünglichen Zielen der Function-Point-Methode:

1) Bewertung des externen Programmumfeldes,
2) Erfassung der für den Nutzer wesentlichen Faktoren,
3) Anwendung in den frühen Phasen des Produktlebenszyklusses,
4) Ermittlung der Produktivität,
5) Erhöhung des Grades der Unabhängigkeit von der gewählten Zielsprache,

verfolgt die SPQR-Methode bei der Ermittlung der Function-Points noch die im folgenden kurz erläuterten drei weiteren Ziele.

6) Function-Points sollen einfacher und schneller ermittelt werden, und zwar noch bevor die für die „originale" IBM-Methode erforderlichen Wichtungsfaktoren überhaupt sinnvoll ermittelbar sind. Die Komplexitätsbewertung wird auf die drei diskreten Parameter

   - Komplexität der Algorithmen,
   - Komplexität des Programmflusses,
   - Komplexität der Datenstrukturen,

   zurückgeführt. Aufgrund dieser Vereinfachung ist es möglich, die Function-Point-Ermittlung für ein Projekt in wenigen Minuten durchzuführen. Dazu ist allerdings die Kenntnis des Verfahrens und der zu bewertenden Applikation erforderlich.

7) Die Größe des Quelltextes soll für nahezu alle gängigen Zielsprachen ermittelt werden. Diesem sehr hohen Anspruch wird das Tool nahezu gerecht. Durch die große Anzahl gegenwärtig vorhandener Programmiersprachen wird die vollständige Erfüllung dieses Anspruchs praktisch nicht erreicht. Es sind allerdings einige

hundert Sprachen und Dialekte ausgewertet worden. In /Jones94a/ sind vierhundert davon auf den Zusammenhang Function-Points/Anzahl Anweisungen untersucht worden. Das Tool selbst enthält nur 30 davon. Ein zweiter Grund, daß die Abschätzung der Anweisungsanzahl aus den Function-Points nicht exakt möglich ist, ist auf das Projektumfeld zurückzuführen. Hier fließen Faktoren, wie z. B. die unterschiedlichen Erfahrungen der Teammitglieder, die verwendeten Tools. noch ein.

Diese beiden Probleme werden in SPQR/20 durch die Einführung des sogenannten „Sprachlevels" abgeschwächt. Wie das zu verstehen ist, zeigt das folgende Beispiel. Nehmen wir als Ausgangsbeispiel die Assemblersprache (genauer „Basic-Assembler", das heißt ohne Makroerweiterungen) an. Dieser Sprache ist der Level 1.0 zugeordnet. Verwendet man statt Assembler nun Turbo-Basic, so findet man zu dieser Sprache den Level Fünf. Das bedeutet, daß in dieser Sprache fünf mal weniger Anweisungen erforderlich sind als in der Assemblersprache. Da das Tool die Möglichkeit bereitstellt, den Sprachlevel für jedes einzelne Projekt zu variieren, ist man in der Lage, auch nicht fest vorgebbare Sprachen zu bewerten. Außerdem kann auch der Wert für eine gegebene Sprache entsprechend den eigenen Erfahrungen korrigiert werden. Dadurch lassen sich dann die schon angesprochenen umfeldtypischen Abweichungen erfassen. Es sei noch einmal darauf hingewiesen, daß diese Änderungen sorgfältiger empirischer Bewertungsanalysen bedürfen. Andererseits sind auch die vorgegebenen Werte nur durch Beobachtung gewonnene Mittelwerte, die nicht kritiklos übernommen werden sollten.

8) Function-Points sollen auch für bereits vorliegende Software ermittelt werden können. In vielen Unternehmen werden Produkte und Systeme gepflegt, die vor der Veröffentlichung des Function-Point-Verfahrens bzw. seiner Einführung in das betreffende Unternehmen erstellt wurden. Aus politischen Gründen steht häufig die Forderung, auch diese Projekte nach dem Function-Point-Verfahren zu bewerten. Natürlich ist eine Ermittlung der Function-Points nach dem herkömmlichen Verfahren möglich. Dies ist jedoch eine sehr zeitaufwendige und wenig angenehme Arbeit, speziell wenn die zugehörige Dokumentation unvollständig oder das Entwicklungsteam nicht mehr verfügbar ist.

Mit der SPQR-Methode ist die einfache „rückwärtsgerichtete" Ermittlung der Function-Points möglich. Das liegt daran, daß die zugrunde liegenden Algorithmen umkehrbar sind. Wenn der Umfang des Quelltextes, die Programmiersprache und die Komplexität als Ausgangswerte vorliegen, so kann daraus mit Hilfe der vorliegenden Methode der zugehörige Aufwand in Function-Points ermittelt werden.

SPQR/20 produziert sinnvolle Voraussagen für neue Projekte in der Größenordnung von 20 bis 30 Millionen Anweisungen. Rein rechnerisch sind auch Projekte bis zu einem Umfang von 50 Millionen Anweisungen erfaßbar. Die ermittelten Ergebnisse konnten allerdings aufgrund (noch) fehlenden Vergleichsmaterials seitens des Herstellers nicht auf ihre Gültigkeit hin überprüft werden.

Bei Produkterweiterungen bzw. Produktupdates sind sinnvolle Voraussagen möglich, sofern die Anzahl neu erstellter oder geänderter Anweisungen im Bereich von 20 bis zu einer Million liegt.

Das SPQR/20-Tool arbeitet auf DOS-Rechnern und stellt geringe Anforderungen bezüglich Speicherplatz und Rechnerleistung. Leider entspricht z. B. das Programm in der Bedienung nicht den heute gewohnten Standards wie z. B. SAA. Eine Möglichkeit der Bedienung mit der Maus besteht nicht. Nach dem Hauptmenü, das mit den Cursortasten bedient werden muß, erfolgt eine seitenorientierte Abarbeitung der Eingaben. Die meisten Eingaben beschränken sich auf die Auswahl aus einer Reihe von vordefinierten Antworten. Man gewöhnt sich allerdings nach kurzer Zeit an die Bedienphilosophie und wird feststellen, daß die eben skizzierte Form der Eingabe zwar nicht dem allerneuesten Stand entspricht, aber eine zügige Arbeit ohne überflüssige oder gar zeitraubende „Verzierungen" ermöglicht.

Das Hauptmenü ist so aufgebaut, daß es eine Abbildung der logischen Schritte in der Abarbeitung darstellt. Die Eingaben, die das Tool für die Bewertung von Projekten erwartet, sollen im folgenden kurz beschrieben werden.

- *Angaben zur Projektidentität:* Hier sind allgemeine Angaben, wie Organisation, Firmenort, Projektbezeichnung, Projektbeginn einzugeben. Diese Angaben sind deskriptiver Natur und haben keinen Einfluß auf die Berechnungen.

- *Festlegung des Projekttyps und der Projektziele:* Der Projekttyp kennzeichnet zum einen, ob es sich um ein neues System, eine Erweiterung oder ein Wartungsprojekt handelt. Daneben ist anzugeben, was im Ergebnis ausgeliefert werden soll, also ein Prototyp, ein Modul, ein einzelnes Programm oder gar ein aus mehreren Programmen bestehendes System. In diesem Schritt ist auch zu spezifizieren, welche Ziele global bei der Realisierung des Projektes erreicht werden sollen, also ob die Entwicklung die geringsten Kosten verursachen soll oder aber ob schnellstmögliche Realisierung oder höchstmögliche Qualität angestrebt werden sollen.

- *Angaben zum Entwicklungspersonal:* Diese Angaben schlagen sich in der späteren Kostenvorhersage nieder. Es ist anzugeben, wieviel Arbeitszeit pro Zeiteinheit zur Verfügung steht und wie hoch das durchschnittliche Monatsgehalt des Entwicklungspersonals ist.

- *spezielle Projektcharakteristika:*Neben der weiter oben schon gemachten Angabe zum Gesamtziel der Entwicklung können hier weitere Qualitätsziele angeführt werden. Dazu zählt beispielsweise die Angabe, ob das zu realisierende System für interne Anwendung entwickelt werden soll oder ob es sich um ein kommerziell zu verwertendes Produkt handelt. Eine weitere Frage ist die nach der Art des Systems, ob es sich um eine Datenbankanwendung, ein interaktives Anwenderprogramm oder gar ein System aus verschiedenen Programmtypen handelt.

- *Einflußfaktoren aus dem Projektumfeld:* Das Tool fragt die wichtigsten Faktoren, die erfahrungsgemäß die Softwareproduktivität beeinflussen, ab. Als wichtig gelten dabei jene, welche die Produktivität bis zu fünfzehn Prozent erhöhen oder verringern können. Dazu zählen Fragen wie:
  - Wie hoch ist der Neuigkeitsgrad?
  - Wie ist die Büroausstattung?
  - Wie gut sind die Anforderungen spezifiziert?
  - Wie gut ist das Programmdesign?
  - Wie umfangreich muß die Dokumentation ausgeführt werden?
  - Wie umfangreich sind die Erfahrungen der Projektmitarbeiter?
  - Wie hoch ist der Anteil wiederverwendeter Software?

- *Angaben zur Umfangsberechnung nach dem Function-Point-Verfahren:* Wie bereits oben angegeben, verwendet das SPQR/20-Modell drei verschiedene Aspekte der Softwarekomplexität:

  1) die Komplexität des zu kodierenden Problems (als Kompliziertheit der zu implementierenden Algorithmen),
  2) die Komplexität des Codes selbst (handelt es sich z. B. um sehr gut strukturierten Code (4. GL-Sprachen) oder nicht (z. B. Assembler)),
  3) die Komplexität der Datenstrukturen (beispielsweise nur wenige, skalare Variablen oder komplexe Strukturen mit umfangreichen Verarbeitungsvorgängen),

um die ermittelten Function-Points zu wichten. Für die Ermittlung der Function-Points gibt es drei Berechnungsformen. Zum einen kann die Angabe der fünf Function-Points-Parameter direkt erfolgen. Da diese im allgemeinen, besonders in den frühen Stadien des Projektlebenszyklus noch nicht genau bekannt sind, gibt es zum anderen auch die Möglichkeit, mit Schätzwerten zu arbeiten. Eine dritte Variante schließlich ist hierbei diejenige, die Berechnung der Function-Points dem Tool zu überlassen. Dafür ist allerdings dann die Angabe des Umfangs des Quelltextes erforderlich. Diese Variante wird im allgemeinen nur eine praktikable Anwendung haben, um für vorliegende, bereits vollendete Projekte nachträglich die Function-Points zu ermitteln.

Aus diesen Angaben entwickelt SPQR/20 folgende Voraussagen:

- *Risikoanalyse:* Hier werden allgemeinste Hinweise gegeben, und zwar wie hoch ist das Risiko des Fehlschlagens bei der Entwicklung des Projektes bezüglich des allgemeinen Risikos. Die Einteilung erfolgt in fünf Stufen (sehr hoch...durchschnittlich...sehr niedrig).

- *Fehlervorhersagen:* Es wird ermittelt, wie viele Fehler in dem gesamten System zu erwarten sind. Des weiteren werden diese, je nach ihrer Schwere, in vier verschiedene Klassen eingeteilt. Die Klasse 1 beinhaltet die Fehler, die das Programm zum völligen Abbruch bringen können, dagegen enthält Klasse 4 alle die Fehler, die die Abarbeitung des Programmes nicht beeinflussen, wie beispielsweise Rechtschreibfehler in Ausgaben u. ä. m. Die Anzahl erwarteter Fehler wird zu zwei unterschiedlichen Zeitpunkten bestimmt: einmal vor Beginn der Testphase und zum anderen bei der Auslieferung. Schließlich erfolgt noch die Vorhersage, wie viele Fehler in den ersten fünf Wartungsjahren entdeckt werden.

- *Voraussagen zum Test und zur Zuverlässigkeit:* Zu den Testvoraussagen zählen die Anzahl der erforderlichen Testfälle und Testläufe sowie die Anzahl formaler Fehlerberichte. Eine Zuverlässigkeitsvoraussage ist z. B. die Anzahl der Monate, die nach der Auslieferung des Systems zu dessen Stabilisierung erforderlich sind. Die Stabilität wird allerdings von SPQR/20 recht unscharf definiert, und zwar als den Zeitpunkt, bei dem das Programm ohne Fehler „lange genug für produktive Anwendung" arbeitet. Als Untersetzung dieser Eigenschaft wird die erwartete mittlere Zeit zwischen dem Auftreten von Fehlern (*Mean Time To Failure* (MTTF)) jeweils zum Zeitpunkt der Auslieferung und nach der Stabilisierung angegeben.

- *Aufwand und Zeitplan:* In der folgenden Tabelle sind die Vorhersagen für ein fiktives Projekt enthalten. In diesem Beispiel wurde ein Stand-Alone-Programm angenommen, das ca. 60000 Zeilen C-Quelltext umfaßt. In der Tabelle werden jeweils für die Phasen Planung, Anforderungsanalyse, Design, Codierung, Integration/Test die Dauer, der Aufwand in Personenmonaten *(Man Month)*, das erforderliche Personal sowie die Kosten für die einzelnen Aktivitäten angegeben. Zusätzlich sind enthalten:
  - die Aufwände für das Erstellen der Nutzerdokumentation,
  - die Aufwände für das Management und die Entwicklung insgesamt,
  - die Überlappungszeit und die Anzahl unbezahlter Überstunden.

ACTIVITY	SCHEDULE	EFFORT (MONTHS)	STAFFING (MONTHS)	COST (DM)
PLANNING	0.44	0.44	1.00	26,448
REQUIREMENTS	0.33	0.33	1.00	19,991
DESIGN	4.63	6.44	1.39	386,228
CODING	8.79	28.03	3.19	1,681,521
INTEGRATION/TEST	5.26	18.03	3.43	1,081,801
DOCUMENTATION	4.25	4.25	1.00	255,000
MANAGEMENT	14.53	0.00	0.00	0
DEVELOPMENT	19.45	57.52	3.96	3,450,990
OVERLAPPED	14.53			
UNPAID OVERTIME		0.00		

Auffallend an der Tabelle ist, daß die Schritte Planung, Anforderungsanalyse und Design einen relativ geringen Anteil am Gesamtvolumen ausmachen. Das resultiert aus der Annahme, daß das zu realisierende Projekt zur internen Nutzung erstellt werden soll und ferner angenommen wurde, daß die Entwickler des Programmes auch die zukünftigen Nutzer sind. Aus diesem Grund ist auch der zu erwartende Dokumentationsaufwand niedrig ausgefallen. Auch das Management wird in diesem Fall als neben der „eigentlichen" Arbeit parallel ablaufender Vorgang aufgefaßt.

Die in der Tabelle angedeutete zeitliche Überlappung von Aktivitäten wird durch ein Gantt-Diagramm, daß den prozentualen Anteil am Gesamtzeitaufwand für die einzelnen Schritte aufzeigt, zusätzlich visualisiert.

- *Voraussagen für den Wartungsaufwand:* Wie schon erwähnt werden durch SPQR/20 die Kosten für Erweiterungen und Fehlerbehebungen für die ersten fünf Jahre nach Auslieferung des Tools abgeschätzt. Dabei gilt es zu beachten, daß die Kosten für die Unterstützung des Vertriebs, für die Hotline oder die permanente Bereitstellung von Personal an Großkunden nicht erfaßt werden. Die folgende Tabelle zeigt die Vorhersagen für das obige Beispiel.

	ENHANCE MENTS MONTHS	REPAIRS MONTHS	TOTAL MONTHS	STAFFING	COSTS DM
YEAR 1	6.19	0.17	6.36	0.53	381,882
YEAR 2	6.50	0.04	6.54	0.54	392,209
YEAR 3	6.83	0.02	6.85	0.57	410,739
YEAR 4	7.17	0.01	7.18	0.60	430,695
YEAR 5	7.53	0.01	7.53	0.63	451,975
MAINTE NANCE	34.22	0.24	34.46	0.57	2,067,500

- ***Ermittlung des Dokumentationsaufwandes:*** Durch SPQR/20 wird der Umfang
  der folgenden sieben Dokumentationstypen bestimmt:
  - Business Pläne,
  - Statusberichte,
  - Anforderungsanalysedokumente,
  - Designspezifikationen,
  - Test- und Qualitätssicherungspläne,
  - Nutzerdokumentationen,
  - Online-Hilfe-Seiten.

  Unter Business-Plänen versteht man hierbei Vorschläge bzw. Kostenrechnungen
  zur Finanzierung des Projektes. Als Statusberichte bezeichnet man Berichte, die
  einmal im Monat von den Projektmanagern vorzulegen sind.
  Neben der Absolutangabe der Dokumentationsseiten werden die Berechnungen
  auf Seiten pro KLOC und Seiten pro Function-Point „normalisiert" angegeben.

Die Kalibrierungsroutine des Tools erlaubt einen schnellen Überblick darüber, welchen Einfluß die Änderung ökonomischer Kenngrößen auf das Gesamtprojekt haben.
Je nach Auswahl des Ursprungs- *(Initial Estimate)* beziehungsweise des Ver-
gleichsmodells werden die folgenden Eingabewerte aus dem Modell herange-zogen
und für eine Modifikation bereitgestellt:

- Umfang des neu zu erstellenden Codes (KLOC),
- Umfang des wiederverwendeten Codes (KLOC),
- Gesamtumfang des Codes (KLOC),
- Menge des Codes pro Angestelltem (KLOC),
- Umfang des neuen Codes pro Jahr,
- monatlich zu zahlendes Gehalt.

Diese Ausgangsdaten können jetzt geändert werden, und daraus ermittelt SPQR/20
die folgenden Resultate:

- durchschnittlich erforderliche Mitarbeiterzahl,
- erforderlicher Aufwand in Mannjahre,
- Entwicklungszeit,
- Entwicklungskosten,
- Netto-LOC pro Angestellte.

Diese Werte sind hypothetischer Natur und dazu gedacht, Trends aufzuzeigen. Die
Werte für die Zeitangaben können, in Abhängigkeit von der dem untersuchten Projekt zugewiesenen Zeitbasis, in Jahren, Monaten, Wochen oder Tagen ausgedrückt
werden.

2.2.5 Das SOFT-ORG-Tool

Das SOFT-ORG-Tool /SOFT 4/ dient der Bewertung des Softwareentwicklungs-prozesses insgesamt und ist nicht explizit auf ein Projekt zugeschnitten. Es ermög-licht eine allgemeine Unternehmensanalyse für die Bereiche der Organisation, der Betriebsmittel, der Datenhaltung, der Prozeßmodellierung, der Schnittstellen, den allgemeinen Anforderungen sowie dem Projekt- und Konfigurationsmanagement. Die der Analyse und Bewertung zugrunde liegenden Merkmale, wie etwa das Capability-Maturity-Modell oder der ISO 9000 werden nicht indirekt abgefragt, sondern stellen die Beschreibung der Komponenten selbst dar. Daher sollen die wesentlichen Ana-lyseschwerpunkte im folgenden kurz zusammengefaßt werden.

Die **Organisationsanalyse** dient der Erfassung der Unternehmensstruktur hinsicht-lich der Hierarchie von Organisationseinheiten (Entitäten) und deren mögliche Be-ziehungen. Für jede Einheit wird dabei die Art (FACH *(Fachabteilung)*, EDV (EDV-*Abteilung*), PAN *(Planungsabteilung)*, REVI *(Revisionsabteilung)*, PSEU (Pseudo- bzw. sonstige Abteilung)), die Planstellen, die Mitarbeiter, die Fluktuation, das Budget und die Einnahmen jeweils nach Soll und Ist erfaßt. Diese Erfassung der Einheiten wird durch die Hierarchiebeschreibung begleitet und ermöglicht schließlich die Angabe von Beziehungen, wie zum Beispiel hinsichtlich der Schnittstellen-, Be-triebsmittel-, Projekt- und Produktabhängigkeiten. Die Organisationsanalyse ist gegebenenfalls nach Abschluß der folgenden Analysen hinsichtlich eventueller Ak-tualisierung zu wiederholen.

Die **Betriebsmittelanalyse** bezieht sich auf die Ressourcen der Hardware, der Soft-ware und dem Personal. Daher sind hierbei drei Hierarchiebäume zu definieren. Im einzelnen sind dabei für die jeweilige Einheit zu erfassen:

- für die **Hardware:** Planungsperiode, Einsatzdatum, Arbeitsplätze, Kosten, Ka-pazitäten (Rechnerstunden und Speicherplatz) und Zweck,
- für die **Software:** Einsatzdauer, Verfügbarkeitszeitraum, Anzahl Kopien, Nut-zungsstunden, Speicherbedarf und Zweck,
- für das **Personal:** Einsatzdauer, Verfügbarkeitsbeginn, Kosten, Erfahrung, Ausbildung, Berufstitel und Funktion.

Die dann zu formulierenden Beziehungen beschreiben beispielsweise die Fähigkeit eines Mitarbeiters zur Bedienung bestimmter Hardware bzw. die Verfügbarkeit spezieller Software auf der entsprechenden Hardware. Die Betriebsmittel werden hierbei mit PERS (Personal), HW (Hardware), SW (Software) und PSEU (sonstige) abgekürzt.

Die **Datenanalyse** erfolgt beim SOFT-ORG-Tool auf einer sehr allgemeinen Ebene. Es geht dabei um die allgemeine Erfassung der *Datenbereiche*, der *Objektklassen* und schließlich der *Objekte*, die in die Projektplanung einzubeziehen sind. Der Datenbereich ist eine Zusammenfassung von Objektklassen etwa in der Art als Lagerdaten, Fertigungsdaten usw. Eine Objektklasse ist beispielsweise die Objektmenge der Auftragsdaten, der Artikeldaten. Das Objekt wird in SOFT-ORG als Entität beschrieben, die entsprechende Attribute enthält, wie zum Beispiel die Datenart (permanent oder temporär), der Gültigkeitszeitraum, Ausprägungsformen, Kosten, Nutzen, Änderungsrate und Zweck. Als Beziehungen sind hierbei die Hardware-, Prozeß- und Schnittstellenbezogenheit anzugeben. Bei den Entitäten steht DB für Datenbereich, KLAS für Objektklasse, OBJ für Objekt und PSEU für eine sonstige Form.

Die **Prozeßmodellierung** bzw. Funktionsanalyse basiert hierbei auf drei Hierarchieebenen: den *Anwendungsbereichen*, den dazugehörigen *Prozessen* und den *Vorgängen*. Anwendungsbereiche sind zum Beispiel die Lagerhaltung und das Rechnungswesen. Zu den Prozessen gehören beispielsweise die Auftragsbearbeitung, Kundenbestandspflege usw. Ein Vorgang beschreibt jeweils ein spezielles Ereignis. Auch hierbei sollte pro Anwendungsbereich ein Strukturbaum definiert werden. Als Abkürzung in SOFT-ORG gilt AG für eine Anwendung, PROZ für einen Prozeß, VORG für einen Vorgang und PSEU für eine sonstige Form. Für die Prozesse und Vorgänge sind folgende Charakteristika anzugeben: Funktionalitätsart (variant oder invariant), Planungsperiode, Einsatzdatum, Anwendungsfrequenz, Kosten, Nutzen, Änderungs- bzw. Wachstumsrate. Die Beziehungen sind auch hierbei in drei Formen zu beschreiben, und zwar zum verarbeiteten Objekt, den Schnittstellen und den benutzten Betriebsmitteln.

Die **Schnittstellenanalyse** bezieht sich auf die verschiedenen Formen der Kopplung von Organisationseinheiten, wie etwa den Anwendungen, Prozessen und Vorgängen aber auch den Schnittstellen zu den Benutzern, Berichten, Bildschirmmasken usw. Dabei geht es wie bei den anderen Analysen um eine Grobplanung, d. h. es wird beispielsweise nicht jede Nachricht oder Verbindungsart im Detail erfaßt. Der *Kommunikationsbereich* (KB), die *Schnittstelle* (SCHN) und die *Nachricht* (NACH) bilden die drei Hierarchieebenen der Schnittstellen bzw. der Kommunikation. Der Komminkationsbereich ist die Menge aller Schnittstellen. Die Schnittstelle dient selbst der Zusammenfassung einer bestimmten Menge von Nachrichten. Sie wird durch die Art (temporär, statisch), Zeitbezogenheit, Anfangsdatum, Übertragungsrate, Kosten, Nutzen, Änderungsrate und den Zweck beschrieben. Die Verbindung zu den Betriebsmitteln, zu den Prozessen und zu den Objekten bilden die Grundarten der Schnittstellen. Die dabei mögliche Redundanz zu bereits erfaßten Beziehungen in den anderen Analyseformen ist hierbei im Sinne der Konsistenz erwünscht.

Die **Anforderungsanalyse** faßt alle Maßnahmen zusammen, die den Ist-Zustand in den Soll-Zustand überführen. Daher ist eine genaue Untersetzung der bisherigen Analysen erforderlich. Dazu werden sogenannte *Anforderungsbäume* aufgestellt, bei der den jeweiligen Anforderungen Attribute zugeordnet werden. Diese Attribute sind die Anforderungsart (*Neuentwicklung* (NEU), *Korrektur* (KORR), *Optimierung* (OPT), *Änderung* (AEND), *Erweiterung* (WEIT), *Sanierung* (SANI), *Konvertierung* (KONV)), der gegenwärtige Status einer Anforderung (eingegangen, klassifiziert, abgestimmt, genehmigt, in Arbeit, realisiert, freigegeben), das Eingangsdatum, die Terminstellung, die Anzahl betroffener Prozesse, Objekte, Schnittstellen und Betriebsmittel, die Kosten, der Nutzen und der jeweilge Zweck. Die genaue Angabe der jeweiligen Beziehungen ist für die Projekt- und Wartungsplanung eine wichtige Voraussetzung.

Das **Projektmanagement** bzw. die Prozeßdefinition kennzeichnet die einzelnen Projekte. Die Beschreibungsmerkmale hierbei sind die Projektart (*Prototyp* (PROT), *Projektkauf* (KAUF), *Entwicklung* (ENTW), *Wartung* (WART), *Sanierung* (SANI), *Konversion* (KONV) und sonstige (PSEU)), der Projektstatus (geplant, laufend, fertig), Anfangs- und Endtermin, geschätzter und tatsächlicher Aufwand, geschätzter und tatsächlicher Ressourcenverbrauch, geschätzte und tatsächliche Kosten und Projektzweck. Bei den Beziehungsbeschreibungen sind insbesondere die Beziehungen zu den zu erfüllenden Anforderungen, den benutzten Betriebsmitteln und den bearbeiteten Projekten anzugeben.

Das **Konfigurationsmanagement** bzw. die Produktdefinition beschreibt schließlich die Ergebnisse der Entwicklungsprojekte bzw. in den späteren Versionen als Wartungsprojekte. Sie werden allgemein hinsichtlich ihrer Quantität, der Qualität und ihrer Komplexität beschrieben. Die einzelnen Produktmerkmale sind hierbei der Produkttyp (*Eigenentwicklung* (EIGN), *Standard* (STAN), *System* (SYST), *Tool* (TOOL) und sonstiger (PSEU)), der Fertigstellungsstatus, die Version, der geplante und tatsächliche Freigabetermin, die geschätzte und tatsächliche Anzahl von Einzelkomponenten, die geschätzte und tatsächliche Anzahl der Anweisungen, geschätzte und tatsächliche Anzahl der Function- und Data-Points, der Komplexitätsgrad, der Qualitätsgrad, die geschätzten und tatsächlichen Eintwicklungs- und Wartungskosten und der Zweck des Produktes. Die Beziehungsabgaben der Produkte ergeben sich aus der Abdeckung spezieller Anwendungsbereiche und Prozesse, Datenbereiche und Objektklassen, Kommunikationsbereiche und Schnittstellen.

Mit diesen sieben Analyseformen ist die Unternehmensanalyse abgeschlossen. Sie wird nun projektbegleitend eingesetzt und ermöglicht somit eine Übersicht zur Softwareentwicklung insgesamt. Die Analysedokumente werden beim SOFT-ORG folgenden allgemeinen (Konsistenz-) Prüfungen unterzogen:

- komponentenbezogenene Prüfung (hinsichtlich aller Entitäten, der sichtbaren, der markierten oder der aktuellen),

- beschreibungsteilbezogene Prüfung (hinsichtlich Kopfteil, Struktur oder der Beziehungen); (Bei der Beschreibung der Struktur ist daher auf die Subtypenart für die Betriebsmittel (HW, SW, PERS), die Objekte (DB, KLAS, OBJ), die Prozesse (AG, PROZ, VORG), die Schnittstellen (KB, SCHN, NACH) zu achten. Die Beziehungen sind gemäß dem Entity-Relationship-Modell mit einer Beziehungsart in Verbform zu beschreiben (z. B. in der Form *FOR Betrifft {BEM, OBJ, SCHN, PROZ}, PROJ Benutzt BEM, PROJ Erstellt PROD* oder *PROD Wird BEM* u. ä. m..),

- datumsbezogene Prüfung hinsichtlich der Gültigkeit von (noch nicht begonnenen) Anfangsdatumsbeschreibungen u. ä. m.

Dabei gilt allgemein für die Prüfungen die Forderung nach einer Vollständigkeit der Analysebeschreibung. Ein Beziehungsdiagramm für ein (informationelles und physisches) Softwaremeßlabor lautet beispielsweise im SOFT-ORG:

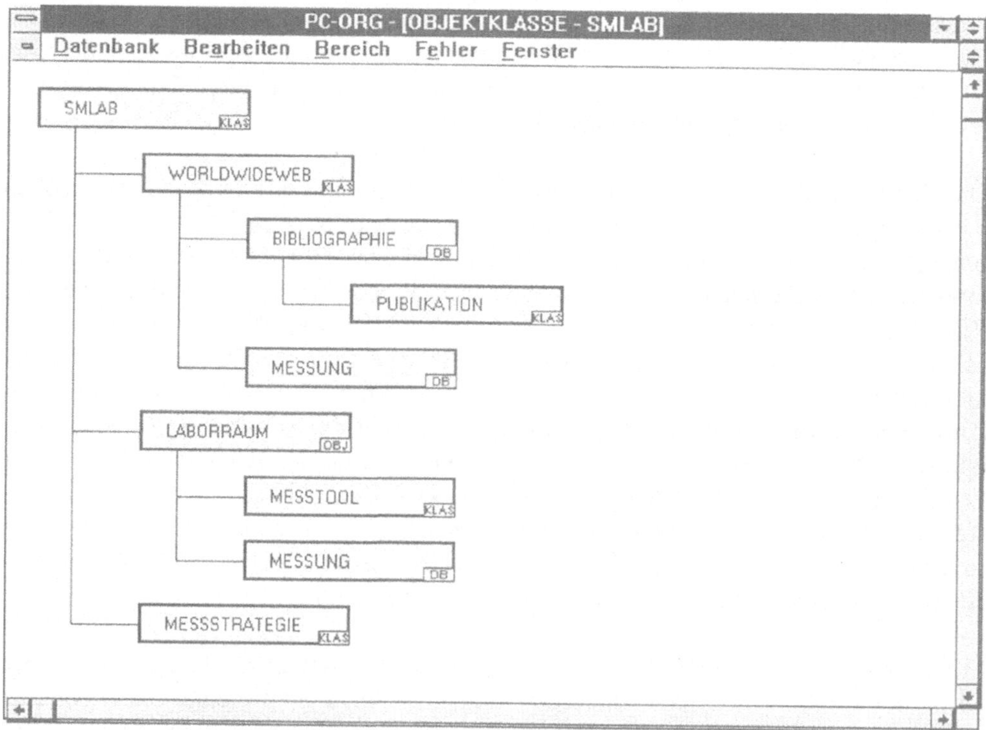

Darüberhinaus bestehen umfangreiche Druckausgabemöglichkeiten, um nach solchen Kriterien wie die entitätenbezogenen Querverweise oder die letzten Änderungen in einer Übersicht permanent zu nutzen. Eine Menüübersicht zum SOFT-ORG ist im folgenden angegeben.

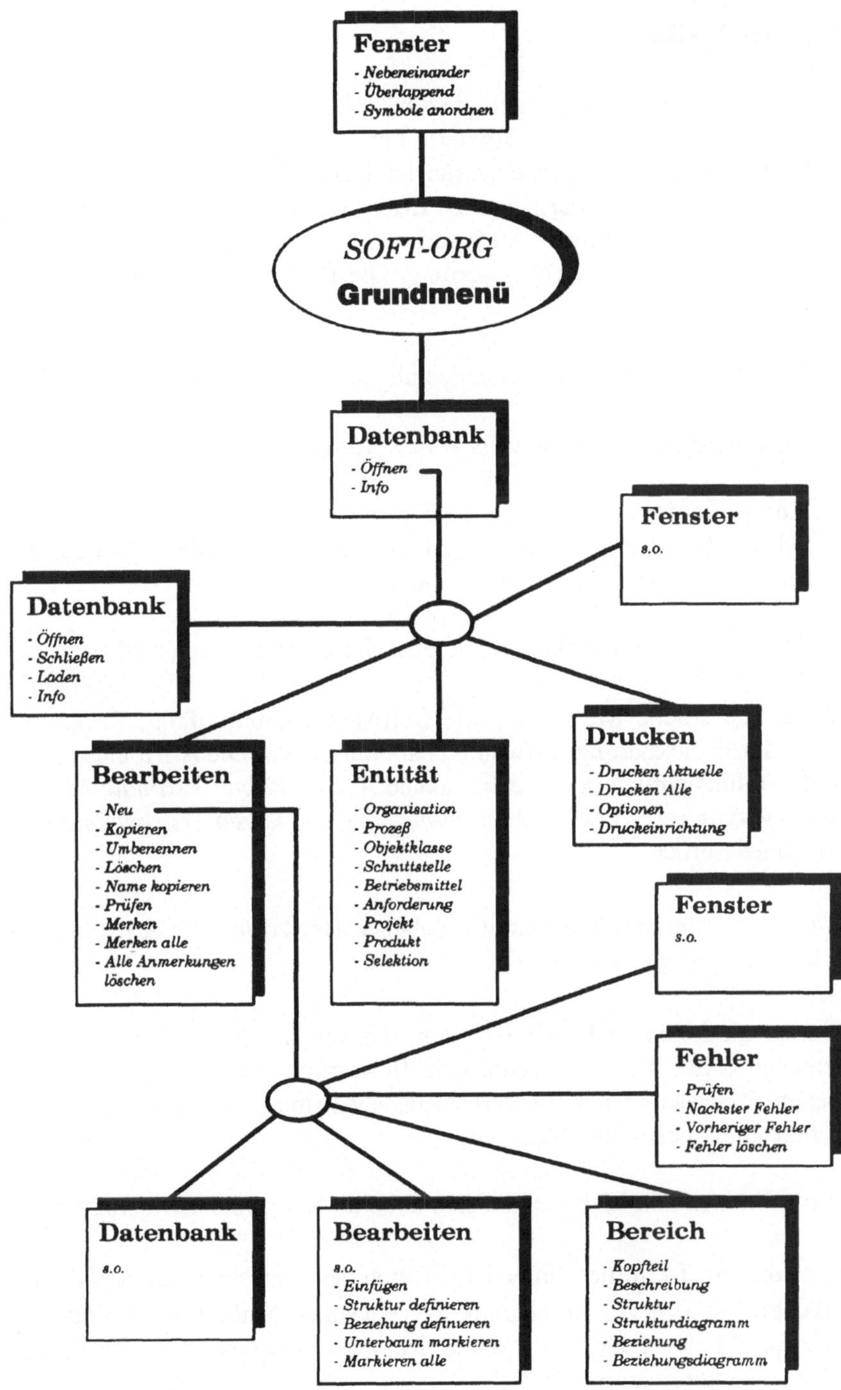

SOFT-ORG ist insbesondere mit den zu dieser Toolgruppe gehörenden Schätz- und Meßtools, wie SOFT-CALC, SOFT-MESS oder SOFT-AUDIT (s. u.), effektiv einsetzbar.

2.2.6 SQUID M-Base

SQUID M-Base ist ein Nachfolgetool zum COQUAMO *(Constructive QUAlity Model)*, welches wiederum eine modifizierte Form des COCOMO (/Kitchenham et al 89/, S. 157 ff.) darstellt. M-Base wurde im Rahmen des Europäischen Projektes SQUID entwickelt. Es dient der gezielten Erfassung und Verwaltung von Daten zur Projektentwicklung hinsichtlich Aufwands-, Entwicklungsdauer-, Qualitäts- und Umfangserfassung sowie deren Auswertung. Die Daten werden dabei in drei Organisationsebenen erfaßt:

1. **Projekte** mit den entsprechenden allgemeinen Projektcharakteristika,

2. **Meilensteine** zur phasenweisen Bewertung des Entwicklungsstandes,

3. **Komponenten,** die gewissermaßen die Projektierungsumgebung hinsichtlich der beteiligten Mitarbeiter, Dokumente, vorhandenen Modulbibliotheken, Projektaktivitäten u. ä. m. darstellen.

Die definierten Daten und erfaßten Werte über diese drei Formen sind:

- *Attribute:* die solche Merkmale, wie Softwareproduktumfang, Programmiererfahrung oder Projektierungsaufwand, charakterisieren. Die Attributswerte können bei M-Base hinsichtlich der Ausprägungen *Actual Value, Estimate-Most Likely, Estimate-Maximum, Estimate-Minimum, Target-Desired, Target-Maximum* gekennzeichnet werden,

- *Metriken:* zur Messung und damit möglichen Bewertung der Attribute mit einer speziellen Skaleneigenschaft,

- *Meßwerte:* als konkrete Ergebnisse von Messungen, die auf der Grundlage der verwendeten Maße bzw. Metriken eine Bewertung der jeweiligen Attribute ermöglichen. M-Base besitzt für verschiedene Attribute bereits ein vordefiniertes, auf Erfahrungen gestütztes Meßwertprofil.

Die Hauptfunktionen von M-Base, die sich auch im Hauptmenü widerspiegeln, sind

- **Calibration:** zur Definition und Modifikation des (Projekt-) Datenmodells,
- **Calculation Set Up:** zur Berechnung der einzelnen Maße für ein konkretes Projekt, dessen Meilensteine bzw. seiner Komponenten und der Möglichkeit verschiedener Wertaggregationen,
- **Utilities:** zur Verwendung der Meßwerte für ähnliche Projekte und der Auswahl bestimmter Reports,

- **Data Handling:** zur Verwaltung des Datenmodells einschließlich spezieller Auswertungsformen.

Das Layout des Hauptmenüs in M-Base hat das folgende Aussehen:

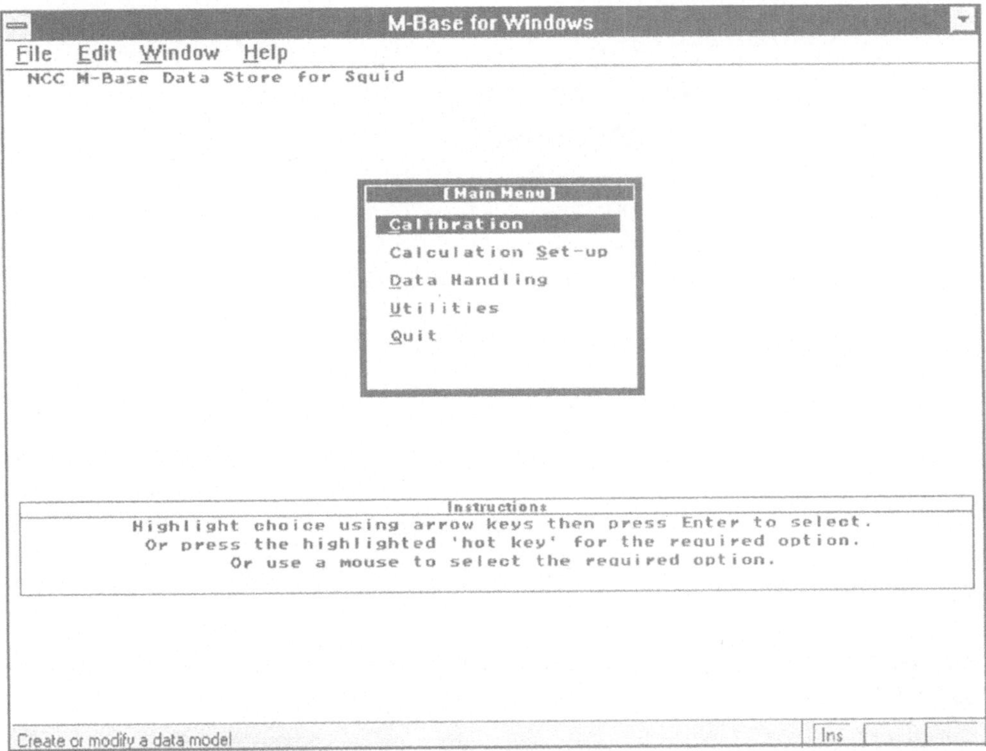

Die sogenannte **Kalibrierung** *(Calibration)* ermöglicht die Definition eines neuen Datenmodells, die Auswahl oder die Vervollständigung desselben. Die Auswahl des vorhandenen Datenmodells (siehe oben) bietet ein Menü zur Erfassung bzw. Änderung der Angaben zum Projekt, dessen Meilensteine oder seiner Komponenten an. Dabei sind jeweils die gewünschten Attribute und die entsprechend verwendeten Metriken zu beschreiben. Für die Komponentendefinition ergibt sich dabei eine Zuordnung zu den M-Base-Komponententypen, wie *Task, Module, Staff, Subproject, Data, Function, Document, Fault.* Nach dieser Charakterisierung und der Angabe weiterer Beschreibungsmerkmale können zur jeweiligen Komponente die Attribute und zur Attributsbewertung zugrunde gelegten Indikatoren bzw. Metriken ausgewählt werden. Attributskategorien sind bei M-Base der Umfang, die Kosten, das Personal, das Produkt, der Prozeß und die (komponentbezogenen) Änderungen.

Das Layout in M-Base zur Beschreibung einer Komponente in der Phase der Typauswahl hat die folgende Form:

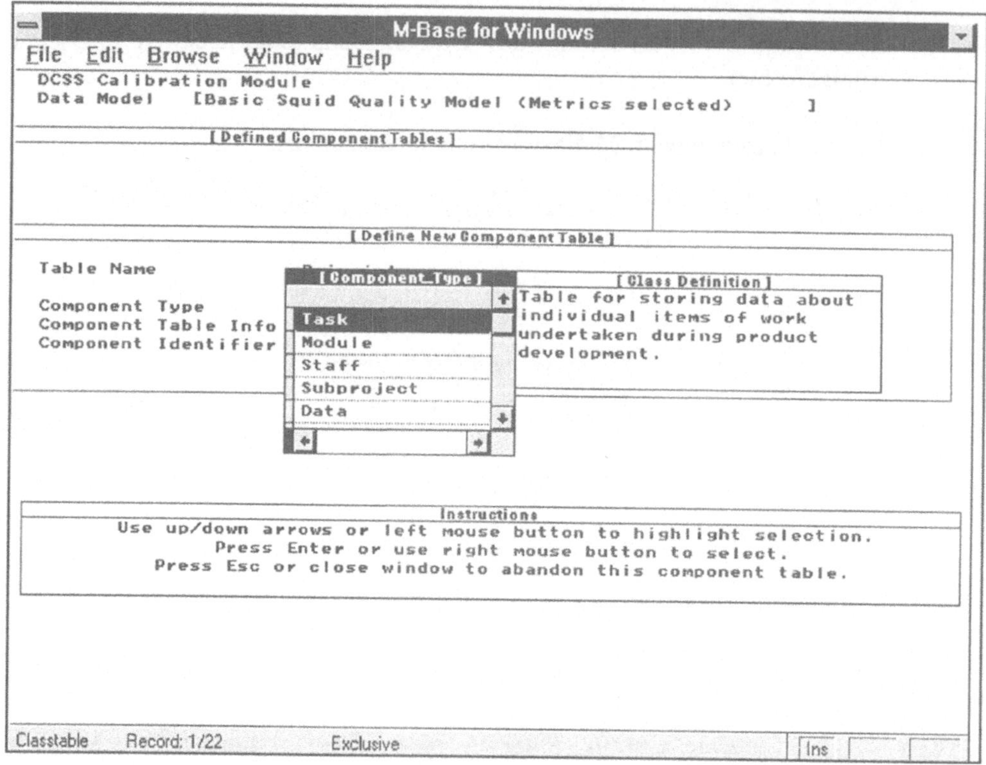

Beispiele für die durch M-Base vordefinierten Attribute für die drei Bewertungsebenen sind:

- **Projektattribute**: *Budgets constraint criticality, Code Reuse, Document correctness, Product data complexity, Project effort, System test plan size* usw. (insgesamt 52),

- **Meilensteinattribute**: (für das Design) *Desing size, Document change size, Document size, Document text reuse, Logical data model linkage, Logical data model size, Logical data model storage size*, sowie weitere meilensteinbezogene Attribute für die Problemdefinition (35), den Code (2), den Test (6) und 11 weitere,

- **Komponentenattribute**: (für den Task) *Task description, Task effort, Task end date, Task staffing level, Task start date*, sowie 15 für die Modulkomponente, 5 für das Personal, 6 für Teilprojekte, 4 für die Datenkomponente, 6 für die Funktionskomponente, 5 für die Dokumentationen, 2 für die Fehlerbeschreibung und 2 weitere.

Die folgende Tabelle zeigt Beispiele für eine bereits durch M-Base vorgegebene Metrikenzuordnung zu den jeweiligen Attributen.

Attribut	Metrik	Attribut	Metrik
Document confomance	*Faults*	*Product code size*	*LOC*
Entity size	*Attributes*	*Project enddate*	*Date*
Logical data model linkage	*Relationships*	*System test plan size*	*Test cases*
Internal module reuse	*Fan-in*	*Task effort*	*Person hours*
Module control flow	*Control flow path*	*Project duration*	*Elapsed days*
Module design size	*Lines of pseudo code*	*Transaction output size*	*Data items per transaction*
Process instability	*Change requests*	*User requirements size*	*Raw Albrecht function points*

Die **Projektberechnung** *(Calculation Set Up)* ermittelt die möglichen Quantifizierungen des Datenmodells. Dazu zählen die komponentenbezogenen Summierungen der Module, der Teamgröße, der stundenmäßige Aufwand u. a. m. Das Berechnungsmenü unterteilt dabei in Projektattribute, Meilensteinattribute, Berechnungsansicht und deren Speicherung.

Die **Datenmodellbehandlung** *(Data handling)* hat in M-Base folgendes allgemeine Layout:

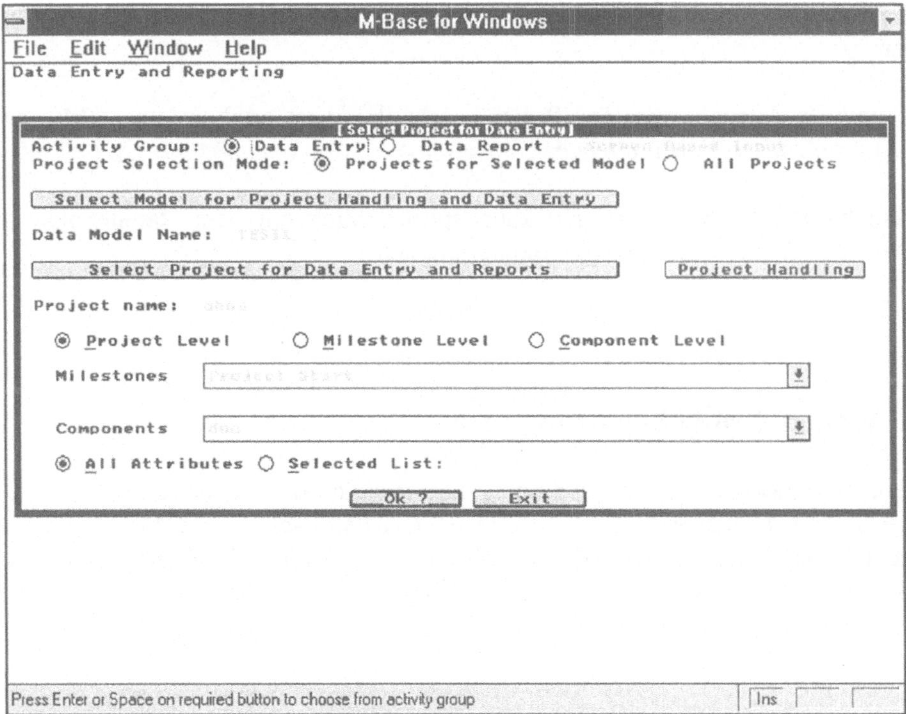

Im allgemeinen bestehen dabei folgende Modellmanipulationsmöglichkeiten:

- die Datenbehandlung auf „oberster Stufe" kennzeichnet die Möglichkeiten von M-Base insgesamt (über alle Projekte, deren Meilensteine und Komponenten),
- die Datenmanipulation mit den Teilfunktionen eines Projektberichtes, deren attributsbezogene Ausprägung und einer Modellgesamtdarstellung,
- die Datensatzbehandlung, die eine komponenten- bzw. projektbezogene Beschreibung darstellt und verändert,
- die Datenselektierung in Form einer deskriptorbezogenen Navigation im ausgewählten Projektmodell.

Diese Funktionen gelten sinngemäß auch für das Projektmodell und sind auch dabei ebenebezogen, d. h. auf das Projekt, dessen Meilensteine oder dessen Komponenten gerichtet.

Als **Hilfsfunktionen** *(Utilities)* bietet M-Base eine allgemeine Abspeicherung (Model Backup), ein Modellmanagement (einschließlich dem „Clonen", dem Umbenennen und dem Löschen des Modells) und die Ausgabemöglichkeit von sogenannten Modellstrukturberichten.

In M-Base können konkrete Werte zu den definierten Daten eingelesen oder ausgegeben werden. Dabei kann eine einfache Wert-Leerzeichen-Paarung, eine durch Kommata getrennte Werteform oder im sogenannten DIF ausgewählt werden und somit Anschlußmöglichkeiten beispielsweise zu EXCEL oder Lotus 1 2 3 hergestellt werden.

Eine spezielle Ausgabeform der Projektbeschreibung ist auch in einer *(Microsoft Graph)* graphischen Form möglich.

M-Base läuft unter Windows und kann speziell auch mit dem Datenbanksystem FoxPro eine effiziente Datenverwaltung ermöglichen.

2.2.7 Weitere Prozeßbewertungstools

Weitere Meßtools für die Softwareprozeßbewertung sind (siehe auch /Jones 94/, S. 139 ff. und /Hetzel 93/) der CA-Advisor, CA-Estimacs, COCOMO, COSTAR, Ferret, GECOMO, MIL/SOFTQUAL, Productivity Manager, MARS, QQA, RA-Metrics, SIZE Plus, SLIM, SQMS, SOFTCOST, SOFTQUAL und Wings.

2.3 Meßtools für die Produktbewertung

Bei der Softwareproduktbewertung geht es vor allem um die Qualitätsbewertung. Ein internationaler Standard hierzu ist der ISO 9126. Eine Übersicht zu den Hauptqualitätsmerkmalen dieses Standards und deren Untersetzung zeigt das folgende Schema (/ISO 9126/).

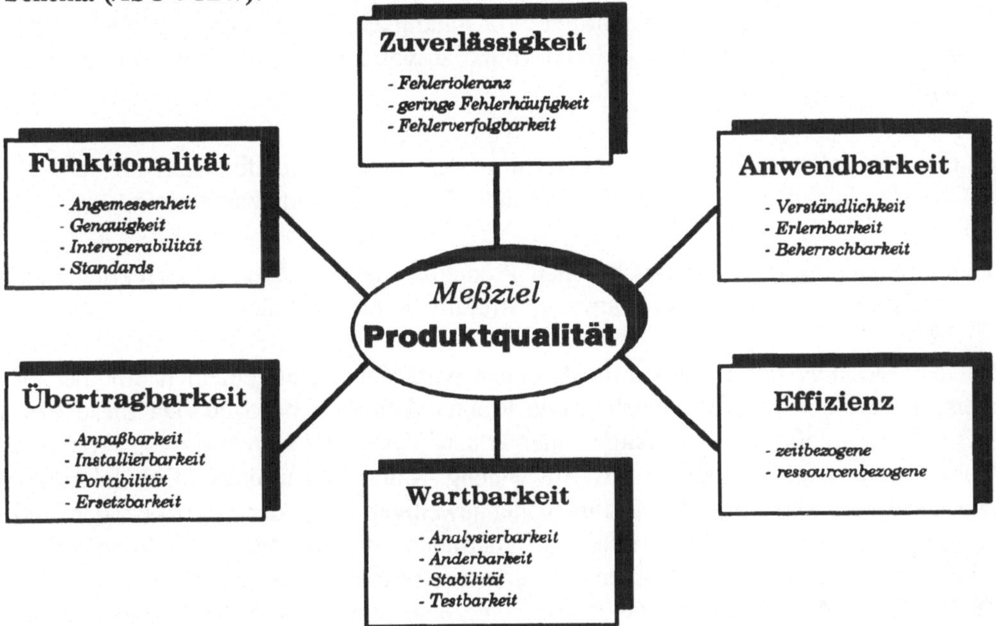

Eine sinnvolle Meßtoolanwendung ist dabei zunächst von der Wichtung dieser Merkmale für die eigene Entwicklung bzw. Produktcharakteristik abhängig.

Eine wesentliche, zumeist indirekt wirksame Einflußgröße ist die **Komplexität**. Bei den Ausführungen zur Softwaremessung wurde bereits auf die *Entwicklungskomplexität* hingewiesen. Auf die Software bezogen wird Komplexität unterteilt in die

- **rechnerische Komplexität** *(computational complexity)*, bei der die Kompliziertheit des implementierten Algorithmus betrachtet wird, die sich beispielsweise auf die Laufzeit eines Programms entsprechend auswirkt und in die

- **psychologische Komplexität** *(psychological complexity)*, bei der es um die „Schwierigkeit" mit der Handhabung der Software geht, wie beispielsweise dem Verständnis eines vorliegenden Programms, der Erfassung aller Zusammenhänge bei einer Programmstruktur u. ä. m.

Die in den folgenden Meßtools vorhandenen Komplexitätsmaße beziehen sich nahezu ausschließlich auf die psychologische Komplexität.

2.3.1 Meßtools für die Analyse und Spezifikation

Bei der Produktmessung in der Phase der Analyse und Spezifikation geht es im allgemeinen um

- die Qualitätsmessung und -bewertung der in der Problemdefinition formulierten Produktanforderungen hinsichtlich Vollständigkeit, Konsistenz, Machbarkeit, Klarheit, Sachgerechtheit und Konformität zu vorhandenen Richtlinien und Standards,

- die Qualitätsmessung und -bewertung der Produktspezifikation hinsichtlich Vollständigkeit, Korrektheit, Komplexität, Redundanz und Wartbarkeit,

- die Schätzung der voraussichtlichen Produktkosten, der Produktkorrektheit und der Produktcharakteristika (Umfang, Struktur, Funktionalität).

Bei der Messung der Produktanforderungen wird sich im allgemeinen auf die zumeist in verbaler Textform vorliegende Problemdefinition bezogen. Da diese Problemdefinition oftmals Grundlage einer ersten Vertragsabstimmung ist, kommen hierbei bereits erste Analysen zur Anwendung. Maße sind in dieser Entwicklungsphase beispielsweise auf die Anzahlen der jeweiligen Anforderungen bezogen und bewerten dann die berücksichtigten Anforderungen, die zu Mißverständnissen führenden, die Lesbarkeit des Problemdefinitionstextes u. a. m. (siehe /Dumke 92a/, S. 48 ff.). Hierbei ist natürlich die Bestimmung einer einzelnen Anforderung und die Bewertung der prozentualen Erfüllung aufgrund des sehr unterschiedlichen Umfangs bzw. „Gehalts" einer Anforderung, ein sehr vager Ansatz und daher nur in geringem Maße meßtoolgestützt realisierbar. Die Lesbarkeitsbewertung basiert im allgemeinen auf einer gewichteten Zusammenfassung der Grundmaße *Wortlänge* (als Anzahl von Silben) und der *Satzlänge* (als Anzahl der enthaltenen Wörter) (siehe auch /Lehner 94/).

Die Messung und Bewertung der Produktspezifikation ist in hohem Maße von der zugrunde liegenden Entwicklungsmethode bzw. dem Entwicklungsparadigma abhängig. Im wesentlichen sind dabei zwei Richtungen zu unterscheiden (siehe auch /Dumke 93/)

1. die formale Spezifikation, bei der eine nahezu vollständige (formale) Beschreibung aller Produktanforderungen angestrebt wird und der nachfolgende Produktentwurf bzw. die Implementierung durch Programmgeneratoren unterstützt wird,

2. die halbformale oder informale Spezifikation, bei der für die funktionale bzw. datenbezogene Ausprägung Visualisierungtechniken eingesetzt werden und die Gewährleistung aller Anforderungen durch die Speicherung noch nicht be-

rücksichtigter in einem (konsistenzüberwachenden) Repository (Data Dictionary oder Enzyklopädie) erfolgt. Die Visualisierungtechniken dienen als Abstimmungsgrundlage mit dem Auftraggeber und sind je nach der Methodik Datenflußdiagramme (bei der Strukturierten Analyse), Objektklassendiagramme (bei der objektorientierten Entwicklung) u. a. m.

Bei der formalen Spezifikation können daher bereits (formale) Korrektheits- oder Vollständigkeitskontrollen und Messungen vorgenommen werden. Allerdings sind durch den hohen Formalisierungsgrad hierbei auch Bewertungen zur Komplexität im obigen Sinne für die Qualitätsbewertung wesentlich. Dabei sind derartige Modellierungsaufgaben zu lösen, wie beispielsweise für die folgenden beiden Ausdrücke in der Spezifikationssprache Z (/Whitty 90/)

$$P = \exists\, x.(A(x) \wedge B(x) \vee C(x)) \qquad\qquad P = \forall x.(A(x) \wedge B(x) \vee C(x))$$

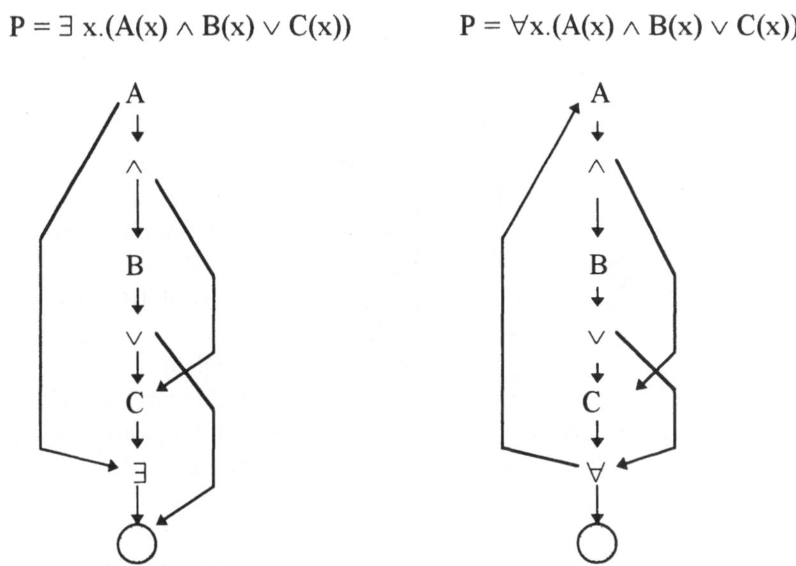

die einer „statischen" Beschreibung eine „dynamische" Interpretation zugrunde legen. Danach können dann die Steuerflußgraphenmaße zur Anwendung kommen und einer Validation unterzogen werden.

Bei den halbformalen Methoden stellen die Spezifikationsmaße im allgmeinen nur Indikatoren einer Qualitätsbewertung dar. Es ist deshalb notwendig, die Maße in den folgenden Entwicklungsphasen weiter zu konkretisieren bzw. deren Tauglichkeit durch eine (anschließende) Ist-Bewertung zu überprüfen.

Für die Bewertung des Softwareproduktes werden im allgemeinen sogenannte Qualitätsmodelle verwendet. Neben dem oben bereits erwähnten ISO 9126 wird häufig noch das sogenannte McCall-Modell verwendet, dessen Bewertungsstruktur folgenden Aufbau besitzt:

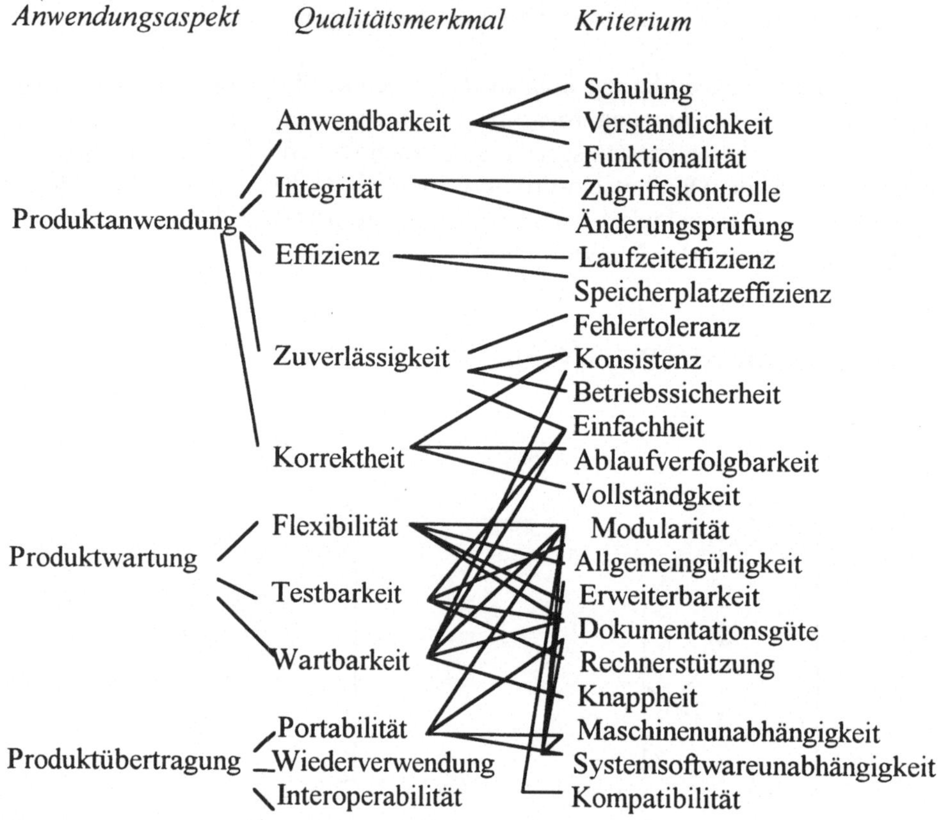

Für die Gewährleistung derartiger Qualitätsmerkmale sind bereits in der Spezifikationsphase meßbare Voraussetzungen zu schaffen.

Bei der Schätzung innerhalb der Spezifikationsphase hinsichtlich eines Bezugsmaßes, fließen die eigene oder fremde Erfahrung, wie zum Beispiel die Anzahl der Codezeilen (LOC), in die Bedeutung des zu entwickelnden Produkts ein (/Wellman 92/). Als spezielle Form soll hier das **Function-Point-Verfahren** kurz erläutert werden. Die Grundidee besteht darin, für ein zu entwickelndes Produkt

- die Eingaben, Ausgaben, Abfragen, internen Datenbestände und Referenzdaten (zu externen Datenbeständen) zu bestimmen,

- diese Angaben jeweils bezüglich einer „einfachen", einer „mittleren" oder einer „komplexen" Ausprägung zu wichten, und zwar mit den Wichtungsfaktoren:

Merkmal	*Wichtungsfaktor*		
	einfach	*mittel*	*komplex*
Eingaben	3	4	6
Ausgaben	4	5	7
Abfragen	3	4	6
interne Datenbestände	7	10	15
Referenzdaten	5	7	10

- daraus die Gesamtsumme der Function-Points zu bilden mit der Kurzbezeichnung *UFP* (used function points),

- eine Bewertung sogenannter Einflußgrößen vorzunehmen, und zwar für die Datenkommunikation, den Charakter einer verteilten Anwendung, die Leistungsanforderungen, die Konfigurationshandhabbarkeit, die On-line-Dateneingabeform, die Benutzeroberflächenart, die On-line-Änderungsform, die Komplexität der Verarbeitung, die Wiederverwendbarkeit, die Installationsanforderungen, die operationale Einfachheit und die Änderungsfreundlichkeit und jeweils in einer Bewertung von 0 („keinen Einfluß") bis hin zu 5 („starken Einfluß"),

- den sogenannten Schwierigkeitsfaktor zu berechnen als

$$TCF = \textit{(Summe der Einflußgrößenbewertung)} * 0,01 + 0,65 \,,$$

- die gewichteten Function-Points nach der Formel

$$FP = UFP * TCP$$

zu berechnen und

- schließlich in einer bereits vorgegebenen „Function-Point-Kurve" (mit den Function-Points (FP) als Ordinate und den Personenmonaten (PM) als Abzisse) den voraussichtlichen Aufwand hinsichtlich Personenmonaten abzulesen und gegebenenfalls in Kosten umzurechnen[16].

Das Verhältnis von Function-Points zu den Programmzeilen innerhalb einer speziellen Programmiersprache charakterisierte Jones (/Jones 94a/, S. 23 ff.) wie folgt:

---

[16] Die Schätzung der Personenmonate in Abhängigkeit von den gewichteten Function-Points ist für einen bestimmten Wertebereich im Abschnitt 2.5.3. angegeben.

C++		*SEQUAL*	*FRAMEWORK*
FORTRAN	*IEW*		
LISP			*GUI*
Smalltalk			
C *SPSS*			*EXCEL*
Ada		*Visicalc*	*MATHCAD*
COBOL	*SQL*		
PROLOG			*LOTUS*
Assembler			

```
 |1   |5  |10  |15  |20      |30      |40      |50      |60   FP-Ver-
                                                                hältnis
```

Die Function-Point-Methode hat inzwischen eine relativ weite Verbreitung gefunden[17] und führt im allgemeinen zu sehr brauchbaren Schätzungen (/Großjohann 94/). Ganz unproblematisch ist allerdings die Anwendung des Function-Point-Verfahrens nicht, da

- dieses Verfahren auf die Entwicklung „klassischer" Softwaresysteme orientiert ist[18] und besondere Ausprägungen, wie zum Beispiel einen großen Dateninput aber sehr geringen Output, oder einen hohen algorithmischen Anteil oder auch keinen Auswertungsteil in Form von fehlenden Abfragen, nicht ohne weiteres über die Einflußgrößenbewertung „abgefangen" werden kann (/Symons 91/),
- der wirkliche (korrelierende) Einfluß der einzelnen Merkmale in konkreten Projekten durchaus von den in der Tabelle angegebenen Wichtungsfaktoren unterscheiden kann (/Kitchenham et al 93/).

Daher wurden Modifikationen vorgenommen, von denen einige im folgenden kurz erläutert werden.

* Die **MK II FPA** Modifikation - auch als Feature-Point-Methode bekannt - hat zum Ziel (/Symons 91/), neben der von der oben beschriebenen Art des Function-Point-Verfahrens für kommerzielle Softwaresysteme auch derartige Software-entwicklungsprodukte wie wissenschaftlich-technische Berechnungen, Expertensysteme, Echtzeit- und Betriebssysteme möglichst genau abschätzen zu können. Die Zählung der Einflußgrößen Dateninputs, -outputs und -referenzen wird hierbei vereinfachend vorgenommen. Die Berechnung der (ungewichteten) Function-Points lautet dann

$$FP = 0,58 * Dateninputs + 0,26 * Datenoutputs + 1,66 * Datenreferenzen.$$

---

[17] Die internationale Interessengemeinschaft hierzu heißt IFPUG *(International Function Point User Group)* und gibt zweimonatlich eine Zeitschrift *(Metric Views)* heraus.
[18] Die Function-Point-Methode orientiert sich an den sogenannten HIPO-Diagrammen *(Hierarchical Input-Process-Output)*.

Hierbei werden die bisher 14 Einflußfaktoren um weitere 5 und zwar

- Transaktionsrate,
- Anforderungen anderer Applikationen,
- Anwenderschulungsaufwand,
- Datenschutz- und -sicherheitsanforderungen und
- Dokumentationsniveau

erweitert. Diese Methode ist inhaltlich an die Datenflußdiagramme des Strukturierten Analyseverfahrens angelehnt.

* Die **Data-Point-Methode** orientiert sich am Entity-Relationship-Modell (/Sneed 94/). Es wird jede Dateneinheit einzeln bewertet und somit jede Verbindungsart doppelt erfaßt. Für eine Dateneinheit D werden die Attributsanzahl a, die Anzahl der Schlüsselattribute s, und die Anzahl der Verbindungsattribute v zu einer Data-Point-Zahl in der Form

$$Data\text{-}Point(D) = a + 2 * s + 4 * v + 4$$

zusammengefaßt. Die dann insgesamt berechneten Data-Points werden schließlich mit dem ISO 9126 entsprechenden Qualitätsfaktoren gewichtet und dienen als Grundlage für die Aufwandsschätzung. Dabei wird ein Verhältnis der Function-Points zu den Data-Points von 1:3 angenommen und die oben genannten Function-Point-Kurve angewandt.

* Die **Object-Point-Methode** berücksichtigt schließlich die Modellausrichtungen hinsichtlich der Objekte, der Kommunikation und der Prozesse (/Sneed 94/). Die objektbezogene Bewertung ist eine gewichtete Summe der Attribute-, Relationen- und Methodenanzahlen. Die Kommunikation wird als Kommunikation-Object-Points als gewichtete Summe der Daten-, Quellen- und Zieleanzahlen berechnet. Die Prozeß-Object-Points berücksichtigen schließlich die Transaktionen (als dynamische Bewertung der objektorientierten Systemspezifikation). Die gewichtete Zusammenfassung dieser Teil-Points gibt die Grundlage für die Aufwandsschätzung in Personenmonaten gemäß einer vorgegebenen Tabelle.

Bei den unterschiedlichsten Schätzverfahren gilt stets das Prinzip der anwendungsbereichsbezogenen Anpassung in Form des ständigen Schätz-Ist-Vergleichs zur Qualifikation der jeweiligen Methode, die damit auf die Entwicklungsumgebung und auf veränderte Produktcharakteristika angepaßt werden kann.

2.3.1.1 Das Meßtool PDM

Das Meßtool PDM *(Problem Definition Measurement)* dient der Messung und möglichen Bewertung von Problemdefinitionen, die als Menge von sogenannten HTML-Dokumenten (im World-Wide Web) geschrieben wurden (/Foltin 95/). Die Problemdefinition setzt sich dabei aus einer allgemeinen Problembeschreibung, einer Beschreibung des Ausgangszustandes, der Problembereichseingrenzung und Geltungsbereichsfestlegung sowie aus den Soll-Anforderungen als funktionale, Qualitäts-, System- und Planungsanforderungen zusammen. Aufgrund der oben erwähnten Realisierungsform besteht diese Problemdefinition aus den (zu messenden) Einzelkomponenten:

- **Fachbegriffe** zum Projektvorhaben in den thematischen, organisatorischen und zielorientierten Ausprägungen,

- **Namen** von beteiligten Personen, Institutionen und Fabrikaten,

- **Datumsangaben** hinsichtlich (Ziel-) Terminen, ereignisbezogenen und geltungsbereichsbezogenen Angaben,

- **Relationen** als Hypertextverbindungen innerhalb eines HTML-Textes, zu anderen Texten bzw. zu anderen Texten (Files) innerhalb des (World-Wide) Internet.

Die formalen Elemente sind dabei Texte, Grafiken, Bilder und die Verarbeitungstechniken Hypertext, Multimedia und verteilte Verarbeitung.

Die Problemdefinition selbst wird dabei als „lebendiges" Dokument projektbegleitend verwendet und stellt die Quelle für eine objektorientierte Softwareentwicklung dar (/Dumke et al 95/). Die empirische Bewertung ist nach dem folgenden Schema konzipiert.

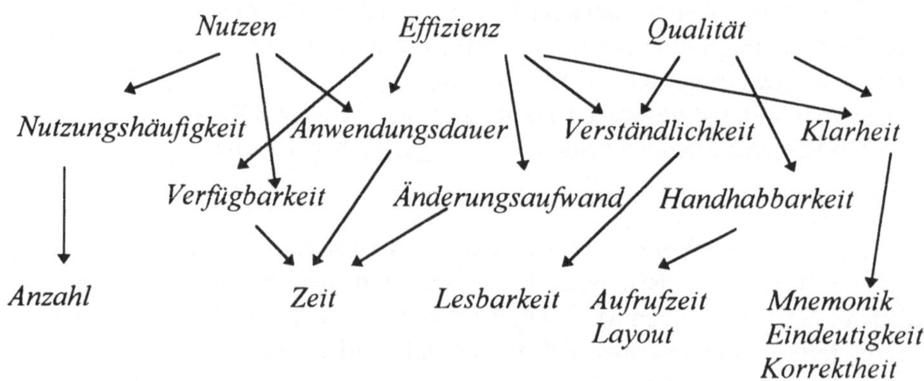

Sie ist im allgemeinen manuell zu erfassen (beobachten). Der Meßansatz zur Bestimmung der Indikatoren für die empirische Bewertung hat bezogen auf ein HTML-Dokument folgende Form:

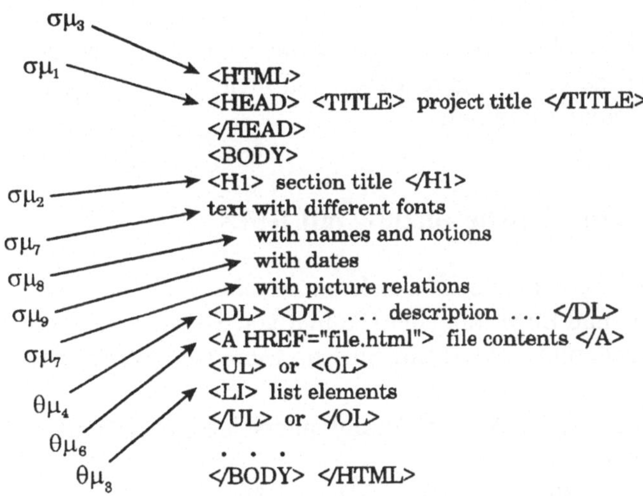

Die Maße μ_1 bis μ_{10} sind dabei sowohl als Umfangs- (σ) als auch als Strukturmaße (θ) definiert. Im einzelnen werden dabei berechnet:

- **Umfangsmaße:**
    - $\sigma\mu_1$: Länge des Dokumententitels,
    - $\sigma\mu_2$: durchschnittliche Länge der Überschriften,
    - $\sigma\mu_3$: Länge des Dokumentes in Bytes,
    - $\sigma\mu_4$: Anzahl der Wörter,
    - $\sigma\mu_5$: durchschnittliche Wortlänge,
    - $\sigma\mu_6$: maximale Wortlänge,
    - $\sigma\mu_7$: Anzahl hervorgehobener Wörter (fett oder kursiv),
    - $\sigma\mu_8$: Anzahl der Bezeichnungen (Namen, Begriffe, Themen),
    - $\sigma\mu_9$: Anzahl der Datumsangaben,
    - $\sigma\mu_{10}$: Anzahl der Listen im Dokument;

- **Strukturmaße:**
    - $\theta\mu_1$: durchschnittliche Anzahl von Wörtern in einem Listenelement,
    - $\theta\mu_2$: Anzahl von Trennlinien,
    - $\theta\mu_3$: durchschnittliche Anzahl von Listenelementen,
    - $\theta\mu_6$: Anzahl der Hypertextstellen im Dokument

und andere mehr. Über diese dokumentbezogenen Maße werden dann die Mittelwerte für die Charakterisierung der gesamten Problemdefinition gebildet. Zur Unterstützung der empirischen Bewertung wird das Änderungsdatum des jeweiligen Teildokumentes erfaßt und ausgewiesen. Darüber hinaus wird die Gesamtstruktur der Problemdefinition protokolliert.

PDM unterstützt durch einen Editorbezug die zum Teil visuell zu ermittelnden Textmaße. Es wurde in C++ geschrieben und dient der ständigen „Überwachung" der Projektbeschreibungsqualität.

2.3.1.2 Dokumentationsbewertung mit RMS

Das Meßtool wurde von Lehner und anderen entwickelt (/Lehner 94/, S. 141 ff.) und dient der Messung und Bewertung der Qualität von Softwaredokumentationen. RMS steht dabei für Readability Measuring System. Gemessen werden dabei

- Basisdaten, wie Anzahl Wörter, Anzahl unterschiedlicher Wörter, Anzahl Silben, Buchstaben, Sätzen u. ä. m.
- Berechnung der Lesbarkeitsmaße, wie beispielsweise
    - Reading Ease von Flesch als
      $$RE = 206.85 - 0.846 * WL - 1.105 * SL,$$
      wobei WL die durchschnittliche Anzahl der Silben pro 100 Wörter und SL die durchschnittliche Satzlänge als Anzahl der Wörter darstellt,
    - Fog-Index von Gunning,
    - Flesch/Kincaid-Index,
    - Readability Formula von Dickes/Steiwer,
    - Automated Readability Index von Smith/Kincaid,
    - New Reading Ease Index von Farr/Jenkins/Patterson,

Im RMS besteht die Möglichkeit, textstichprobenbezogene Meßwertübersichten zu erzeugen. Die Textbewertung erfolgt dann auf der Grundlage der bei den jeweiligen Metrikdefinitionen vorgeschlagenen Grenzwerte.

Darüber hinaus unterstützt RMS den sogenannten **Cloze-Test**, der die Einfachheit eines Textes indirekt bewertet. Dabei geht es darum, einen mit Leerstellen versehenen Text auf der Grundlage des zu lesenden Kontextes zu vervollständigen. RMS erzeugt aus einem vorliegenden Text eine solche Textform und bewertet die (mit der Toolstützung von RMS durchzuführende) Textergänzung.

RMS läuft auf dem Apple Macintosh und kann im Prinzip für alle Dokumentationsformen bei der Softwareentwicklung - insbesondere für Problemdefinitionen, Programmdokumentationen und Handbücher - verwendet werden.

2.3.1.3 Die Function Point Workbench

Die Function Point Workbench - kurz FP Workbench - wird von der australischen Firma CHARISMATEK Software Metrics in Melbourne /FPW/ vertrieben. Die Bewertungsarten sind dabei die

- **Anwendungsbewertung:** hierbei wird das Softwareprodukt hinsichtlich des Anwendungsprofils, der Ressourcenaufwendungen und dem Änderungscharakter auf der Grundlage des Function-Point-Verfahrens abgeschätzt. Dabei geht es im speziellen um die Unterstützung der Darstellung des jeweiligen Anwendungsprofils, der Abschätzung des Aufwandes für eine Ersetzung einer Applikation, der entwicklungsbegleitenden Ressourcenaufwandskontrolle und der Abschätzung des Umfanges von Verbesserungen zu vorhandenen Softwareprodukten,

- **Projektbewertung:** dabei geht es um die Softwareprozeßcharakterisierung, die beispielsweise den phasenbezogenen Function-Point-Aufwand bzw. die meilensteinbezogenen Ressourcen, einschließt. Damit ist es möglich, die anteilige Anfwandsabschätzung zu überprüfen und sie mit der ersten Schätzung zu vergleichen und auch diese gegebenenfalls zu aktualisieren,

- **Bewertungsverwaltung:** mit der Speicherung, Versionshaltung und variantenbezogenen Auswertungsmöglichkeit.

Für eine Function-Point-Abschätzung wird zunächst von der FP Workbench eine Systemstruktur in einer Dreiebenenhierarchie abgefragt. Die obere Ebene ist die Gesamtsystemdarstellung, die zweite Ebene sind die Verarbeitungsfunktionen und die dritte Ebene ist die Prozeß- bzw. Transaktionsebene. FP Workbench führt durch alle Komponenten dieser Ebene die Berechnung *(count)* durch. Die allgemeine Schätzmethodik beinhaltet die folgenden 10 Schritte:

1. Initialisierung der Schätzung (Bezeichnung und Typ der Schätzung),
2. Kommentierung *(notes)* der Schätzung (Zweck, Dokumentationsbezüge usw.),
3. Definition von Markierungen *(labels)* für eine gewünschte Unterteilung der Schätzung bzw. der Teilergebnisse,
4. Festlegung der Schätzgrundelemente der Systemhierarchie *(system, labels, files, phases, projects)*,
5. Klassifikation jeder (zu bewertenden) Transaktion *(External Input, External Output, External Enquire)*,
6. Beschreibung der mit der Anwendung assoziierten Files,
7. Klassifikation dieser Files *(External, Internal)*,
8. Abschätzung der 14 Einflußfaktoren *(adjustment factor)*,

9. Berechnung der Function-Points (u. U. komponentenbezogen),
10. Speicherung *(database)* der Function-Point-Abschätzungen und Aktualisierung der ursprünglichen Schätzung *(system master)* im Falle einer meilensteinbezogenen, also prozeßbegleitenden Schätzung.

Diese prozeßorientierte Ausrichtung zeigt sich in der Identifikation einer Schätzung hinsichtlich Systembezeichnung, der Projektart (Neuentwicklung, Verbesserung, Wartung), der Phasenbezeichnung im Falle der Neuentwicklung und der speziellen Bezeichnungsform „Szenarienname" für die eindeutige Identifikation einer Abschätzung insgesamt.

Zur Umsetzung dieser Methodik besitzt die FP Workbench das folgende Hauptmenü:

Das FP-Workbench-Logo wird auch im Falle der temporären Schließung einer speziellen Bewertung als Icon verwendet. Damit ist eine gleichzeitige, mit unterschiedlichem Bearbeitungszustand versehene Systembewertung möglich. Das zum Teil selbstdokumentierende Menü der FP Workbench zeigt die folgende Skizze. Neben den allgemein üblichen Editierfunktionen enthält sie ausdrucksstarke Formen der

Schätzwertdarstellung für alle Komponenten des Systems in der bereits oben beschriebenen Phasen- und Entwicklungsformbezogenheit.

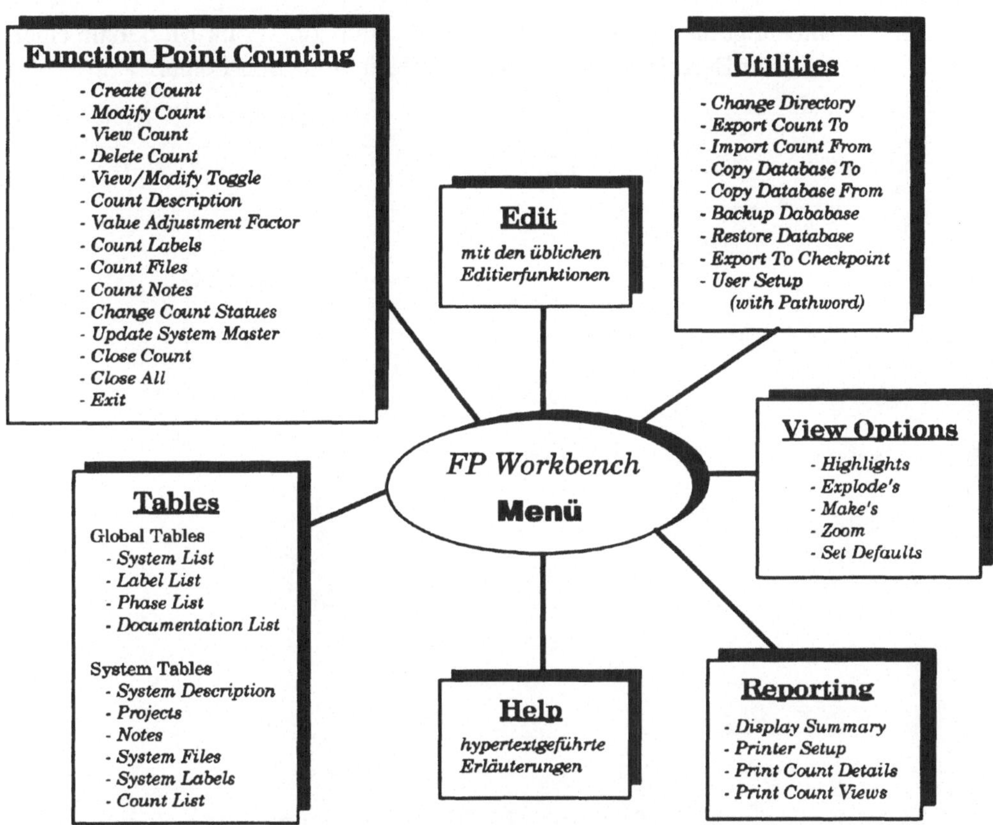

Die Beschreibung der jeweiligen Schätzung *(count description)* kann mit umfangreichen Zusatzinformationen (datums-, personen-, quellenbezogen) versehen werden. Das „Zählen" der markierten Systemkomponenten *(count labels)* stellt eine Auflistung dieser Komponenten mit der Attributierung als wesentlich, wünschenswert und optional dar. Diese Erfassung ermöglicht bei der Auswertung der Schätzwerte für den Entwickungsaufwand eine (wünschenswerte) zielgerichtete Systemänderung.

Die FP Workbench besitzt auch die Möglichkeit, die Function-Point-Bewertungskriterien zu modifizieren und speziellen Entwicklungsparadigmen anzupassen. Die Abschätzung wird komponentenweise zu einer (zuvor definierten) Projekt- bzw. Systemhierarchie vorgenommen. In der Tabellendarstellung *(tables)* kann diese Systemauflistung ausgewählt werden. Das Ergebnis ist ein (bereits zuvor definierter) Komponentenbaum. Ein Mausklick auf die jeweilige Komponente in diesem Baum ermöglicht die (Neu-) Berechnung oder einfach die Anzeige der Function-Points dieser Systemkomponente. Innerhalb dieser Darstellung ist auch eine Modifikation der Systemstruktur mit Hilfe der allgemeinen Editierfunktionen möglich. Des weiteren sind über das ViewOptions-Menü umfangreiche visuelle Darstellungsmöglichkeiten zur Hervorhebung, zur Verfeinerung bzw. zur übersichtlicheren Darstellung gegeben.

Das folgende Bild zeigt die Form der Bewertung der Function-Point-Merkmale einer Einzelkomponente zur Berechnung der „ungewichteten" Function-Points.

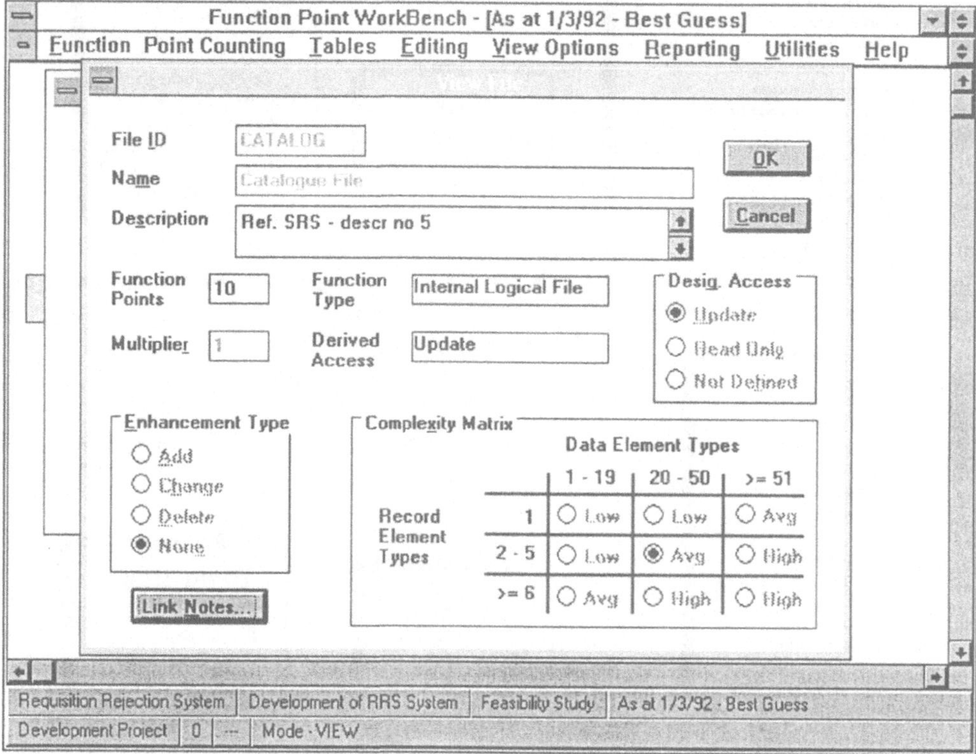

Die Bewertung berücksichtigt dabei sowohl die mit der jeweiligen Komponente verbundenen Files, die Markierungsbezüge sowie die gegebenenfalls vorhandenen Vermerke *(notes)*. Die Markierungen können, wie bereits oben erwähnt, sich auf die Bedeutung der Komponente beziehen oder aber ihren Bearbeitungsstand kennzeichnen. Die Vermerke können dabei erläuternden Charakter haben, wie beispielsweise eine Begründung für die Stellung der Komponente im System, oder sie haben Berechnungseinfluß bzw. begründen, wie die Merkmalsbewertung durchzuführen ist.

Die im „üblichen Sinne" realisierte Function-Point-Bewertung wird über die Count-Files-Menüfunktion vorgenommen. Die Einzelwertabschätzung im obigen Bild zeigt die in die Bewertung zusätzlich noch eingehenden Merkmale.

Für eine komponentenbezogene Function-Point-Bestimmung werden schließlich noch die Einflußfaktoren *(adjustment factors)* herangezogen. Sie sind in der FP Workbench initial definiert und über Menü anzeigbar und modifizierbar. Dabei ist der

Wertebereich für eine Faktoreinschätzung zwischen 0 (irrelevant) und 5 (sehr wesentlich) auswählbar. Jeder Einflußfaktor ist in seiner Anwendung und Bedeutung erläutert. Es handelt sich hierbei um die 14 (der ursprünglichen Function-Point-Methode entsprechenden) Faktoren (siehe oben).

Eine Komponentenbewertung lautet dann jeweils mit dem bereits gewichteten Berechnungsergebnis:

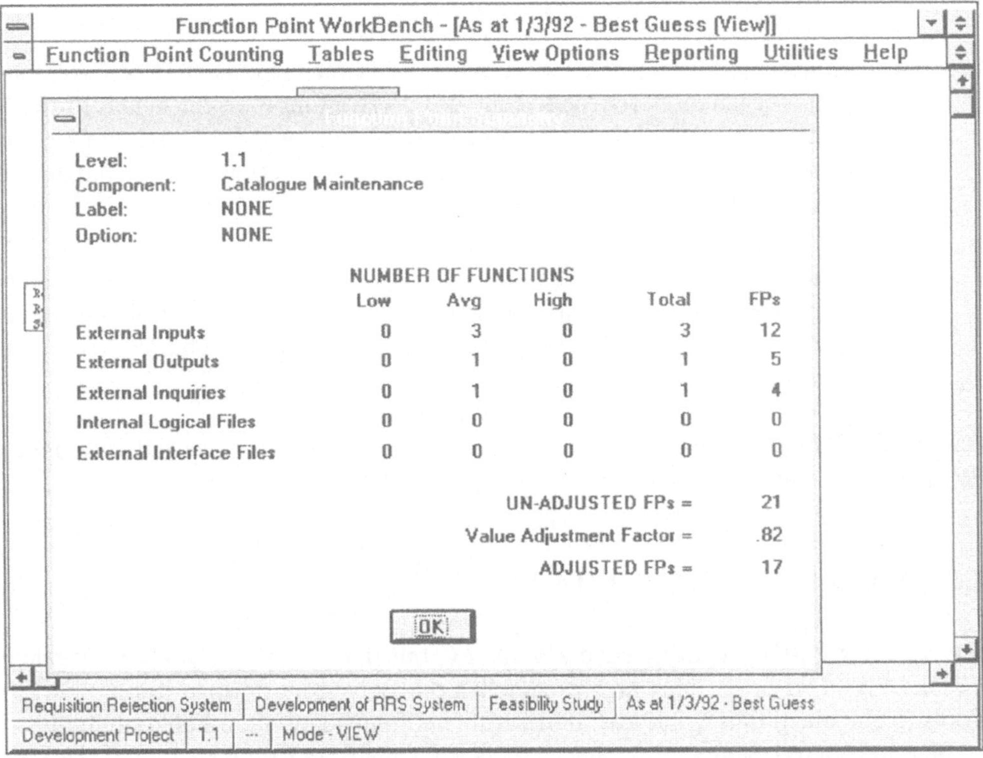

Die FP Workbench besitzt vielfältige Möglichkeiten, die berechneten Schätzwerte projektbezogen zu speichern und über verschiedene Softwareprodukte hinweg auszuwerten *(database* bzw. *system master)*. Die Speicherung der systembezogenen Schätzwerte mit den damit verbundenen, definierten Systemmerkmalen bedarf einer besonderen Sorgfalt. Die Vielfalt der Möglichkeiten durch die FP Workbench ist auf die Anwendung des Function-Point-Verfahrens für eine gesamte Softwareentwicklungsfirma orientiert. Für diese Firma sind natürlich Trends, kritische Projektzusammenhänge, Kostenüberwachung und dergleichen von besonderer Bedeutung und werden durch den integralen Charakter von der FP Workbench unterstützt. Die Anwendung des FP Workbench sollte jedoch zunächst auf ein Projekt beschränkt, hier aber mit der möglichen Leistungsvielfalt umgesetzt werden.

2.3.1.4 Das FPTOOL

Das FPTOOL verwendet für die Aufwandsschätzung das Function-Point-Verfahren /FPTOOL/. Es besteht aus den drei Hauptkomponenten, der

- **Administration:** dabei werden die Indikatoren (gemäß Function-Point-Verfahren), Informationen zu den gegebenen Entwicklungsphasen, den spezifischen Einflußfaktoren, den gewählten Rechenschemata und den Aufwandskurvenarten erfaßt,

- **Schätzung:** diese Komponente führt die Berechnung nach dem Function-Point-Verfahren durch und dient der Verwaltung verschiedener Projektschätzungen. Dabei wird eine sogenannte Erfahrungsdatenbank aufgebaut, die auf der Grundlage realisierter Projekte die Function-Point-Schätzkurve den Firmenspezifika annähert.

- **Simulation:** hierbei besteht vor allem die Möglichkeit, durch Parameterveränderungen weitere, interessierende Aufwandskurvenverläufe darzustellen und somit die Auswirkung gezielt veränderter Prozeßcharakteristika zu untersuchen.

Das FPTOOL ist auf DOS ausgerichtet und dadurch beispielsweise mit Notebooks flexibel einsetzbar.

2.3.1.5 Das CHECKPOINT-Tool

Das CHECKPOINT-Tool ist ebenfalls für PC mit dem Windows-System ausgelegt (/CHECKPOINT/). Es führt im wesentlichen die Bewertungsformen des SPQR/20-Tools (siehe oben) durch, hat aber darüberhinaus folgende weitere Funktionalitäten:
- eine umfangreichere Wissensbasis aus der Auswertung von über 4700 Softwareprojekten,
- eine toolanwenderbezogene Auswertung für die unterschiedlichsten Sichten,
- eine umfangreiche graphische Darstellungsmöglichkeit der Ergebnisse in verschiedenen Diagrammformen über verschiedene (Meß-) Datenressourcen,
- eine Auswahl der Meßform in Function-Points, Feature-Points oder in LOC einschließlich der Umrechnungsmöglichkeit,
- eine Berücksichtigung von bis zu 200 unterschiedlichen Projektformen.

Das Meß- und Bewertungstool CHECKPOINT wird ebenfalls von der Firma Software Productivity Research in Burlington vertrieben. Es schließt neben der Produktbewertung vor allem die Prozeßbewertung mit ein.

2.3.1.6 Das SOFT-CALC-Tool

Das Programm SOFT-CALC /SOFT2/ kann ebenfalls nach der Analysephase innerhalb der Spezifikation des Softwareproduktes zum Einsatz kommen. Die Beschreibungsgrundlagen einer jeden Produktentwicklung (auch als (Software-) Projekt bezeichnet) sind das *Datenmodell,* das *Kommunikationsmodell,* das *Prozeßmodell* und das *Qualitätsmodell.* Aus den dadurch charakterisierten allgemeinen Merkmalen der Quantität, der Qualität und der Produktivität der Projektentwicklung bestimmt SOFT-CALC den Aufwand und die Laufzeit. Es ermöglicht fünf alternative Schätzverfahren: COCOMO, Component Analysis, Function-Point, Data-Point und Object-Point. Die Berechnungsschritte sind bei all diesen Schätzverfahren dieselben und zwar

1. die Berechnung der Systemgröße (je nach Verfahren in LOC, Komponentenanzahl, Funktions-, Daten- oder Objektmerkmalen),

2. Berechnung eines Qualitätsfaktors aus dem Durchschnitt der Bewertung von 12 Teilkriterien,

3. die Bestimmung der Projekteinflußfaktoren, die wiederum schätzmethodenbezogen vorgenommen wird,

4. die Abgleichung der aus den bisherigen Größen berechneten (justierten) Sytemgröße nach einer sogenannten Produktivitätstabelle und die Bestimmung der Aufwandsmerkmale (in erster, methodenspezifischer Näherung),

5. die Wichtung mit einem speziell zu berechnenden Ressourcenfaktor,

6. die Ergänzung um einen sogenannten Overhead-Faktor,

7. die Berechnung der minimal möglichen Projektlaufzeit,

8. die Bestimmung des jährlichen Wartungsaufwandes und

9. die Ermittlung der optimalen Projektgröße.

Die Möglichkeit der Auswahl des jeweiligen Schätzverfahrens dient der besseren bzw. unmittelbaren Angleichung des Schätzverfahrens an die jeweilige Softwareklasse bzw. der Berücksichtigung möglichst aller Aspekte eines Softwareproduktes, wie die Funktionalität, die Datenkomplexität, die (mögliche) Objektorientierung oder seine „klassische" Ausrichtung als Modulstruktur.

Das Grundmenü von SOFT-CALC, welches bereits eine grobe Übersicht zum Leistungsumfang gibt, hat den folgenden Inhalt:

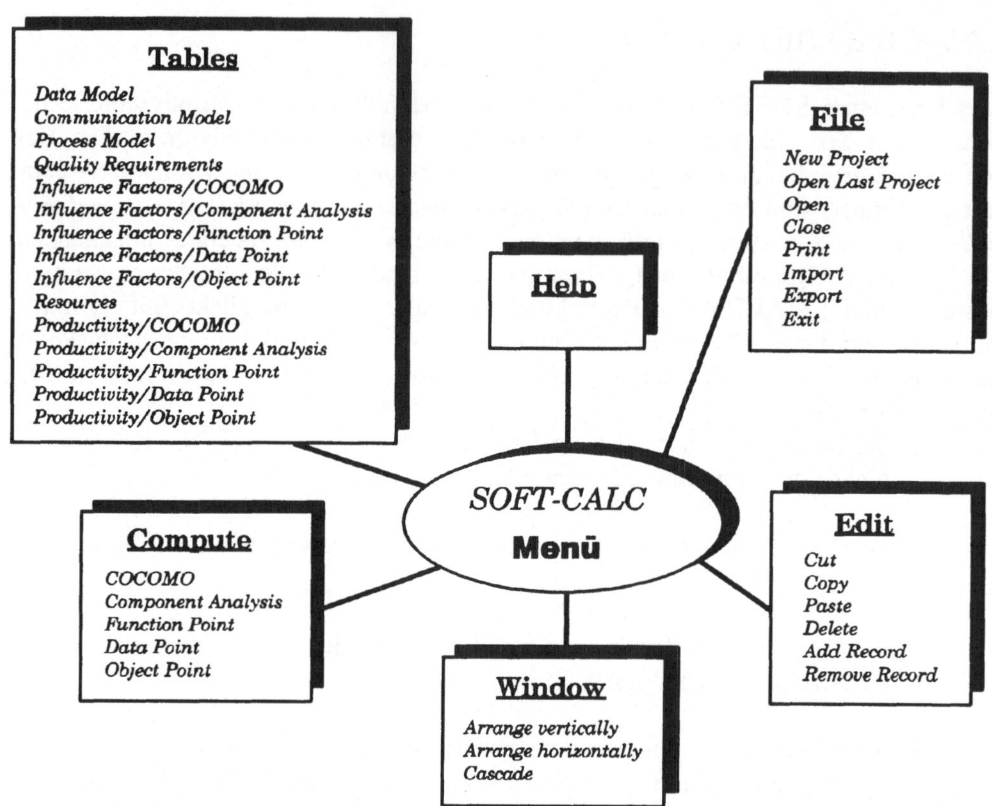

Die vor einer Schätzung erforderliche Erfassung der Projektcharakteristika beginnt mit der Erfassung des **Datenmodells**. Dieses Datenmodell bezieht sich auf das zu entwickelnde Produkt und erfaßt die „Entitäten", deren Attribute und Beziehungen. Weitere Komponenten des künftigen Produktes sind dessen **Kommunikationsmodell** mit den Teilangaben zu den Nachrichten, den Feldern und den Quellen bzw. Zielen, und das **Prozeßmodell**, welches die Vorgänge und Funktionen beschreibt. Die Grundkomponenten dieser drei Modelle haben folgende, zum Teil selbstdokumentierende Typvorgaben:

- **Entität:** *DATA, FILE, VIEW* oder *CLAS,*

- **Nachricht:** *MASK, LIST, FILE* oder *MESS,* wobei *MESS* für Message (zwischen zwei Objekten) steht,

- **Vorgang:** *SYST, ONLI, BATC* oder *FOUR,* wobei *FOUR* hierbei die Realisierung in einer 4GL-Sprache kennzeichnet.

Das folgende Bild zeigt die Form und den Inhalt der Erfassung des Datenmodells im SOFT-CALC.

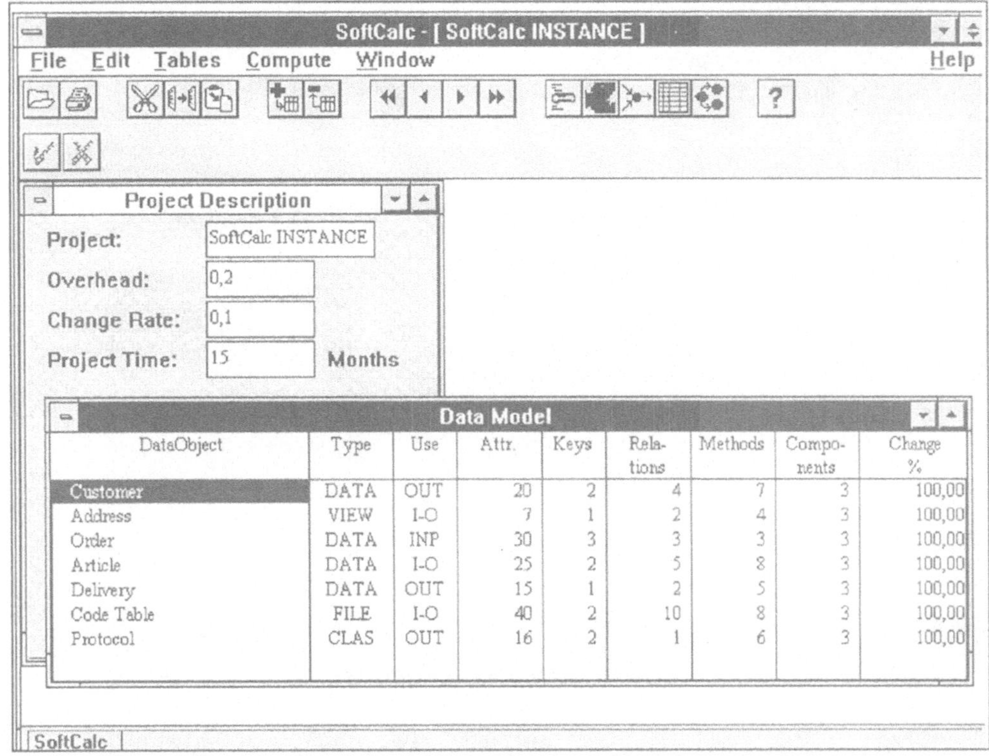

DataObject	Type	Use	Attr.	Keys	Relations	Methods	Components	Change %
Customer	DATA	OUT	20	2	4	7	3	100,00
Address	VIEW	I-O	7	1	2	4	3	100,00
Order	DATA	INP	30	3	3	3	3	100,00
Article	DATA	I-O	25	2	5	8	3	100,00
Delivery	DATA	OUT	15	1	2	5	3	100,00
Code Table	FILE	I-O	40	2	10	8	3	100,00
Protocol	CLAS	OUT	16	2	1	6	3	100,00

Die weitere Komponente der Projekt- (Produkt-) Charakterisierung erfaßt die Wichtung der Qualität *(Schritt 2)* in einer prozentualen, dimensionslosen Kennzeichnung (also 0,00 bis 1,00) für die SOFT-CALC-Merkmale der

> *Korrektheit, Zuverlässigkeit, Konformität, Benutzerfreundlichkeit, Integrität, Performance, Effizienz, Testbarkeit* bzw. *Sicherheit, Portabilität, Wartbarkeit, Wiederverwendbarkeit* und *Datenunabhängigkeit.*

Bei diesem **Qualitätsmodell** wird aus einer prozentualen Wichtung der Einzelfaktoren ein (Qualitäts-) Gesamtgewicht für das jeweilige Softwareprodukt festgelegt.

Nach dieser allgemeinen Produktmerkmalserfassung können die **Einflußfaktoren** für eine der oben genannten Aufwandsberechnungsmethoden spezifiziert werden *(Schritt 3)*. Diese sind methodenabhängig bereits vorgegeben. SOFT-CALC bietet daher eine spezielle Tabelle an, in der diese Einflußgrößen aufgelistet sind.

Für die Function-Point-Methode hat diese Tabelle beispielsweise die im folgenden Bild erkennbare Form.

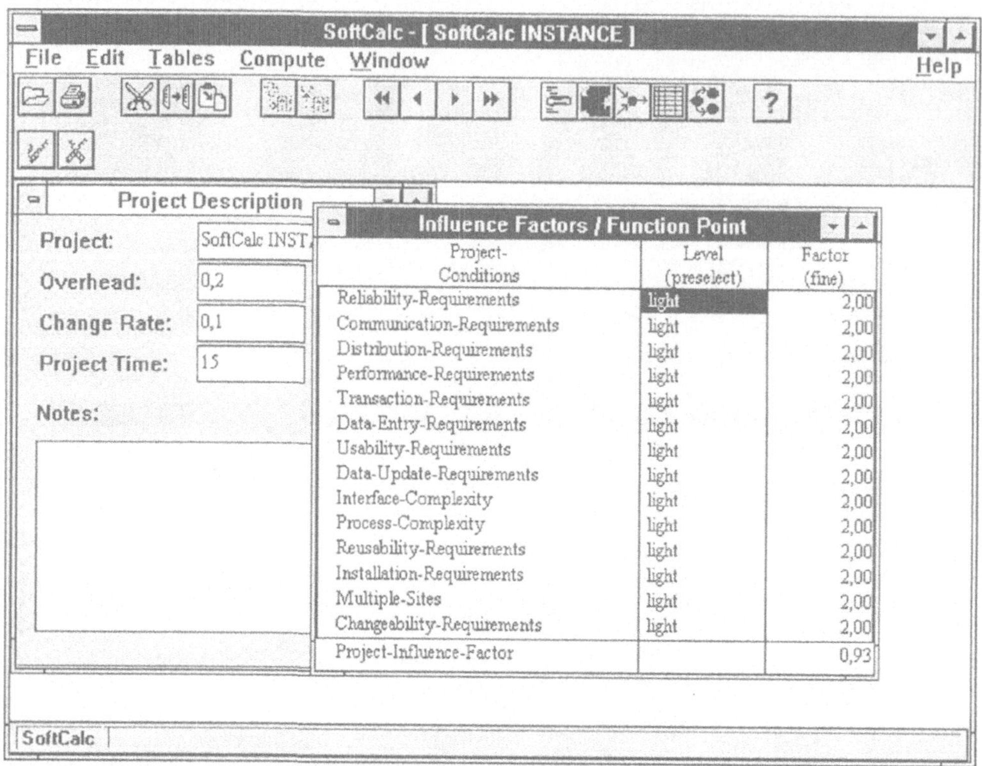

Auf der Grundlage initialer, vorgegebener Werte können somit auch die für die jeweilige Schätzmethode erforderlichen Wichtungsfaktoren der entsprechenden Einflußgrößen erfaßt werden.

Das **Produktivitätsmodell** eines Projektes erfaßt schließlich für die Berechnung des Produktivitätsfaktors (Code-Zeilen, Komponenten, Function-Points, Data-Points und Object-Points)

- die Anzahlen dieser Produktivitätseinheiten in einem (Projektzeit-) Intervall,
- die Anzahl der Personenmonate,
- die Computerstunden und Kosten.

Diese Angaben werden in Tabellenform gespeichert und dienen der (späteren) Zuordnung der berechneten „Points" zu den Aufwandsangaben (Personenmonate, Rechnerzeit und Kosten).

Für die Object-Point-Methode im SOFT-CALC hat das beispielsweise die im folgenden Bild erkennbare Form. Die markierte Zahl kennzeichnet ein Änderungsfeld zur Modifikation der möglicherweise vordefinierten Werte.

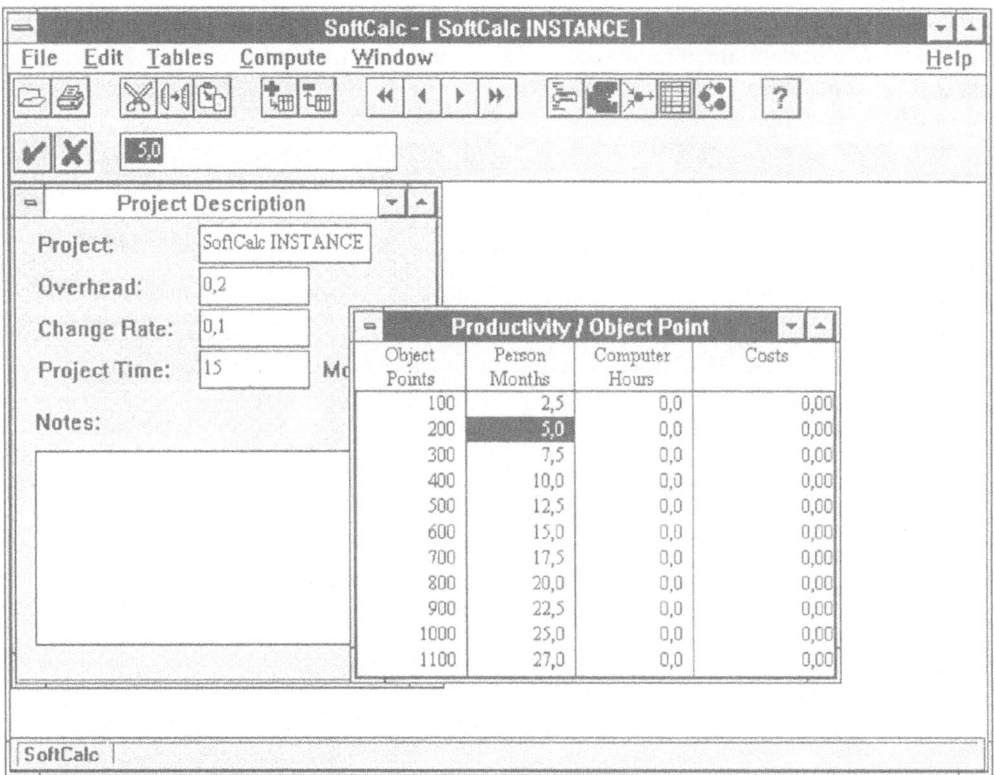

Als letzte Modellcharakteristik wird das **Ressourcenmodell** definiert. Dabei werden Angaben zur Verfügbarkeit der Hardware, der Art der (System-) Software und zu den beteiligten Projektmitarbeitern erfaßt. Dann kann schließlich eine Berechnung (Bewertung) nach der jeweiligen Schätzmethode erfolgen *(Schritt 4)*.

Die Berechnung nach dem **COCOMO**-Verfahren (siehe oben) basiert auf den zuvor geschätzten Lines of Code (LOC). Diese werden berechnet als

$$LOC = Daten\text{-}LOC + Kommunikations\text{-}LOC + Proze\beta\text{-}LOC.$$

Für die Daten-LOC, die sich aus der Summe der jeweiligen Entitäten-LOC ergeben, wird diese Schätzung beispielsweise in der Form

$$Entit\ddot{a}t\text{-}LOC = (Anzahl\text{-}Entit\ddot{a}tenattribute \times 2) \times \ddot{A}nderungsrate$$

vorgenommen. Die „justierten" LOC berechnen sich schließlich als Produkt der oben berechneten LOC mit dem (Gesamt-) Qualitätsfaktor und dem (Gesamt-) Einfluß-faktor. Auf dieser Grundlage erfolgt die Abschätzung des Personalaufwandes nach einer SOFT-CALC-immanenten Produktivitätstabelle.

Eine Beispielrechnung nach dem COCOMO-Verfahren zeigt das folgende Bild. Die nach dem Methodennamen angegebene Zahl numeriert methodenbezogen fortlaufend die Zählungen.

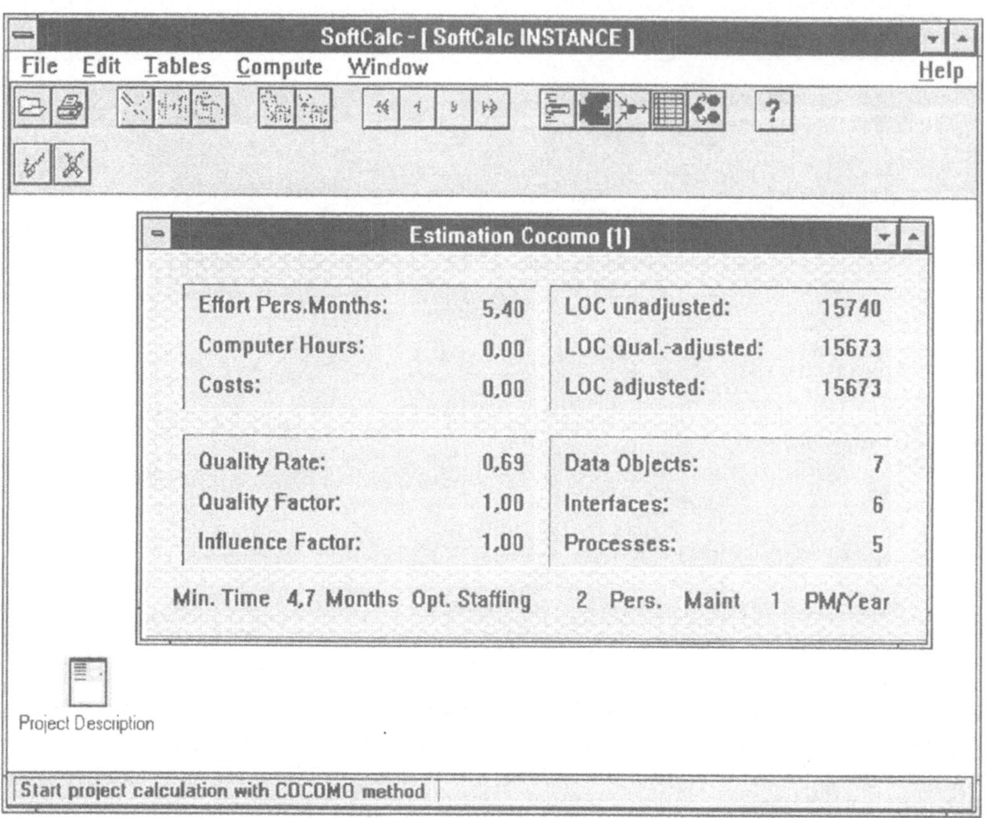

Die zumeist weniger bekannte Schätzmethode des **Component-Analysis** stellt eine dem COCOMO adäquate Methode dar, bei der die „Schätzgrundeinheit" nicht LOC sondern sogenannte Komponenten (Module, JCL-Prozeduren, Dokumente usw.) darstellen.

Die durch SOFT-CALC verwendete **Function-Point-Methode** stellt eine Modifikation zur „klassischen" Form vor allem in der Hinsicht dar, daß die Bewertung jeweils für Dateneinheiten, Kommunikationselemente und Prozeßeinheiten und jeweils mit zum Teil anderen Wichtungen erfolgt. Wesentlich ist auch hierbei, daß in die gewichteten Function-Points neben dem (allgemeinen) Einflußfaktor auch der Qualitätsfaktor eingeht.

Das von Sneed definierte **Data-Point-Verfahren** stellt eine Übertragung der Function-Point-Idee auf die Daten in Form der bereits im Abschnitt 2.3.1. beschriebenen Weise dar.

Das ebenfalls von Sneed definierte **Object-Point-Verfahren** verwendet sogenannte Datenobjekt-Points, Kommunikationsobjekt-Points und Prozeßobjekt-Points für die Abschätzung. Diese „Points" werden durch Wichtung der Klassenmerkmale, wie zum Beispiel Attribute, Relationen und Methoden, mit einer (zuvor zu erfassenden) Änderungsrate berechnet. Darüber hinaus gehen auch die Softwareart (Systemsoftware, Online-Verarbeitung usw.) und eine Komplexitätsabschätzung für die Transaktionen zwischen den Objekten mit ein.

Ein konkretes Beispiel einer Bewertung nach dem Object-Point-Verfahren im SOFT-CALC zeigt das folgende Bild.

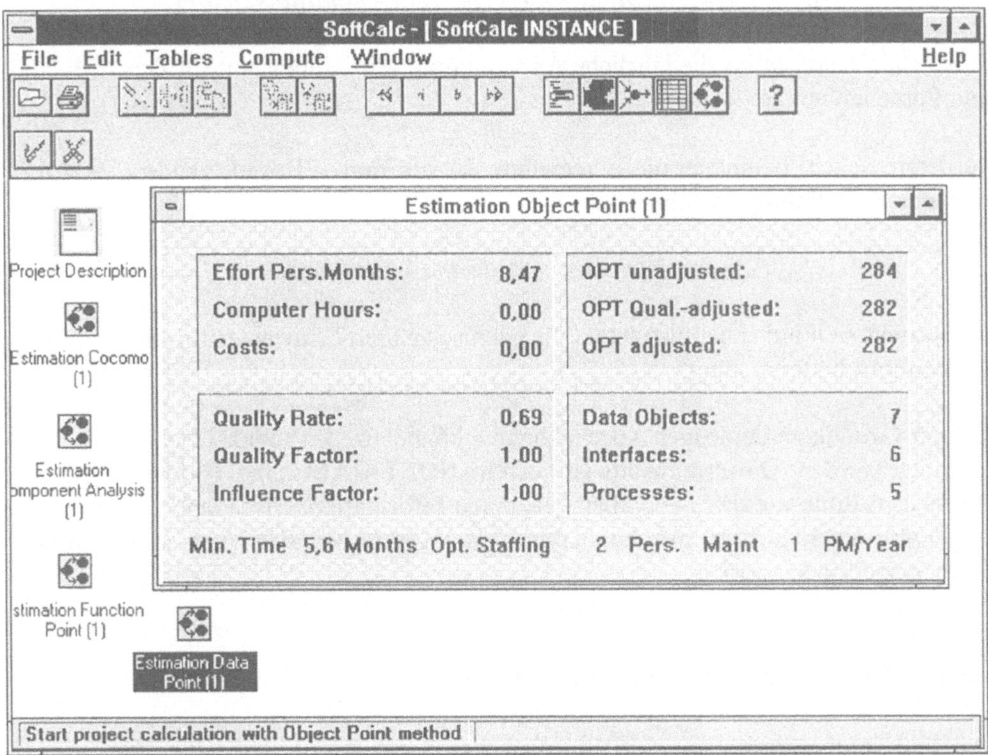

Ab dem Schritt 5 beginnt die sogenannte methodenunabhängige Nachkalkulation. Dabei wird zunächst der ermittelte Aufwand mit einem **Ressourcenfaktor** multipliziert *(Schritt 5),* der sich aus der Summe der Ressourcengewichte, die aus dem Produkt von Ressourcendisposition und Nutzwert ermittelt werden, ergibt.

Eine weitere Nachkalkulation wird durch die Multiplikation des zuvor erhaltenen Aufwandswertes mit der Summe (1+Overheadfaktor) vorgenommen *(Schritt 6).* Dieser **Overheadfaktor** beinhaltet im Vorfeld noch nicht erfaßte Projektmerkmale, die den Erstellungsaufwand vergrößern könnten.

Die Berechnung der sogenannten **minimalen Projektlaufzeit** wird nach der Formel

$$minLaufzeit = 2,5 \times (Aufwand\ in\ PM)^{0,38}$$

berechnet *(Schritt 7)*. Wenn dem Projekt eine Soll-Laufzeit bereits vorgegeben ist, die kleiner als diese minimale Laufzeit ist, wird eine Korrektur vorgenommen.

Die Berechnung des **jährlichen Wartungsaufwandes** *(Schritt 8)* ergibt sich nach der Formel

$$jW = 1,1 \times (Aufwand \times Change) \times (2 - Qualitätsfaktor)$$

Dabei steht *Change* für die jährliche Änderungrate, die Maßeinheit für den Aufwand sind Personenmonate.

Der letzte Schritt beinhaltet die Berechnung der **optimalen Projektgröße** *(Schritt 9)* nach der Berechnungsvorschrift

$$AnzahlPersonen = Aufwand / minLaufzeit$$

und bezieht sich auf die günstigstenfalls einzusetzenden Entwickler für die bewertete Softwareprodukterstellung.

Auf der Grundlage derartiger Abschätzungen können u. a. Produktivitätsübersichten angezeigt werden. Darüber hinaus ist auch im SOFT-CALC eine (projektbezogene) Datenverwaltung möglich. Die oben genannten Informationserfassungen und Bewertungen zu einem Softwareprodukt können in sogenannten *Berichten* in vielfältiger Form ausgedruckt werden.

2.3.1.7 Der Softwarebewertungsplatz SVS

Der Softwarebewertungsplatz SVS (*Software Evaluation System*) wurde an der Universität Magdeburg entwickelt /Leiste 91/. Die Grundlage der Softwareproduktbewertung ist das Qualitätsmodell von McCall (siehe oben). Die Bewertung der 11 Hauptfaktoren dieses Modells wird auf der Grundlage von Einzelkriterien und gegebenenfalls dafür verwendeten Subkriterien vorgenommen. Die Bewertung der Einzelgrößen wird angezeigt und kann separat dokumentiert werden (i. a. innerhalb einer Skala von 0.0 bis 1.0 (bester Wert))[19]. Die einzelnen Qualitätsmerkmale kommen in den unterschiedlichen Entwicklungsphasen (Analyse, Entwurf, Kodierung und Systemtest) zur Anwendung und beziehen sich auf die unterschiedlichsten Pro-

---

[19] Die Bewertungsmethodik wurde dem Buch von Vincent et al (Software Quality Assurance, Prentice Hall Inc. 1988) entnommen.

duktkomponenten, wie Spezifikation, Code, Testdaten oder Dokumentation. Auf die Phasen bezogen lautet die Qualitätsbewertung:

Qualitätsfaktor	Analyse	Entwurf	Kodierung	Systemtest
Korrektheit	x	x	x	x
Zuverlässigkeit	x	x	x	x
Integrität	x	x	x	
Anwendbarkeit	x	x		x
Wartbarkeit		x	x	
Testbarkeit		x	x	
Effizienz	x	x	x	
Flexibilität		x	x	
Portabilität		x	x	
Wiederverwend-barkeit		x	x	
Interoperabilität		x	x	x

Die Bestimmung des Wertes eines Qualitätsfaktors wird beispielsweise nach dem folgenden Schema vorgenommen:

Schema	Beispiel
Qualitätsfaktor	Effizienz
Kriterium	Laufzeiteffizienz
Subkriterium	Datenbehandlungsweise
einzelne Forderung oder Attribut	Daten sollten gruppiert sein für eine effiziente Verarbeitung
Formel oder Frage	Sind die Daten gruppiert?
Berechnung bzw. Beantwortung	Ja = 1 Nein = 0
Gesamtwert	Gesamtpunkte/Gesamtelementezahl

Wie bereits im Schema zu erkennen ist, kann die Bewertung eines Kriteriums zum einen als Beantwortung einer Frage für alle Bewertungskomponenten oder aber über eine allgemeine Berechnungsformel (Metrik) erfolgen.

Für die codebezogenen Bewertungskriterien, wie die Komplexität und der Programmieraufwand, werden Metriken (nach McCabe und Halstead, siehe /Dumke

92a/) verwendet und rechnergestützt (zunächst nur für Pascal-Programme) bestimmt. SVS fordert dabei über den Filenamen die auszuwertende Komponente an, führt die Berechnung durch und transformiert sie in den 0,0 bis 1,0 Wertebereich. Dabei wurden für diese Transformation erst einmal die von der jeweiligen Metrikdefinition vorgeschlagenen (Grenz-) Werte berücksichtigt.

Eine Erweiterung von SVS für die nahezu vollständige rechnergestützte Maßzahlbestimmung insbesondere auch für Dokumentationsmaße ist in /Tiedge 92/ beschrieben. Dabei wurden Programm- und Dokumentationslesbarkeitsmaße eingesetzt, wie beispielsweise die Programmlesbarkeit nach Joergensen oder die DeYoung / Kampes-Metrik für die Lesbarkeit von Texten sowie weitere Komplexitätsmaße (nach Gilb, Belady u. a.).

Das Layout einer Faktorbewertung hat in SVS die beiden Formen (je nach dem, ob es sich um eine Abschätzung bzw. Fragenbeantwortung oder um eine formelmäßige Berechnung nach einem vorgegebenen Maß bzw. einer Metrik handelt):

<table>
<tr><td>

Phase: ...

Faktor: ...

Formel: ...

Parameter: ...

Gesamtwert: ...

Fehlermeldungen/Hinweise

</td><td>

Phase: ...

Faktor: ...

Kriterium: ...

Subkriterium: ...

Gesamtwert: ...

Fehlermeldungen/Hinweise

</td></tr>
</table>

Durch „Weiterblättern" mit der Enter-Taste werden dann die einzelnen Subkriterien bzw. Kriterien gemäß dem McCall-Modell „nachgeladen" und können somit in die Gesamtbewertung eingehen. Auf der Grundlage dieser Einzelbewertungen wird dann die Gesamtbewertung beispielsweise in der Form für die Phase „Systemtestung" (auf SVS selbst angewandt)

Factor	Scope
Correctness	0.78
Reliability	0,73
Useability	0,85
Testability	0,77
Interoperability	0,42

durchgeführt. SVS läuft unter DOS auf IBM-kompatiblen PC's und wurde in Turbo-Pascal implementiert.

2.3.1.8 Das OOM-Tool

Die objektorientierte Softwareentwicklung nach Coad/Yourdon[20] beginnt mit der Analyse und Spezifikation (OOA), dem nachfolgenden Entwurf (OOD) und der abschließenden Implementation (OOP). Das hierfür anwendbare CASE-Tool ist das ObjecTool mit dessen Hilfe in der ersten Phase ein OOA-Modell entsteht, das sich aus einer oder mehreren Zeichnungen, einer Dokumentation und möglichen Fehlerhinweisen zusammensetzt (siehe auch /Dumke 93/). Die Zeichnungen sind in *drw*-Files gespeichert und die anderen beiden Komponenten in den *mdl*-Files. Das Grundsymbol einer OOA-Zeichnung ist das Klassensymbol mit den möglichen Beziehungen, wie zum Beispiel Objektverbindung, Nachrichtenverbindung, Unterteilung oder Teilklassenbeziehung. Die folgende Skizze zeigt die dabei möglichen Meßansatzpunkte m_i :

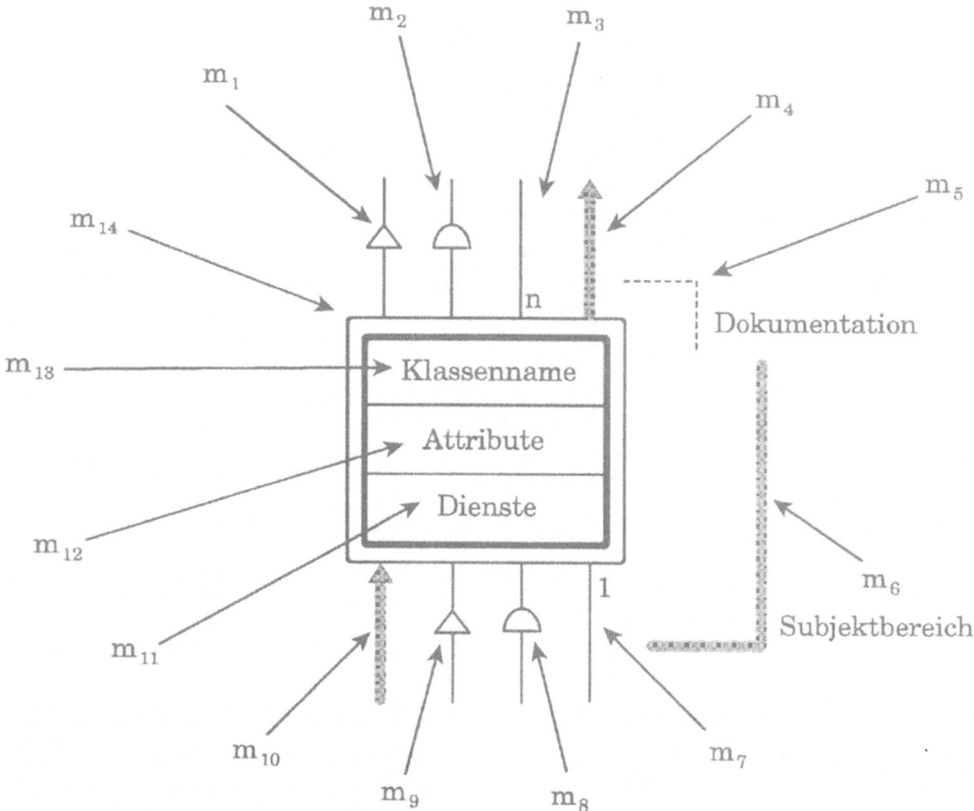

Das Modellfile eines OOA-Modells hat den im folgenden auszugsweise aufgelisteten Inhalt. Dabei soll nur die allgemeine Struktur gezeigt und keine detaillierte Beschreibung angegeben werden.

---

[20] Siehe vor allem Coad/Nicola: *Object-Oriented Programming*. Prentice-Hall Inc. 1993.

```
<header>
<type>ooaModel
<name>Modellname
<version>2
<\header>
<ooaModel> Modellname
<refType id = 1>attribute
<refType id = 2>service
<refType id = 3>attribute
<refType id = 4>object
..............
<refType id = 32>object

<refDefn id = 1>attribute
<variable>name:
<string> Attributsname
<variable>condition:
<symbol>Always
<\refDefn>
...................
<refDefn id = 32>object
<variable>name:
<string> Klassenname
<variable>objectID:
<integer>2
<varRef id = 31>superObject:
<variable>abstract:
<boolean>false
<variable>updateLoc:
<point>19@271
<variable>condition:
<symbol>Always
<\refDefn>
<\ooaModel>
```

Die allgemeine Struktur besteht also in einer Auflistung und Benennung aller Elemente des OOA-Modells und einer nachfolgenden detaillierten Beschreibung, welche die Zusammenhänge zu anderen Objekten *(superObject)*, die Gültigkeit innerhalb der Zeichnung *(Always)*, mögliche Attributstyp- und -bedingungsangaben *(name, condition)* usw. genau beschreibt.

Für die Auswertung von OOA-Zeichnungen entwickelte Papritz ein Tool zur Auswertung des OOA-Modells auf der Grundlage der Analyse des oben kurz beschriebenen Modellfiles mit folgenden Maßen (/Papritz 93/):

General Measures	Structural Measures
Anzahl abstrakter Klassen	durchschnittliche Anzahl von Attributen pro Klasse
Anzahl von Klassen/Objekten	
Gesamtzahl an Attributen	durchschnittliche Anzahl von Diensten
Gesamtanzahl der Dienste	
Anzahl der Objektverbindungen	durchschnittliche Anzahl von Objektverbindungen
Anzahl der Nachrichtenverbindungen	
Anzahl der Unterklassen/Teilobjekte	durchschnittliche Anzahl der Nachrichtenverbindungen
Anzahl der Subjektbereiche	

Es ermöglicht somit, erste Maßzahlen bereits zum Analysedokument bei der objektorientierten Softwareentwicklung auswerten zu können. Da das ObjecTool auch für die Entwurfsphase verwendet wird (hier also der Übergang kontinuierlich ist), kann dieses Meßtool auch für das OOD-Modell angewendet werden.

Auf das Meßtool selbst angewandt ergaben sich folgende Meßwerte für dessen OOA-Modell:

OOM-General Measures		OOM-Structural Measures	
Anzahl abstrakter Klassen	0	durchschnittliche Anzahl von Attributen pro Klasse	1,4
Anzahl von Klassen/Objekten	11		
Gesamtzahl an Attributen	15	durchschnittliche Anzahl von Diensten	2,4
Gesamtanzahl der Dienste	27		
Anzahl der Objektverbindungen	4	durchschnittliche Anzahl von Objektverbindungen	0,4
Anzahl der Nachrichtenverbindungen	9		
Anzahl der Unterklassen/Teilobjekte	7	durchschnittliche Anzahl der Nachrichtenverbindungen	0,8
Anzahl der Subjektbereiche	4		

Diese Werte sind mittels empirischer Erfahrungen bzw. auf einer derartigen Grundlage basierenden Bewertung zu interpretieren[21]. Das OOM-Tool ist in Borland-C++ unter Verwendung der Turbo-Vision implementiert und läuft unter DOS (ab Version 5.0) auf dem PC.

---

[21] Siehe hierzu auch Dumke: *Experience in Object-Oriented Software Development - the Empirical Basis for Object-Oriented Software Metrics.* Technical Report, Universität Magdeburg, IRB 002/94, 1994

2.3.1.9 Das COSMOS-Tool

Das COSMOS-Tool (*COSt Management with Metrics Of Specification,* /COSMOS/) stellt eine Softwaremetriken-Workbench dar und ist für die Programmiersprachen Ada, Assembler, BASIC, C, C++, COBOL, dBase, FORTRAN, Modula-2, Pascal, PL/1, Prolog, RPG, SQL und Postscript aber auch für die Spezifikationssprachen LOTOS, SDL, VDM, VHDL und Z konzipiert. Der Hauptanwendungsaspekt des COSMOS-Tools ist die Programmbewertung (siehe unten). Hier soll zunächst die Anwendung für die Spezifikationssprache LOTOS beschrieben werden. Die beiden Hauptkomponenten des COSMOS-Tools sind:

Management Support Interface: (MSI) mit den Teilkomponenten

- *Datenbasis-Managementsystem:* zur Verwaltung der projektbezogenen Metrikdaten in einer hierarchischen Datenbasis,
- *Präsentations-Manager:* für die Darstellung der Ergebnisse als Balkendiagramme, Punktdiagramme, Fingerprints und Flußgraphen,
- *Import externer Metrikenberechnungen:* für die Einarbeitung von Metrikenwerten anderer Meßtools.

Core Metrics Tool: (CMT) mit 14 vorgegebenen Basismetriken und einer Metrikendefinitionssprache sowie der eigentlichen Auswertung der eingegebenen Quellen (Quelltexte, Spezifikationen).

Die Metriken basieren auf der sogenannten Fenton-Whitty-Theorie (siehe auch /Fenton 91/), die besagt, daß jeder Flußgraph in eine eindeutige **Prime-Hierarchie** überführt werden kann. Darauf können dann sogenannte Hierarchiemetriken angewandt werden, die eine (axiomatisch aufgebaute) Bewertung erlauben[22]. Die Grund-Primes sind

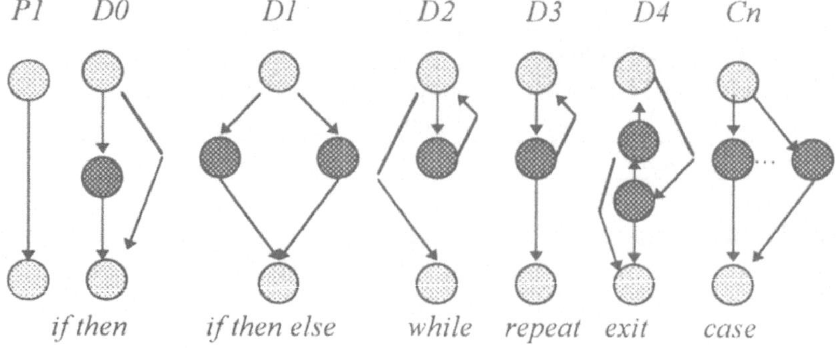

---

[22] Man beachte dabei, daß zum Beispiel spezielle Zyklenformen der Sprache Perl hierbei nicht erfaßbar sind.

Wobei *Pn* für eine Sequenz aus *n* Anweisungen steht. Alle weiteren Programmstrukturen ergeben sich aus den beiden Operationen:

- **Aneinanderreihung:** *(sequencing)* als Hintereinanderreihung zweier obiger Strukturen, wobei der Endknoten des Vorgängers mit dem Anfangsknoten des Nachfolgers zusammenfällt (fomuliert als *D1 : D3*),

- **Verschachtelung:** *(nesting)* als Verschachtelung einer Struktur in einer anderen, wobei die Endknoten zusammenfallen (formuliert lautet das beispielsweise *D1 ^ D3* und bedeutet die Einbettung von D3 in D1).

Als (vordefinierte) Metriken werden dabei vom COSMOS-Tool die folgenden Maße berechnet. Eine Bewertung der Meßwerte erfolgt in Form von vordefinierten Warnwerten und schließlich sogenannten kritischen Werten, die nicht überschritten werden sollten.

CFNNO *(Number of Nodes):* Die Metrik CFNNO dient der Größenmessung der einzelnen Funktionen (als spezielle Ausprägung des LOC). Es werden dabei die Knoten des Programmflußgraphen gezählt. Da die Fehleranfälligkeit und die Lesbarkeit eines Programms in enger Beziehung zu der Größe der einzelnen Programmodule stehen („je größer die Programmodule, um so fehleranfälliger und schlechter lesbar ist das Programm"), ist es notwendig, die Programmodule verhältnismäßig klein zu halten. Wenn die Warngrenze (20) bzw. die kritische Grenze (40) des Maßes überschritten ist, sollte deshalb über eine Verkleinerung bzw. eine Aufsplittung der Funktionen in mehrere unabhängige Funktionen nachgedacht werden, um die Handhabbarkeit des Systems zu verbessern.

CFNED *(Number of Edges):* Dieses Maß dient ebenfalls der Größenmessung. Hier werden die Kanten des Flußgraphen gezählt. Sie steht in enger Beziehung zu CFNNO und CFMCC. Bei Überschreitung der Warngrenze (25) bzw. der kritischen Grenze (50) ist ebenfalls eine Verkleinerung bzw. Aufsplittung der einzelnen Funktionen anzustreben.

CFNMJ *(Number of Main Jobs):* Mit Hilfe der Metrik CFNMJ wird die Anzahl der „Hauptaktivitäten" in einer Funktion festgestellt (einfache Zuweisungen werden dabei u.a. vernachlässigt). Wenn bei dieser Metrik die Warngrenze (8) bzw. die kritische Grenze (15) überschritten ist, sollte eine Aufsplittung der Funktionen vorgenommen werden, um das gesamte Programm übersichtlicher zu gestalten.

CFLSS *(Longest Statement Sequence):* Diese Metrik stellt die größte Anzahl aufeinanderfolgender, „flacher" Anweisungen in einer Funktion fest. Wird die Warngrenze (10) bzw. die kritische Grenze (20) überschritten, sollte eine Zerlegung der Funktion vorgenommen werden.

CFCSC *(COSMOS Statement Complexity)*: Die Metrik CFCSC berechnet die Komplexität der Funktionen. Je größer die Meßwerte sind, um so komplexer ist der betrachtete Quelltext. Werden die Warngrenze (100) oder gar die kritische Grenze (500) überschritten, so sollte eine Verringerung der Komplexität in diesem Sinne vorgenommen werden, um u.a. die Fehleranfälligkeit einzuschränken.

CFDNL *(Maximum Depth of Nested Loops)*: Das Maß CFDNL zählt die Verschachtelungstiefe von Schleifen. Da die Verschachtelungstiefe einen großen Einfluß auf das Laufzeitverhalten eines Programms haben kann, sollte diese Verschachtelung von Schleifen möglichst gering gehalten werden. Bei Überschreitung des Warngrenzwertes (2) bzw. der kritischen Grenze (3) sollte die Verschachtelungstiefe verringert werden.

CFDON *(Maximum Depth of Nesting)*: Die Metrik CFDON stellt die maximale Tiefe von Entscheidungsbäumen in einer Funktion fest. Ist dieser Wert relativ groß, so bedeutet dies, daß die Entscheidungslogik der Funktion sehr komplex ist, was eine höhere Fehleranfälligkeit impliziert. Bei Überschreitung der Warngrenze (4) bzw. der kritischen Grenze (7) ist die Entscheidungsstruktur der Funktion zu vereinfachen. Dies kann z.B. durch Anwendung von "if-then-else" bzw. "case" geschehen.

CFLRN *(Least Reachable Node)*: Dieses Maß ermittelt die Wahrscheinlichkeit, mit der ein Knoten bei einem Durchlauf durch die Funktion erreicht wird. Dabei wird die geringste Wahrscheinlichkeit bestimmt. Ist der Wert der Metrik sehr hoch, so besteht die Möglichkeit, daß einige Knoten bei der Programmabarbeitung nie erreicht werden. Deshalb sollte bei Überschreitung der Warngrenze (50) bzw. der kritischen Grenze (100) die Anzahl der Knoten verringert werden.

CFMCC *(McCabe's Cyclomatic Complexity)*: Die Metrik CFMCC zählt die Anzahl der Entscheidungsalternativen in einer Funktion. Ist der gemessene Wert sehr hoch, so ist auch die Komplexität der Funktion und der Testaufwand sehr groß. Bei Überschreitung der Warngrenze (10) bzw. der kritischen Grenze (15) ist eine Reduzierung der Entscheidungsalternativen angebracht.

CFSPC *(Static Path Count)*: Diese Metrik zählt alle Pfade, die vom Startknoten zum Endknoten einer Funktion durchlaufen werden können. Wurde mit Hilfe der Metrik ein sehr großer Wert ermittelt, ist es im allgemeinen nicht möglich, eine Testung aller Abarbeitungsmöglichkeiten zu gewährleisten. Bei Überschreitung der Warngrenze (100) bzw. der kritischen Grenze (500) sollte daher die Anzahl der sich ergebenden Pfade verringert werden, um eine höhere Verläßlichkeit des Programms zu gewährleisten.

CFNCU *(Number of Unconditional Jumps)*: Die Metrik CFNCU zählt die Anzahl der unbedingten Sprünge in der Funktion. Unbedingte Sprünge entsprechen nicht den Regeln der strukturierten Programmierung. In den meisten Fällen entsteht dadurch sogenannter Spaghetti-Code, welcher schwer zu verstehen und schwer zu handhaben ist. Aus diesem Grund sollten möglichst keine unbedingten Sprünge genutzt werden. Daher ist die Warngrenze (1) bzw. die kritischen Grenze (5) sehr niedrig angesetzt.

CFNPA *(Number of Parameters in Calls):* Die Metrik CFNPA zählt alle Parameter, die in Funktions- und Prozeduraufrufen aus dem aktuellen Funktionsaufruf heraus enthalten sind. Sie ist damit ein Maß für den Informationsfluß zwischen der aktuellen Funktion und anderen Komponenten des Programms. Ist ihr Wert sehr hoch, so ist das Programm schlecht les- und änderbar. Außerdem ist die Funktionalität und die Testung der Funktion stark von den anderen Komponenten abhängig. Um dies zu vermeiden, ist von einer Überschreitung der Warngrenze (20) bzw. der kritischen Grenze (39) abzusehen.

CFNCA *(Number of Assignment Statements):* Dieses Maß zählt die Anzahl der Zuweisungen in einer Funktion, welche in einem engen Zusammenhang zur Komplexität des Informationsflusses steht. Ein großer Wert dieser Metrik impliziert meistens einen intensiven Datentransfer zu anderen Komponenten des Programms, der zudem oft global ist. Daraus ergibt sich eine enge Kopplung der Programmodule. Um diese zu vermeiden, sollten die Warngrenze (15) bzw. die kritische Grenze (25) nicht überschritten werden.

CFNCP *(Number of Calls):* Die Metrik CFNCP zählt die Anzahl der Funktions- bzw. Prozeduraufrufe in einer Funktion. Sie ist ebenfalls eine Informationsflußmetrik. Ist die Anzahl der Aufrufe sehr groß, so signalisiert dies ebenfalls eine enge Kopplung zwischen den verschiedenen Modulen. Eine Überschreitung der Warngrenze (8) bzw. der kritischen Grenze (15) ist somit ebenfalls zu vermeiden.

Die Definition eigener (neuer) Metriken kann mit Hilfe einer Metriken-Definitionssprache (*MDL*) erfolgen. Sie orientiert sich primär am Steuerflußgraphen und hat folgende allgemeine Form

> **metric** *<name>*
> **define** *<equations as user definition (optional)>*
> **m1** *<prime definitions>*
> **m2** *<sequence definitions>*
> **m3** *<nesting definitions>*
> **end**

Die die Metrik beschreibenden Angaben *m1* bis *m3* sind in folgender Weise anzugeben. Unter *m1* ist der Wertebereich, der auf einen (den) Programmflußgraphen F anzuwenden ist, anzugeben. *m2* dient der Beschreibung des Wertebereichs einer Sequenz von Flußgraphen *F1* bis *Fn* und *m3* legt schließlich den Wertebereich für eine Verschachtelung von *n* Flußgraphen zu einem gegebenen fest. Zur eindeutigen und kurzen Beschreibungsmöglichkeit gibt der COSMOS-Ansatz folgende Grundmaße auf der Basis des Flußgraphen bzw. des Quellcodes selbst vor:

- **CA:** Anzahl der Assignments,

- **CC**: Anzahl der bedingten Verzweigungen,
- **CL**: Anzahl der Exits aus einer Schleife,
- **CP**: Anzahl der Funktions-(Prozedur-)Parameter,
- **CR**: Anzahl der REPEAT-Schleifen,
- **CU**: Anzahl unbedingter Verzweigungen,
- **CW**: While-Schleifenanzahl.

Mit diesen Angaben lautet beispielsweise die Definition der CFNCA-Metrik:

```
metric CFNCA
m1  v(F) = count(CA).
m2  v(F1,...,Fn)= sum v(Fi).
m3  v(F ^ F1,...,Fn) = v(F) + sum v(Fi).
end
```

oder aber die McCabe-Metrik

```
metric CFMCC
m1  v(F) = 2 for F=Dn.
    v(F) = 1 for F=Pn.
    v(F) = numnodes(F)-2.
m2  v(F1,...,Fn)= sum v(Fi).
m3  v(F ^ F1,...,Fn) = v(F) + sum v(Fi).
end
```

Die relativ komplizierte Definition der COSMOS Statement Complexity lautet allerdings

```
metric CFCSC
m1  v(F) = 1 : F=P1 : D(F)=CA.
    v(F) = 2 : F=Ln, P1 : D(F)=CL,CU.
    v(F) = 3 : F=D2, D3 : D((F)=CR,CW.
    v(F) = 1 + value(CP,1) : F=P1 : D(F)=CP.
    v(F) = 1 + a (value(CC,1)) : F=D0,D1,Cn : D(F)=CC.
    v(F) = 1.
m2  v(F1,...,Fn)= sum v(Fi).
m3  v(F ^ F1,...,Fn) = v(F) + 1.5 sum v(Fi).
end
```

Dabei sind bereits weitere (selbsterklärende) Hilfsfunktionen, wie *sum, value, count* und *numnodes* verwendet worden. Des weiteren sind für die Wertberechnung Alternativen angegeben, die sich auf einen sogenannten Deskriptorbaum beziehen. Diese

Programmodellform kann aus dem Programmsteuerfluß abgeleitet werden, z. B. in der Art

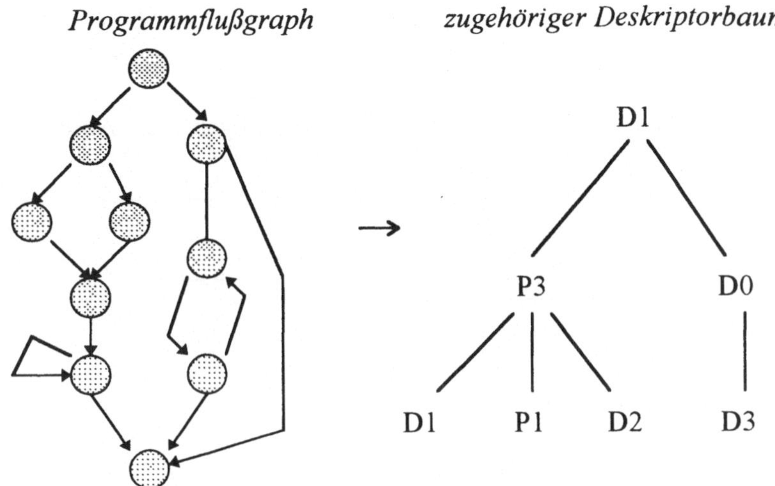

und gehört ebenfalls zur bereits oben erwähnten Fenton-Whitty-Theorie. Diese Transformationsform bildet insbesondere für applikative Programmiersprachen oder aber auch für Spezifikationssprachen die Bewertungsgrundlage, da hier beispielsweise konkrete Programmflüsse (z. B. in PROLOG) nicht angegeben werden können.

Um die Grundidee des COSMOS-Tools auch für die Spezifikationssprache LOTOS anzuwenden[23], wurden folgende Transformationen vorgenommen:

LOTOS-Prozeßbeschreibung	LOTOS-Operator	Prime-Entsprechnung
inaktives Prozeßverhalten	*stop*	P1
Ereignisfolge	a;B	P1
Prozeßalternative	[]	Cn bzw. D0
ereignissynchronisierte Parallelität	||g1,...,gn||	Cn
unabhängige Parallelität	|||	Cn
abhängige Parallelität	||	Cn
Prozeßparametrisierung	p[g1,...,gn]	P1
Prozeßterminierung	*exit*	P1
Prozeßsequenz	> >	D1
Prozeßunterbrechung	[>	D1
Wertdeklaration	gate!value	P1
Variablendeklaration	gate?var:sort	P1

---

[23] Eine kurze Beschreibung dieser Spezifikationssprache ist auch in /Dumke 93/ zu finden.

Die Gleichbehandlung der drei Parallelitätsformen als *Cn* erscheint allerdings sehr
vereinfacht. Ebenso kann die Interpretation der Wert- bzw. Variablendeklarations-
formen aus dem erweiterten LOTOS *(Full LOTOS)* sicher nur als erste grobe Näherung verwendet werden[24] . Die gemessene Grundeinheit ist bei LOTOS der **Prozeß**
(process).

Die Benutzeroberfläche des COSMOS-Tools hat folgenden allgemeinen Aufbau:

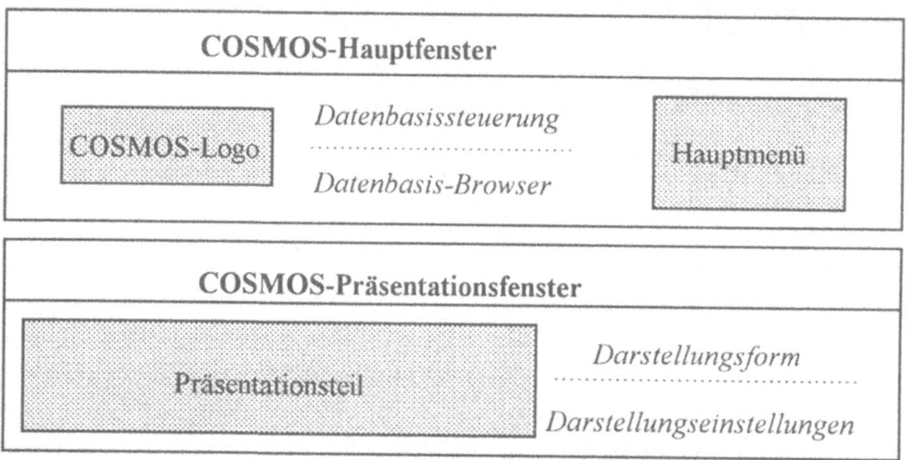

Zur Vorbereitung einer Auswertung sind zunächst die jeweiligen Files durch explizi-
ten Eintrag dem COSMOS zugänglich zu machen. Das geschieht mit der *Add*-
Funktion der Datenbasissteuerung, bei der vom „Einstiegspfad" aus eine Unterteilung verschiedener zu messender Komponenten festgelegt werden kann. Die eigentliche (Komponenten-) Messung wird durch die Calculate-Funktion ausgelöst. Dabei
ist es wichtig, im COSMOS-Logfile, das im aktuellen Pfad angelegt wird, die ordnungsgemäße Messung zu überprüfen. Ungelöste Referenzen, wie zum Beispiel eine
Nichtzugriffsberechtigung, werden nur hier protokolliert. Mittels der *Retrieve*-
Funktion werden dann die Meßwerte und das Meßobjekt dem Präsentationsfenster
übergeben, welches die gewünschten Darstellungsformen realisiert (mittels der *Ap-
pend*-Funktion können mehrere Messungen „weitergereicht" werden, die dann (als
Vergleichsdarstellung) gleichzeitig ausgewertet werden können).

Das Layout einer LOTOS-Bewertung mit COSMOS hat dann beispielsweise die
Form:

---

[24] Die Problematik der Analyseform mittels Flußgraphentechniken bei der Problemspezifi-
kation liegt vor allem darin begründet, daß es sich bei dieser Phase primär um eine *Mo-
dellierungsphase* handelt, bei der die für die Flußgraphen bereits vorausgesetzte algorithmische Darstellung oftmals noch nicht gegeben ist.

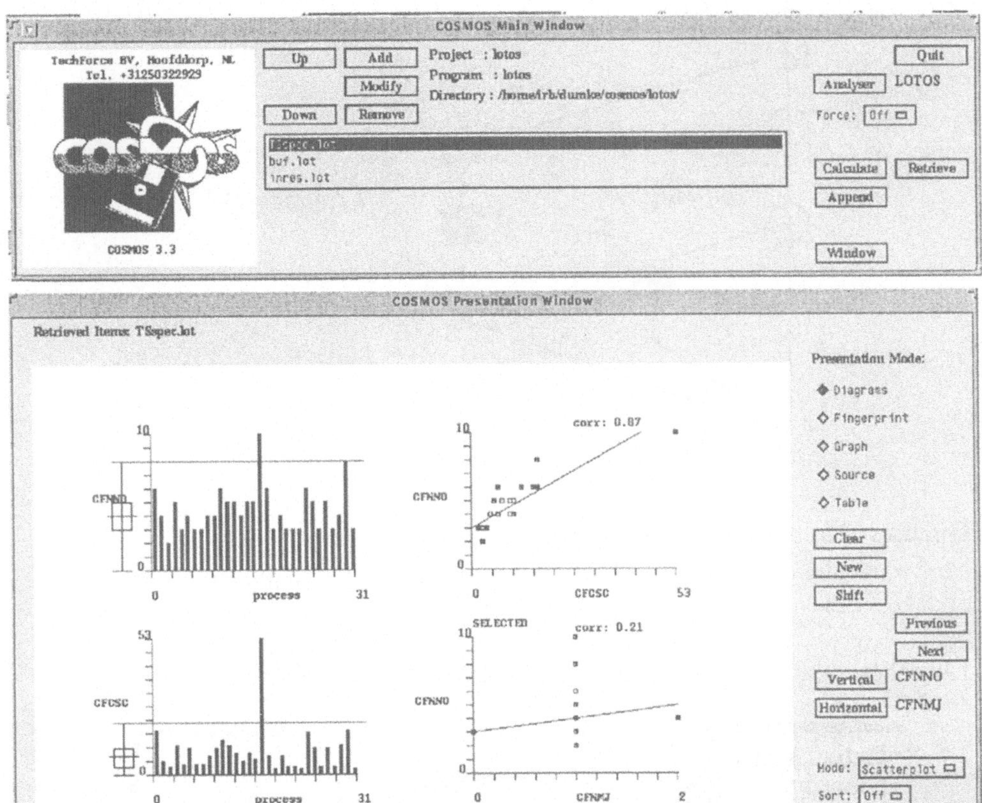

Die Auswertungformen sind dabei

- **Diagrammdarstellungen** als möglicherweise vergleichende Balkendiagrammform bzw. als Korrelation zwischen zwei Metriken (siehe oben). Dabei kann eine beliebige Auswahl aus den 14 vordefinierten Metriken bzw. deren Korrelationen getroffen werden,

- sogenannte **Fingerprint**-Darstellung. Hierbei wird ein „charakteristisches" Diagramm für das jeweilige Meßobjekt in der Weise erzeugt, daß zum jeweiligen Maß der in der Meßobjektgruppe aufgetretene niedrigste und höchste Wert links und rechts pro Maß angegeben sind und die Werte des konkreten Meßobjektes über alle (zeilenförmig angeordneten) Metriken hinweg linienförmig dokumentiert werden. Damit kann ein Vergleich des „Metrikverhaltens" jedes Meßobjekts einer Meßgruppe visuell dargestellt werden.

- **Flußgraphdarstellung** des jeweiligen Meßobjektes beispielsweise in der Form:

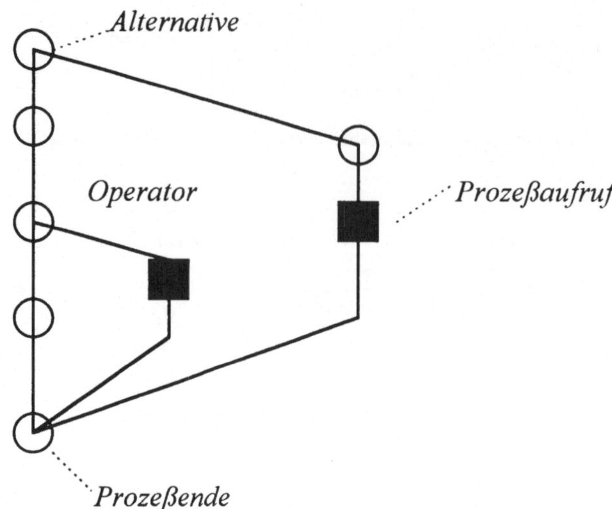

- **Quelltextdarstellung** des jeweiligen Meßobjektes und
- **Meßwerttabelle**, die tabellarisch die gesamten Meßwerte zusammenfassend für alle Meßobjekte darstellt.

Im Überblick stellt sich das Menü des COSMOS-Tools folgendermaßen dar:

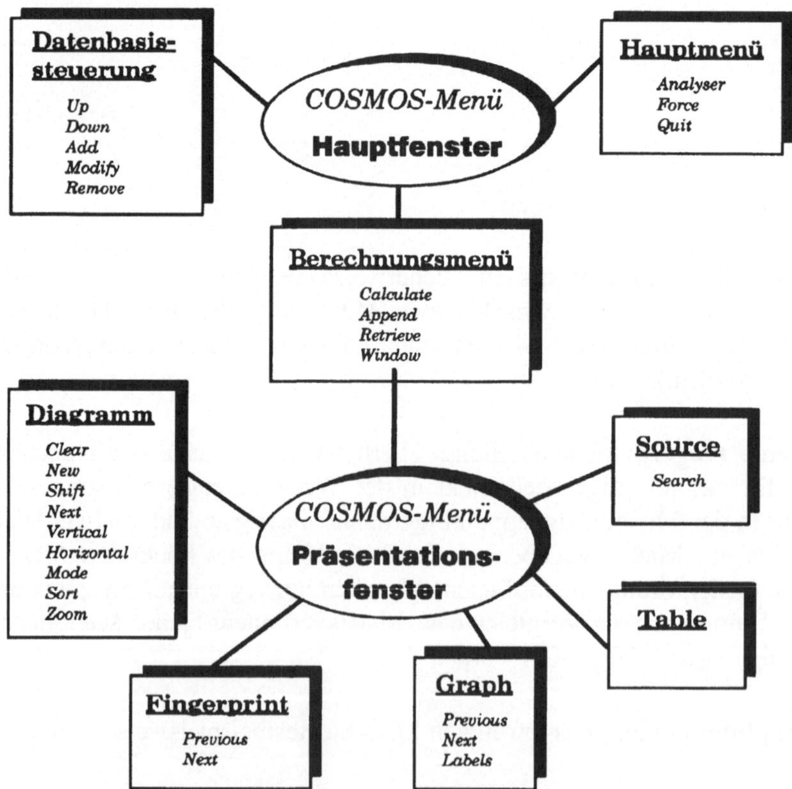

Ein Beispiel für eine LOTOS-Spezifikationsbewertung zeigt der Flußgraph für eine Teilkomponente[25] :

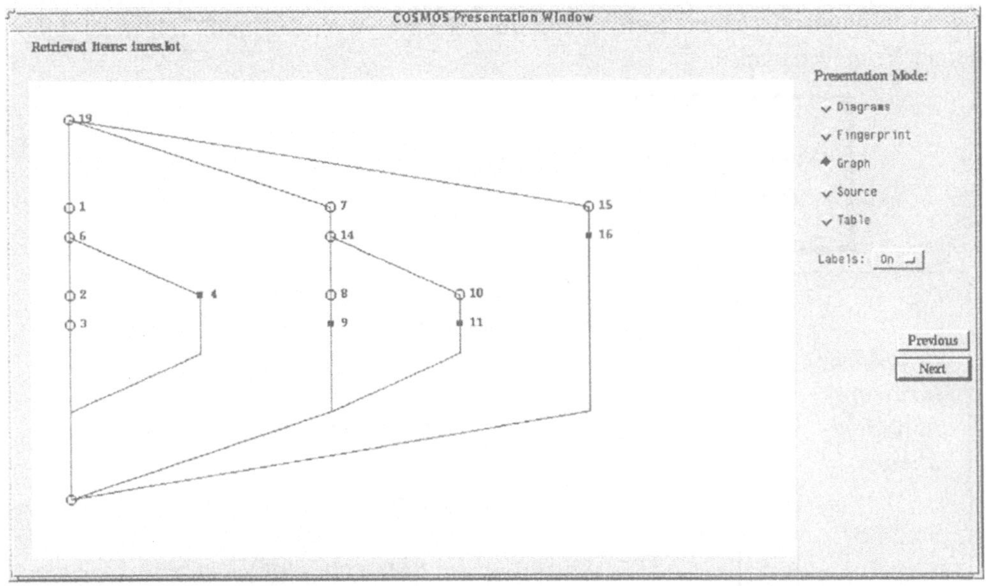

Ein Teil der tabellarischen Meßwertzusammenfassung hat folgende Form:

process	CFNNO	CFNED	CFNMJ	CFLSS	CFCSC	CFDNL	CFDON	...
InresProtocol	5	6	1	1	8	0	1	...
Medium	10	12	1	2	35	0	2	...
Channel	8	8	1	3	15	0	1	...

. . . .

Die graphische Darstellung und Auswertung der Einzelmaße über alle Meßkomponenten erfolgt durch eine Markierung eines Auswertungsbalkens der Form:

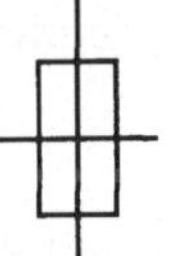

- *maximaler gemessener Wert ohne Ausreißer*
- *75% aller Komponenten haben einen kleineren Meßwert als diesen*
- *gemessener Durchschnittswert*
- *25 %-iger gemessener Durchschnittswert*
- *minimaler gemessener Wert ohne Ausreißer*

Das COSMOS-Tool ist insbesondere auch für eine experimentelle Ausrichtung neuer Meßweisen und Paradigmen geeignet.

---

[25]entnommen aus Kreller: *Bewertung des Inres-Protokolls mit dem COSMOS-Tool.* Studienarbeit, Universität Magdeburg, Januar 1995

2.3.2 Meßtools für den Softwareentwurf

Der Softwareentwurf erfolgt aufgrund der bereits zuvor realisierten Spezifikation des zu implementierenden Softwareproduktes bzw. -systemgemäß folgender allgemeiner Vorgehensweise:

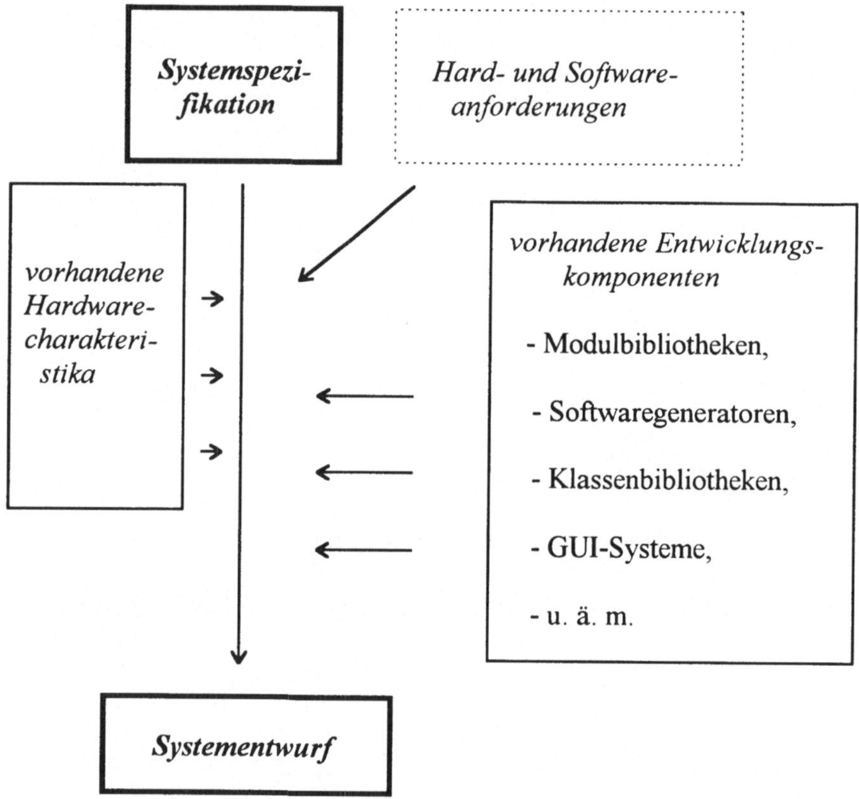

Es erfolgt also eine Anpassung der Produktkomponenten auf die für die Implementation vorgesehene Hard- und Softwareplattform. Insbesondere hinsichtlich der Softwarevorgaben erhält der Produktentwurf sehr unterschiedliche Ausprägungen, wie zum Beispiel (siehe auch /Card et al 90/) als

- eine **Modulstruktur,** die sich gegebenenfalls an bereits vorhandenen Programm- oder Modulbibliotheken orientiert,
- eine **Klassenstruktur**, die vor allem die *sinnvolle Einordnung* in eine bereits vorhandene Klassenbibliothek gewährleisten sollte,
- ein **Szenarium** von multimedialen Komponenten mit interaktiven Schnittstellen,
- eine **Implementationsbeschreibung** für eine formale Spezifikation sowie
- eine **Parametertupelmenge** für die Programmgenerierung.

Außerdem ist die Ausprägung des Softwareentwurfs vor allem von der bereits bei der Spezifikation verwendeten Entwicklungsmethode abhängig. Für die oben genannten Entwurfsformen gelten zum Beispiel folgende allgemeine Produktmaße:

Modulmaße: hierbei bezieht man sich einerseits auf den funktionalen Umfang eines Moduls und andererseits auf seine Verbindungen zu anderen Moduln. Modulmaße sind daher beispielsweise

- *Modulkopplung (coupling)* als Anzahl der Aufrufe der Module untereinander in den Formen des Aufrufs und des Gerufenwerdens bzw. der Benutzung gegebenenfalls unter Einbeziehung globaler Datenreferenzen,

- *Modulbindung (cohesion)* als Maß für den funktionalen Zusammenhang, der sich im allgemeinen daraus ergibt, inwieweit ein für ein(e) Datenobjekt(menge) konzipiertes Modul auch alle zur Behandlung dieses Datenobjektes im Rahmen der dem Produkt zugrunde liegenden Gesamtfunktionalität notwendigen Funktionen enthält (Im allgemeinen besteht zwischen Modulbindung und -kopplung ein duales Verhältnis),

- *Modullänge* in den verschiedensten Ausprägungen als geschätzte Lines Of Code (LOC), Function-Points usw.

- *Modulkomplexität* hinsichtlich der zu erwartenden Programmkomplexität der Anweisungen im Modul.

Bezogen auf die Einbindung in eine vorhandene Modulbibliothek können die oben genannten Maße bereits quellcodebezogen angegeben und verwendet werden.

Klassenmaße: diese Maße beziehen sich auf eine Klassenstruktur bzw. -hierarchie oder auf eine einzelne Klasse. Beispiele für derartige Maße bzw. Metriken sind

- *Tiefe* und *Breite des Vererbungsbaumes* bezogen auf die gesamte Klassenhierarchie,

- *Gesamtanzahl der Klassen,* gegebenenfalls problembereichsbezogen oder klassenbibliotheksbezogen,

- *Komplexität der Klassen* hinsichtlich der durchschnittlichen Angaben zu Attributen, Diensten und anderen Merkmalen einer Klasse,

- *Klassenmodulmaße* in den oben genannten Ausprägungen der Kopplung der Bindung u. a. m.

- *Polymorphiemaße* hinsichtlich der gleichnamigen Dienste in verschiedenen Klassen über alle Klassen hinweg,

- *Wiederverwendungsmaße* durch die Vererbung impliziert bzw. durch eine bereits möglichst problembezogene Ausrichtung der Klassenhierarchie.

Auch hierbei können diese Maße für das verwendete objektorientierte Implementationssystem konkret bestimmt werden und in die (Qualitäts-) Gesamtbewertung des zu implementierenden Softwareproduktes eingehen.

Szenarienmaße: diese Maße beziehen sich auf die sprachlichen und graphischen Ausdrucksformen für eine multimediale Applikation, die gegebenenfalls Interaktionen beinhalten kann. Maßbeispiele hierfür sind

- *Verzweigungsformen* in den Ausprägungen der interaktiv gesteuerten Alternative, der steuerbaren Schleife oder vordefinierter fest verzweigter Abläufe,

- *Gesamtzahl der multimedialen Komponenten,* die unter Umständen auch nach multimedialer Form (Akustik, Bild, Video usw.) unterteilt sein können,

- *Ressourcenanforderungen pro Komponente* hinsichtlich der Speicheranforderungen und der Ablaufzeiten für eine Synchronisation.

Für die Entwurfsphase sind neben diesen phasenbezogenen Maßen auch die Modifikation aus den bereits vorhandenen Spezifikationsmaßen eine wichtige Grundlage für die prozeßbezogene Qualitätsbewertung des Softwareproduktes. Ansatzpunkte von Meßtools in der Entwurfsphase für die verschiedenen Entwicklungsformen sind daher

* Messung der Produktentwurfskomponenten je nach Entwicklungsmethode, die beispielsweise auch (CASE-) toolgestützt erfolgen kann,

* Messung des für die Implementation vorgesehenen Zielsystems, wie beispielsweise verwendete Moduln, Klassen usw.

* Messung der Entwicklungskontinuität in der Form einer „Überwachung" der Maß- und Meßwertmodifikation aus der gegebenen Spezifikation heraus.

In der Entwurfsphase können daher im allgemeinen Meßtools bzw. Verfahren aus der Spezifikationsphase ebenfalls zur Anwendung kommen. So kann bei der objektorientierten Softwareentwicklung nach Coad/Yourdon das oben beschriebene OOM-Tool auch in der OOD-Phase angewendet werden.

2.3.2.1 Das MOOD-Tool

Das MOOD-Tool *(Metrics for Object-Oriented Design)* wurde von Abreu entwikkelt /Abreu 94/ und dient der Bewertung folgender Charakteristika einer objektorientierten (C++-) Klassenbibliothek:

- die Vererbung (bezüglich der Methoden und der Attribute) mit den beiden Maßen

  Method Inheritance Factor: $MIF = TM_i / TM_a$, wobei TM_i für die Menge aller verwerbten Methoden und TM_a für die Gesamtanzahl der Methoden steht,
  Attribute Inheritance Factor: $AIF = TA_i / TA_a$ mit den entsprechenden Bedeutungen für die Attribute einer Klassenhierarchie bzw. -bibliothek;

- das sogenannte Information Hiding (bezüglich Attribute und Methoden) mit den beiden Berechnungsformen

  Method Hiding Factor: $MHF = \sum M_h (C_i) / M_d (C_i)$, wobei M_h die Anzahl der „versteckten" Methoden der Klasse C_i und M_d die Gesamtanzahl der Methoden der Klasse C_i bedeuten,
  Attribute Hiding Factor: $AHF = \sum A_h (C_i) / A_d (C_i)$, wobei auch hier auf die Attribute bezogen die entsprechenden Bedeutungen gelten;

- Polymorphismusfaktor *PF* mit der Berechnungsform

  $PF = \sum (\sum M_o (C_i)) / (M_d (C_i) \times DC(C_i))$, wobei $M_o (C_i)$ für die Anzahl der überschriebenen Methoden der Klasse C_i steht und $DC(C_i)$ die Anzahl der jeweiligen Subklassen kennzeichnet;

- Kopplungsfaktor *COF* mit der Berechnung als

  $COF = (\sum (\sum isClient(C_i, C_j))) / (TC^2 - TC)$, die Funktion *isClient* bestimmt (dual) die jeweiligen Beziehungsform und TC steht für die Gesamtzahl aller Klassen;

- Wiederverwendungsfaktor *RF* mit der Berechnungsform

  $RF = (\sum inLibrary(C_j) + MIF \times \sum (1 - inLibrary(C_j)))/TC$, wobei *inLibrary* die Verwendung aus einer Klassenbibliothek charakterisiert.

Für eine empirische Bewertung schlägt Abreu Wertebereiche für *MIF, CF* und *RF* in dem Intervall $0,25 < MIF < 0,37$, $CF < 0,52$ und $RF > 0,43$ vor.

Die Messungen dienen vor allem zur Bestimmung von Indikatoren der Softwarequalität *verwendeter* Klassenbibliotheken beim Entwurf und sind bereits für ausgewählte C++-Bibliotheken angewendet worden.

2.3.2.2 Der Design-Bewerter DEMETER

Der Design-Metrikbewertungstool DEMETER (*Design METrics EvaluatoR*)
wurde an der RW-TÜV e.V. in Essen entwickelt /Heit 90/ und dient der Bewertung ausgewählter Design-Metriken. Vorausetzung für die Form des Entwurfs ist
die Verwendung der Entwurfssprachen
- MIDL (*Module Interface Description Language*) und
- DSDL (*Data Structure Description Language*).

Darauf basierend werden (bisher) folgende Basis- und Komplexitätsmetriken
berechnet[26]

1. die Datenstrukturmaße von Tsai u.a.,
2. das Entwurfsstabilitätsmaß von Yau,
3. die Informationsflußmetrik von Henry/Kafura sowie
4. die Basiskennzahlen, wie:
   - NM als Modulanzahl,
   - NP als Anzahl der Prozeduren,
   - HR für die Anzahl der Hierarchieebenen des Programms,
   - ACO für die durchschnittliche Aufrufanzahl einer gerufenen Einheit
     (Module, Prozeduren, Funktionen),
   - MCO als maximales ACO,
   - ACI für die durchschnittliche Aufrufanzahl einer Einheit,
   - MCI als maximales ACI,
   - MGD als Anzahl der Module, die globale Daten verwenden,
   - PGD als MGD-Maß für die Prozeduren,
   - ADC für die durchschnittliche Anzahl der Teilkomponenten pro Ein-
     heit,
   - MCT als Modulzahl mit Steuerfluß zu globalen Daten,
   - MDC als maximales ADC,
   - PCT als MCT für Prozeduren,
   - PP für die Anzahl der Aufrufparameter,
   - RP als Parameteranzahl der gerufenen Einheiten,
   - CI als Liste der aufrufenden Einheiten,
   - NCI für die Anzahl der aufrufenden Einheiten,
   - CO für die Liste der aufgerufenden Einheiten,

---

[26] Zur konkreten Bedeutung dieser Metriken siehe beispielsweise auch /Dumke 92a/.

- *NCO* für die Anzahl der aufgerufenen Einheiten,
- *CPMX* als maximale Aufrufpfadlänge pro Einheit und schließlich
- *CPMN* minimale Aufrufpfadlänge pro Einheit.

Der Schwerpunkt bei der Bewertung durch den DEMETER liegt also vor allem auf den strukturellen bzw. architekturellen Eigenschaften eines modularen Softwaresystems. Durch mehrjährige Anwendung dieses Meßtools sind empirische Bewertungen für relativ optimale Lösungen bezüglich der Wartbarkeit möglich.

2.3.2.3 Das ESQUT-System

Das System ESQUT (Evaluation of Software Quality from User's viewpoinT) wurde von TOSHIBA (Japan) im Rahmen eines Integrierten Software-Management und -Produktionssystem (IMAP) entwickelt /Yamada 90/ und ist sowohl in der Implementationsphase als auch im Entwurf anwendbar. Es besteht aus folgenden Komponenten:

ESQUT-C: zur Analyse des Quellcodes (C-Code) mit den Metriken

- Anzahl der GOTO's,
- Anzahl der Modulaustritte,
- Anzahl der bedingten Anweisungen,
- Anzahl der Prozedurblöcke,
- Verschachtelungsniveau der Prozedurblöcke,
- Anzahl der Berechnungen,
- Zeilenzahl (LOC),
- Anzahl der Real-Größen,

wobei die verwendeten Code-Maße mit der McCabe- und Halstead-Metrik korrelieren;

ESQUT-TFF: zur Analyse des Entwurfs (TFF - Technical formula For Fifty steps design method) mit den Metriken

- Anzahl der Prozedur-Boxen,
- Anzahl der Bedingungs-Boxen,
- Zyklenanzahl,
- Verschachtelungsniveau der Bedingungs-Boxen,
- Verschachtelungsniveau der Zyklen,
- Anzahl der Bedingungs-Boxen in den Zyklen,

wobei eine "Box" die graphische Präsentation einer Anweisung(smenge) des graphischen Entwurfstools darstellt.

2.3.2.4 Das Meßtool SmallCritic

Das Meßtool SmallCritic stellt eine Smalltalk-Erweiterung dar und wurde von
Morschel an der Universität Stuttgart entwickelt (/Morschel 94/). Es dient der
Bewertung des Implementationssystems beim Entwurf und schließt die Programmbewertung für die jeweilige Smalltalk-Applikation mit ein. SmallCritic
bestimmt für folgende Metriken die Meßwerte, einschließlich ihrer vom Tool
vorgegebenen (empirischen) Bewertung:

Metrik	Teilmaß	Bewertung
Umfang (VOL)	Anzahl Klassenvariablen	maximal 5
	Anzahl Klassenmethoden	maximal 30
	Anzahl der Objektaufrufe	maximal 5
Methodenstruktur (STR)	Anzahl der Methodenparameter	nur angezeigt
	Anzahl temporärer Methodenva-riablen	angezeigt
	Anzahl der Methodennachrichten	maximal 30
Klassenbindung (COH)	Existenz eines externen Zugriffs zu einer Methodenvariablen	angezeigt (externer Zugriff verringert gute (angestrebte) Klassenbindung)
Klassenkopplung (COU)	Anzahl externer Nachrichten-verbindungen	maximal 30
	externer Zugriff mit dem Proto-koll *private*	angezeigt
Vererbungsbaum-maße (IHN)	Anzahl verwendeter geerbter Variablen	angezeigt
	Anzahl verwendeter geerbter Methoden	angezeigt
Organisationsmaße (ORG)	Länge einer Bezeichnung	minimal 3
	Kommentierung	nur nach Vorhan-densein bewertet

Das Meßtool ist in der einfachen Form mit

> **SmallCritic start**   "select it and doIt"

zu starten und liefert bei der Auswertung einer (selektierten) Klasse folgende, zum
Teil bewertete Information:

- Variablen, Methoden und Nachrichtenverbindungen der ausgewählten Klasse,
- Buttons, um zwischen den Klassen bzw. Exemplaren *(instances)* zu wählen,

- eine zusammenfassende Darstellung zu den erreichten Meßwerten mit den durch das SmallCritic-Tool vordefinierten Grenzwerten,
- eine Zusammenfassung der Meßdaten über alle ausgewählten Klassen und
- weitere Buttons zur Auswahl von Statistiken, sowie der Aufbereitung und Speicherung der Meßdaten.

Das allgemeine Layout von SmallCritic hat das im folgenden Bild gezeigte Aussehen.

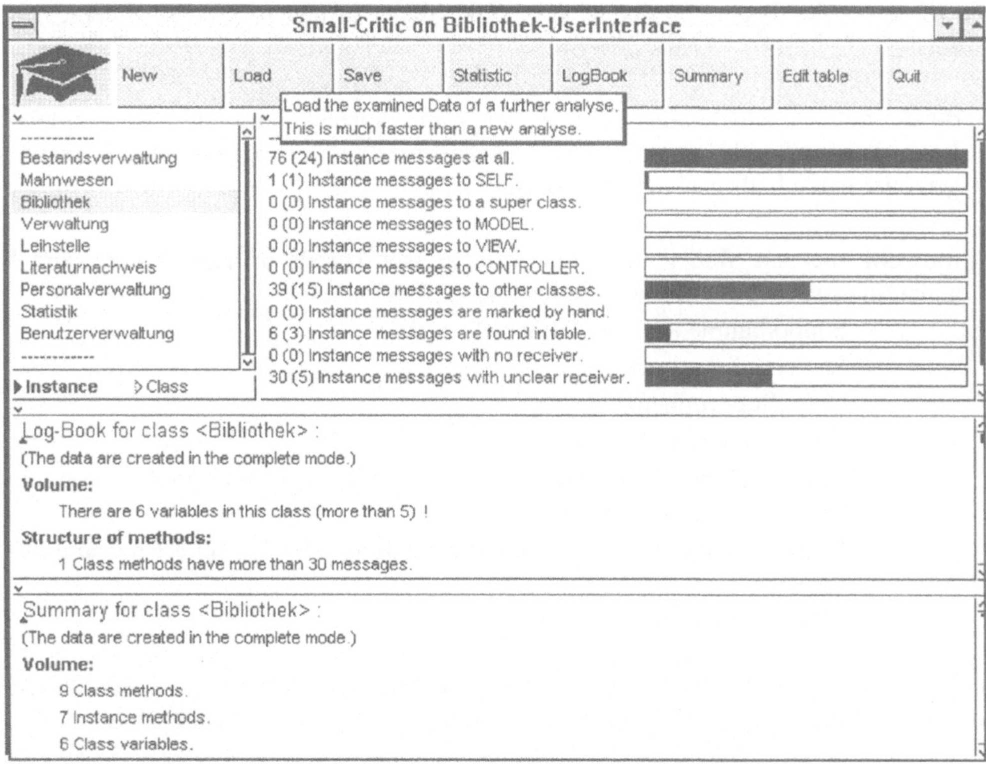

SmallCritc wurde bereits zur Bewertung studentischer und anderer Smalltalk-Applikationen eingesetzt. Es dient vor allem dazu, eine Implementation hinsichtlich der Qualitätsmerkmale wie Wartbarkeit und Testbarkeit zu bewerten bzw. bereits beim Entwurf die Gewährleistung vordefinierter Grundqualitätsmerkmale zu überwachen.

SmallCritic ist für Smalltalk-80 ausgerichtet und somit auf PC und Workstations einsetzbar. Es kann aber ebenso innerhalb der Wartungsphase zur (an-schließenden) Bewertung und damit möglichen Qualitätsverbesserung bereits implementierter Smalltalk-Applikationen angewendet werden.

2.3.3 Meßtools für die Programmbewertung

Bei der Messung und der damit möglichen Bewertung des Softwareproduktes in
dieser Entwicklungsphase geht es vor allem um die *statische Programmanalyse*,
d. h. es wird versucht, aus dem Quellcode verschiedenste Anhaltspunkte für die Bewertung insbesondere der Programmqualität zu erhalten. Dabei sind die jeweiligen
Maße natürlich von der Implementationssprache abhängig. Es wäre also unsinnig,
ein allgemeines Maß wie *„Anzahl der GOTO's"* auf Modula anzuwenden oder in
der funktionalen Programmiersprache Miranda nach der *„Einhaltung der Struktu-
rierungsregeln"* gemäß der Strukturierten Programmierung zu suchen.
Die Messung des Programmquellcodes erfolgt dabei in den folgenden allgemeinen
Formen

- **direkt** auf den Quellcode gerichtet, wie zum Beispiel durch die (Programm-)
  Lesbarkeitsmaße, die sogenannten Halstead-Maße[27], die Programmierstilmessun-
  gen oder einfach als Zeilenanzahl (LOC),

- **indirekt** über ein Modell; derartige Modelle sind bereits im Einführungskapitel
  andeutungsweise beschrieben worden und umfassen:
    - Syntaxbäume (auch attributiert),
    - Steuerflußgraphen,
    - Datenflußgraphen,
    - Call-Graphen,
    - Strukturbäume bzw. Komponentenhierarchien (insbesondere bei appli-
      kativen Programmiersprachen),
    - Entscheidungsbäume (für die Spreadsheet- oder logische Programmie-
      rung)
  und viele andere mehr.

Außerdem ist in dieser Phase eine Gegenüberstellung zu zuvor in der Spezifikation
oder beim Entwurf hinsichtlich Produktumfang zur Bewertung der Qualität der
Schätzmethode bzw. deren Angleichung an die eigenen Entwicklungsbedingungen
gemachten Schätzungen möglich.
Bei einer bereits zugrunde gelegten, kontinuierlichen Softwaremessung in den Vor-
phasen wird hierbei ebenso eine Verfeinerung oder Ergänzung der Maße vorgenommen. So werden beispielsweise die Maße des objektorientierten Entwurfs
(Methodenanzahl, Klassenstruktur usw.) durch die eigentlichen Codemaße
(Methodenlänge, -komplexität und -kopplung) erweitert.

---

[27] Eine einfache Beschreibung dieser und weiterer Programmaße sowie eine Auflistung der
verschiedenen Programmodelle ist in /Dumke 92a/ bzw. /Dumke 93/ angegeben. Andererseits werden die von den jeweiligen Tools verwendeten Maße in der Toolbeschreibung
selbst kurz charakterisiert.

2.3.3.1 Der Metrikenbasierte Compiler MCOMP

Eine mögliche Integration von Programmaßen in einem Compiler zeigt das folgende Protokoll eines metrikenbasierten Compilers /Dumke et al 92b/.

LNR	STMT	LEVEL	McCabe	Source Code
1				PROGRAM EXAMPLE
2				BEGIN
3	1	1	1	A:=5;B:=7;C:=NEG3;
4	4	1	1	IF A > B
5	5	2	2	THEN IF A > C
6	6	3	3	THEN MAX:=A
7	7	3	3	ELSE MAX:=C
8	7	3	3	END
9	8	2	3	ELSE IF B > C
10	9	3	4	THEN MAX:=B
11	10	3	4	ELSE MAX:=C
12	10	3	4	END
13	10	2	4	END
14	10	1	4	END EXAMPLE.

RESULTS OF ME- TRICS

LOC:	14	
No. of	Statements:	10
McCabe:	4	
Belady:	20	
Halstead:	Length:	33
	Vocabulary:	11
	Volume:	111.375
	Difficulty:	4.125
	Effort:	459.422

Dieses Beispiel zeigt eine einfache Auflistung berechneter Metrikenwerte. Die hierbei angegebene klassische Compiler-Protokollform weist auf die Zielrichtung hin, Bewertungen durch Metriken bereits in der Editierphase eines Programms wirksam werden zu lassen.

MCOMP wurde in der Programmiersprache ICON (der Nachfolgesprache von SNOBOL-4) implementiert und läuft auch nur unter dem ICON-Interpretationssystem auf verschiedenen Rechnerplattformen. Er generiert Assembleranweisungen und kann damit auch zur Komplexitätsanalyse einer Sprachtransformation verwendet werden.

2.3.3.2 CodeCheck

CodeCheck ist ein Tool zur Analyse von Quelltexten in der Programmiersprache C beziehungsweise C++ (/CodeCheck/). Gegenüber einer Reihe anderer Tools besitzt es die Möglichkeit, „frei programmierbar" zu sein. Dadurch wird die Analyse und Bewertung von Quelltexten vollständig durch ein nutzergestaltetes Programm gesteuert. Die Erstellung dieser Programme erfolgt in einer CodeCheck-spezifischen Notation, die wiederum eine Teilmenge von C darstellt. Innerhalb eines Projektes können damit nicht nur Messungen durchgeführt, sondern auch die Einhaltung von Programmierstandards überwacht werden. Insbesondere kann CodeCheck programmiert werden, um

- die Einhaltung von Programmierstandards, typbezogene Namenskonventionen für Bezeichner, die korrekte Verwendung von typedefs, Makros, Prototypen und ähnliches zu überwachen,

- Code zu erkennen, der zu einer bestimmten Umgebung nicht portabel ist (bezogen auf Hardware, Compiler, Betriebssystem oder eines Interfacestandards),

- mit Hilfe nutzerdefinierter Maße den Code auf allen möglichen Ebenen (zeilen-, anweisungsweise oder bezogen auf Funktion, Modul und Gesamtprojekt) zu bewerten.

CodeCheck ist also im eigentlichen Sinne kein Meßtool, kann aber dazu verwendet werden, Metriken zu programmieren. Des weiteren muß hervorgehoben werden, daß die hohe Flexibilität des Systems mit einem zusätzlichen Aufwand der Realisierung eines sogenannten **Steuerprogramms** verbunden wird.

Die Programmierung dieses Steuerprogramms erfolgt mit Hilfe einer von der Programmiersprache C abgeleiteten Sprache. Der wesentliche Unterschied ist, daß das Kontrollprogramm nicht sequentiell in einer Folge von Anweisungen abgearbeitet wird. Vielmehr besteht ein solches Programm aus einer Reihe von Regeln. Diese Regeln sind prinzipiell immer gleich aufgebaut. Sie bestehen aus einem sogenannten Trigger, der die Regel anstößt und einem zugehörigen Regelteil, der bei Eintreffen der durch den Trigger gegebenen Bedingung abgearbeitet wird.

Einige grundlegende Messungen sind mit Hilfe von CodeCheck ohne größeren Programmieraufwand möglich. Diese sollen im folgenden aufgezeigt werden, bevor anschließend auf ein etwas komplexeres Beispiel zur Realisierung einer nicht vordefinierten Maßzahl eingegangen wird.

Um die Auswertungen zu erleichtern, wird in CodeCheck ein neuer Speichertyp für Variablen, und zwar **statistic** eingeführt. Mit Variablen dieses Speichertyps sind die üblichen mathematischen Operationen zulässig. Zusätzlich können jedoch noch einige statistische Funktionen, wie z.B. die Abfrage des Minimums, des Maximums, des Mittelwertes der Belegung auf diese Variablen angewandt werden.

Die Maße, die mit Hilfe solcher vordefinierten Variablen direkt abgefragt werden können, sind Umfangsmaße. Das wohl bekannteste Umfangsmaß ist Lines Of Code. Es gibt allerdings unterschiedliche Auffassungen darüber, wie die LOC zu zählen sind, wobei weitestgehende Übereinstimmung zur folgenden Klassifikation besteht:

- Leerzeilen,
- Kommentarzeilen,
- Zeilen, die aus Headerfiles generiert wurden,
- Zeilen, die vom Präprozessor verarbeitet werden,
- Zeilen mit ausführbaren Anweisungen (oder einem Teil einer Anweisung),
- Zeilen mit nicht ausführbaren Anweisungen.

Um dem Anwender möglichst viel Freiraum für die Anwendung firmenspezifischer Definitionen zu lassen, wie LOC zu zählen sind, bietet CodeCheck insgesamt zwölf Variablen, die eine Zeile des Quelltextes beschreiben. Mit Hilfe dieser Variablen kann für jede Zeile des Quelltextes unterschieden werden, ob

- sie eine Kommentarzeile ist oder ob sie zumindest einen Kommentar enthält,
- sie aus einem sogenannten Headerfile extrahiert wurde oder direkter Quelltext-bestandteil ist,
- es sich um eine Leerzeile handelt oder ob ausführbarer Code enthalten ist und ähnliches mehr.

Die Angabe der eigentlichen Umfangsmaße erfolgt getrennt für jede einzelne Funktion, jedes Modul und das gesamte Projekt. Für jedes Modul dieser Quelltextzeilen wird ausgewiesen:

- die Gesamtzahl der Zeilen,
- die Anzahl der Kommentarzeilen,
- die Anzahl der Leerzeilen,
- die Anzahl der Zeilen mit ausführbarem Code.

Dabei beziehen sich diese Angaben immer auf den Quelltext und nicht etwa auf aus Headerfiles eingefügte Teile.

Das Folgende ist ein Beispiel für CodeCheck-Regeln, die für jede Funktion die Gesamtzahl von LOC ermittelt. Zusätzlich wird am Projektende (nach der Bearbeitung aller vorliegenden Quelltextdateien) ein Histogramm ausgegeben, das die Verteilung des LOC-Maßes aufzeigt.

```
if (fcn_end)              /* Am Ende einer Funktion */
    {
    printf("LOC für Funktion %s: %d\n", fcn_name,
                fcn_total_lines);
    }

if (prj_end)
    {
    printf("\n\nHistogramm der LOC-Verteilung\n");
    histogram(fcn_total_lines, 0, 0, 0);
    }
```

Das Ergebnis der Anwendung dieser zwei Regeln auf ein kleines Modul lautet folgendermaßen:

```
LOC fuer Funktion my_calloc: 5
LOC fuer Funktion linklist_count: 2
LOC fuer Funktion linklist_getname: 6
LOC fuer Funktion name_is_defined: 6
LOC fuer Funktion new_linklist: 4
LOC fuer Funktion linklist_sort: 13
LOC fuer Funktion labels_by_define: 2
LOC fuer Funktion linklist_setdefine: 6
LOC fuer Funktion linklist_add_define: 14
LOC fuer Funktion linklist_getdefine: 6
LOC fuer Funktion linklist_getdata: 6
LOC fuer Funktion linklist_setdata: 9
LOC fuer Funktion linklist_add: 2
```

sowie als Histogrammform der LOC-Verteilung als

```
 2 + xxx
 3 +
 4 + x
 5 + x
 6 + xxxxx
 7 +
 8 +
 9 + x
10 +
11 +
12 +
13 + x
14 + x
```

Lines Of Code sind zwar ein einfach zu ermittelndes, aber auch nicht unumstrittenes Umfangsmaß. Ein weiteres mögliches und von CodeCheck einfach zu ermittelndes

Maß ist die Anzahl der Anweisungen. Das Betrachten von Anweisungen anstelle von LOC hat einige Vorteile: es ist eindeutig definiert, was eine Anweisung ist, und jede Anweisung ist konzeptionell als in sich geschlossene Einheit zu verstehen. Unklarheiten darüber, was eine Anweisung ist, treten nur in zwei Fällen auf: Wie sind Anweisungen, die in sich andere Anweisungen enthalten zu zählen und wie (wenn überhaupt) sind solche nichtausführbaren, anweisungsähnlichen Konstrukte wie Typdefinitionen, Initialisierungen und Präprozessordirektiven zu behandeln. Kerninghan und Richie haben folgende Definition für ausführbare Anweisungen vorgeschlagen:

- **Ausdruck**   der mit einem Semikolon abgeschlossen ist,
- **Sprünge**   *break-*, *continue-*, *return-* und *goto*-Anweisungen,
- **Verbund**   Folge von Anweisungen in geschweiften Klammern,
- **Auswahl**   *if-*, *if-else-* und *switch*-Anweisungen,
- **Iteration**   *for-*, *while-* und *do*-Anweisungen,
- **Marken**   jede Anweisung mit einer Marke als Sprungziel.

Unglücklicherweise ist diese Einteilung heutzutage kaum noch praktikabel, da mit der Einführung von C++ die bis dahin bestehende klare Abgrenzung zwischen Deklarationen und ausführbaren Anweisungen immer mehr verschwamm. In CodeCheck wurde daher die oben genannte Einteilung auf drei Klassen von Anweisungen zusammengefaßt:

- *Nicht ausführbar*   Deklarationen (außer C++-Deklarationen mit Initialisierungen, da diese ausführbar sind),
- *Low-Level*   Ausdrücke, Sprünge und initialisierte C++-Deklarationen,
- *High-Level*   Verbund, Selektion und Iteration.

Ähnlich wie bei den LOC-Umfangsmaßen werden auch diese Werte wieder getrennt für jede Funktion, jedes Modul und das Projekt insgesamt ermittelt. Bezogen auf die einzelne Anweisung stehen Variablen zur Verfügung, die die Unterscheidung nach der oben genannten Definition von Kerninghan und Richie ermöglichen.

Ein weiterer Weg zur Ermittlung des Umfanges ist das Zählen sogenannter Token. Als Token wird dabei die als kleinste vom Compiler direkt „verstandene" Einheit, wie zum Beispiel das Schlüsselwort **else** oder das Operatorsymbol +, aufgefaßt. Die Maße, die vom CodeCheck auf dieser Grundlage unsterstützt werden, sind die Halstead-Maße (siehe /Dumke 92a/). Alle möglichen Token werden in zwei Klassen, und zwar Operatoren und Operanden, aufgeteilt. Diese Einteilung erweist sich als nicht immer einfach. Speziell in C gibt es derartige lexikalische Token auf der einen und Präprozessortoken auf der anderen Seite. Außerdem sind die von Halstead vorgeschlagenen Token nicht eins zu eins auf die Sprache C anwendbar. Günstigerweise hat sich in Untersuchungen gezeigt, daß die Meßweise von Halstead gegenüber geringen Variationen in der genannten Art und Weise der Zählung von Token resistent ist.

CodeCheck interpretiert in C- beziehungsweise C++-Programmen alle Bezeichner, numerischen Konstanten, Zeichenketten und Sprungmarken als Operanden und die restlichen verbleibenden Token als Operatoren. Normalerweise erfaßt CodeCheck die Token vor einer Makroexpansion, bietet aber auch die Möglichkeit, die Zählung nach der Makroerweiterung vornehmen zu lassen.

Eine weitere, sehr einfache Möglichkeit, die von CodeCheck zur Ermittlung des Umfangs von Softwareprojekten angeboten wird, ist das Zählen von definierten Funktionen und Makros im jeweiligen Projekt beziehungsweise bezogen auf einem konkreten Modul.

Neben der Ermittlung des Umfangs sind auch Messungen der logischen Komplexität möglich. Einige einfache Messungen zur logischen Komplexität sind vordefiniert. Eine davon ist die Auszählung der Anzahl von sogenannten „binären Programmentscheidungen". Eine solche binäre Entscheidung liegt immer dann vor, wenn von einem Knoten in einem Programmflußgraph zwei Ausgangskanten ausgehen. Typische Vertreter dafür sind die **if**-Anweisung und jeder **case**-Zweig einer Switch-Anweisung. CodeCheck zählt alle diese binären Entscheidungen jeweils pro Funktion, Modul und Gesamtprojekt.

Als zweite Messung wird für jede Anweisung innerhalb des Quelltextes die Verschachtelungstiefe ermittelt, das heißt, wie tief diese Anweisung in einer Folge von Entscheidungen, wie **if**- oder Schleifenanweisungen verschachtelt ist.

Mit Hilfe der eben angegebenen vorhandenen Grundmaße lassen sich eine Reihe weiterer Messungen verwirklichen, als Beispiel sei hier ein „Regelwerk" zur Ermittlung des McCabe-Maßes angegeben.

```
statistic int   McCabe;
statistic float density;

if ( prj_begin )
  { printf(„\n McCabe's zyklomatiscche Komplexitaet: \n") ;

if ( mod_begin )
   { reset( fcn_decisions );
     reset( fcn_operators );
     reset(fcn_exec_lines );
     reset( McCabe );
     reset( density );  }

if ( fcn_end )
   { McCabe = 1 + fcn_decisions;
     if ( fcn_exec_lines > 0 )
```

```
                    density = (1.0 * fcn_operators) / fcn_exec_lines;
                    else  density = 0.0;  }
              if ( mod_end)
                 { printf(McCabe, ''\n") ; }

              if ( prj_end )
                 printf(''\n ---ENDE---\n\n");
```

Insgesamt kann konstatiert werden, daß CodeCheck ein sehr flexibel einsetzbares Tool darstellt. Diese Flexibilität hat allerdings ihren Preis, der darin besteht, daß vom Anwender selbst noch viel Detail- und Entwicklungsarbeit für die Toolanwendung erforderlich ist. Im Ergebnis erhält man dann allerdings eine Meßtoolumgebung, die speziell auf die firmenspezifischen Bedürfnisse zugeschnitten werden kann. Die Realisierung des Regelwerkes sollte erfahrenen Entwicklern vorbehalten sein, die sowohl mit der Programmiersprache C bzw. C++ als auch mit den firmenspezifischen Bewertungsstandards vertraut sind.

2.3.3.3. Das System ATHENA

Das metrikbasierte Compilersystem ATHENA wurde von Tsalidis u. a. /Tsalidis 90/ an der Patras-Universität entwickelt. Es dient als Experimentiersystem für den Test von Codemetriken in den verschiedenen Übersetzungsphasen unterschiedlicher Programmiersprachen. Das System berechnet in seiner ersten Version folgende Komplexitätsmetriken:

- die Halstead-Maße,
- die zyklomatische Komplexität nach McCabe,
- die Programmlesbarkeit nach Joergensen,
- die Datenflußkomplexität nach Tai und
- die Datenstrukturkomplexität nach Tsai.

Eine genaue Beschreibung dieser Metriken ist in /Dumke 92a/ zu finden. Es ist bei ATHENA ohne Probleme möglich, weitere Metriken zu implementieren. Systemkomponenten sind

- der **Grammatikprozessor**, der zur Beschreibung bzw. Definition des nachfolgenden Metrikprozessors dient. Grundlage ist ein Sprachdefinitionsfile (LSF), der die Grammatikklassen *Character, Token, Grammar Symbol* und *Operator* festlegt.
- der **Metrikprozessor**, der beim ATHENA bereits einen vordefinierten Inhalt der oben angegebenen Metriken besitzt und durch entsprechende Anweisungen für den Grammatikprozessor modifiziert werden kann.

- der **Graphikprozessor**, der auf einer eigenen Graphenbeschreibungssprache (GSL) basiert, die initial Programmflußgraphen mit einem Eintritts- und einem Austrittsknoten beschreibt. Die GSL dient dazu, die für die Darstellung eines gewählten Programmiersprachenparadigmas in Ablaufgraphen notwendigen Operationen zu formulieren. Diese kann zum Beispiel bei applikativen Sprachen vom „klassischen" Flußgraphen durchaus abweichen.
- der **Reportprozessor**, der der Ausgabe der Meßwerte als RESULT-File versehen mit bewertenden Text dient.

Damit wird eine transparente Dokumentation der Metrikeigenschaften für die jeweilige Programmiersprache erreicht. Ein (unkommentiertes) Beispiel einer LSF-Datei hat für das Maß Lines Of Code (LOC) in ATHENA folgende Form:

```
% % & Definition Part

  . . . . . . . . . .
%{
  int LOC = 0;
}%

  . . . . . . . . . .
% AllCharacters [ computeLOC ]

  . . . . . . . . . .
% % & Lexical Part

  . . . . . . . . . .
% % & Syntax Part

  . . . . . . . . . .
% % & Programmable Part

  . . . . . . . . . .
void computeLOC(char c)
{
    static int empty = 1;
    if (c=='\n' && !empty) {
      LOC++;
      empty=1;
    } else if  (!isspace(c))
        empty = 0;
}
void secundary(void)
{ . . . . . . . . . .
      printf(''The Lines OF Code LOC: %d\n'', LOC);

    . . . . . . . . . .
}
```

ATHENA ist also insbesondere für den experimentellen Bereich der Metrikenanwendung für Programmcode geeignet.

2.3.3.4 Der SOFT-AUDITOR

Der SOFT-AUDITOR /SOFT1/ bewertet Programme in den Programmiersprachen COBOL (COBOL-74, COBOL-85 und DELTA/COBOL), PL/1, NATURAL-2 und ASSEMBLER. Die berechneten Meßwerte können einerseits für eine Soll-Ist-Schätzkontrolle durch das Meßtool SOFT-CALC verwendet werden (vgl. 2.3.1.6). Andererseits kann auf der Grundlage, der durch den SOFT-AUDITOR berechneten Werte, eine Meßdatenbank angelegt werden, die dann entsprechende Auswertungen als vergleichende Analyse bzw. unter Einbeziehung empirischer Bewertungsformen zu den Qualitätsmerkmalen der entwickelten Software ermöglicht (siehe 2.5.1).

Die statische Analyse durch den SOFT-AUDITOR wird in den folgenden, kurz beschriebenen vier Schritten vorgenommen:

1. Das **Entladen des Quelltextes** löst alle Einfügungs-, Bibliotheksbezugs-, Datenbankbeschreibungs-, Maskenbeschreibungs- und gegebenfalls Jobsteuerprozeduranweisungen auf. Dabei wird also der auszuwertende Programmquelltext in seinem vollen Umfang „vorübersetzt".

2. Die **Bestimmung der Prüfoptionen**, die es erlaubt, aus dem Gesamtprogrammtext noch eine Auswahl der Meßobjekte zu treffen. Das ist insbesondere dann sinnvoll, wenn es sich nicht um ein einfaches Programm, sondern um einen Job mit mehreren Programmen, Datenbankbezügen und Masken handelt. Des weiteren kann aus der Gesamtzahl der anwendbaren Metriken eine Auswahl getroffen werden und die entsprechenden (vorgegebenen) Metrikengrenzwerte können verändert werden.

3. Die eigentliche **Ausführung des Code-Auditors**, der zwei Prüf- bzw. Bewertungsformen durchführt, die
   - Bestimmung von Mängeln auf der Grundlage, für jede Programmiersprache vorgegebener sogenannter Prüfregeln,
   - Berechnung der Metrikenwerte gemäß der vorgegebenen bzw. selbst ausgewählten Bewertungsmaße.

   Die Ergebnisse des Code-Auditors sind dann zum einen ein sogenannter **Mängelbericht** und zum anderen ein **Metrikbericht**.

4. Die **Übertragung der Meßwerte** in Form der Generierung einer Exportdatei für das SOFT-MESS-Tool (siehe 2.5.1). Dabei ist auch im Falle der simultanen Bewertung mehrerer Meßobjekte eine Zusammenfassung der Meßergebnisse in einer Sammeldatei möglich.

Die Bewertung durch den SOFT-AUDITOR erfolgt auf der Grundlage eines Datenmodells und des darauf aufbauenden Berechnungsmodells. Das Datenmodell zur

Bewertung von Programmen bzw. -folgen (als Job) hat die folgende allgemeine
Struktur:

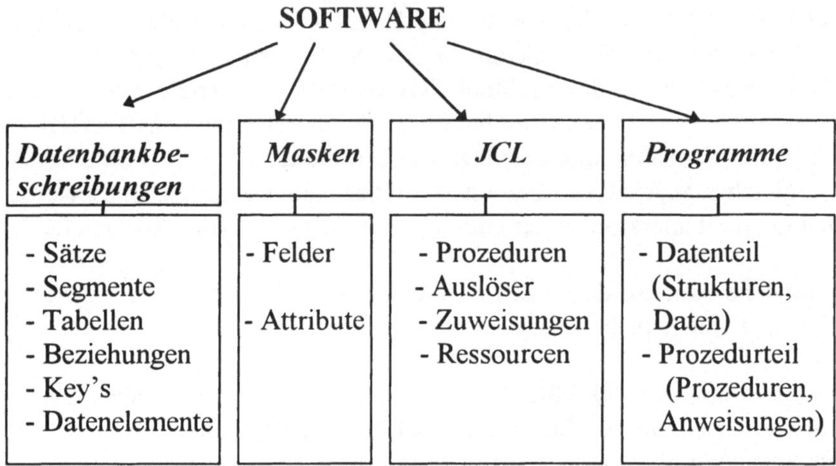

Aus diesem Gesamtmodell sind dann die einzelnen Prüfregeln bzw. Meßobjekte abgeleitet worden. So gilt beispielsweise für Masken

- die **Prüfung** der Verwendung unerlaubter Feldattribute, die Darstellung zu vieler
  Datenfelder, die Benennung der Felder und die Konsistenz der Felder mit den
  Datenbankelementen;

- die **Messung** der Anzahl der Felder, der Eingabe- bzw. Ausgabefelder, die Anzahl initialisierter Felder und Feldattribute sowie die Anzahl der Mängel.

Beispiele für (geprüfte und gemessene) Maskensprachen sind IMS, CICS, NATU-
RAL-2 und MICRO FOCUS COBOL.

Für JCL- bzw. WFL- (Work-Flow-) Prozeduren haben diese Charakteristika die
Ausprägungen für

- die hierbei aufgrund der mangelnden Normierung für JCL-Prozeduren **entfallen-
  de Prüfung;**

- die **Messung** der Anzahlen der Dateien, Programme, Conditioncodes, Pro-
  gramm/Dateibeziehungen und Steuerungsparamater.

JCL- bzw. WFL-Beispiele, die durch den SOFT-AUDITOR bewertet werden, sind
CL (beim AS/400), OS-JCL, PSS (beim UNISYS-1100) und WFL (bei der
UNISYS-A-Serie).

Wesentlich umfangreicher sind die Prüfangaben und die Anzahl der Meßobjekte bei der Datenbankkomponente und bei den Programmen. Bei den Datenbanken gelten für

- die **Prüfung** die Frage nach den wiederholten Datengruppen, verstreuten Schlüsseln, unerlaubten Datentypen, zuvielen Attributen, Schlüsseln, Beziehungen und Sichten;

- die **Messung** der Anzahl an Datenattributen, Satzarten/Segmenten/Tabellen, Dateien, Views bzw. Sichten, Beziehungen, Keys bzw. Suchbegriffen, primärer Suchbegriffe, sekundärer bzw. fremder Suchbegriffe, Attribute bzw. Felder, Ausprägungen der Sätze der Segmente bzw. Reihen (in der relationalen Tabelle) sowie die Anzahl der Zugriffspfade bzw. Cursor-Definitionen.

Neben den Anzahlen werden weitere Metriken für die Datenstrukturkomplexität, die Datenunabhängigkeit und die Datenkonformität verwendet.
Die Programmbewertung basiert auf folgenden Prüfkriterien bzw. Grundanzahlen der Programmeßkomponenten:

- **Prüfung** der Datenbezugskomponenten (Einhaltung der Datensatznormierungen, Begrenzung der Strukturierungstiefe, Verwendung korrekter Datentypen und -attribute u. ä. m.) und des prozeduralen Teiles (als Begrenzung der Programmgröße, der Strukturgröße, der Schnittstellen und als Vermeidung unerlaubter Anweisungen und Anweisungselement);

- **Messung** der Anzahlen der Quelltextzeilen, Kommentarzeilen, Datenstrukturen, lokalen bzw. WORK-Datenstrukturen, globalen bzw. COMMON-Datenstrukturen, Parameter, Dateien, Satzarten, Datenbanksichten, benutzten Masken, benutzten Berichte, deklarierten Datenfelder, unterschiedlicher Operanden, internen Prozeduren, ausführbaren Anweisungen, verschiedenen Anweisungstypen, Datenbankbegriffe, Datenkommunikationsanweisungen, Steuerungsanweisungen, Prozeduraufrufe, GOTO-Anweisungen, Schleifen, Auswahlanweisungen, ON-Bedingungen, Zweige im Ablaufgraphen, unterschiedliche Operatoren, Datenreferenzen, Argumente, Ergebnisse, Prädikate, Daten- und Programmschnittstellen und COPY/INCLUDE-Anweisungen.

Auf der Grundlage der Basismaße für die Softwaremessung kommen beim SOFT-AUDITOR als Metrikarten *Quantitätsmetriken, Komplexitätsmetriken* und *Qualitätsmetriken* für die Softwarekomponenten Programm, Datenbank, Datenkommunikation und Prozeß zur Anwendung. Bei den Metriken mit einer relativen Berechnungsformel gilt, daß bei den Komplexitätsmaßen die Werte möglichst gering, bei den Qualitätsmaßen möglichst groß sein sollten. Der Wertebereich liegt bei diesen Metriken zwischen 0 und 1, während insbesondere die Quantitätsmetriken Anzahlen darstellen, bei denen zumeist ein möglichst geringer Wert angestrebt wird.

Die allgemeinen Maße bzw. Metriken sind beim SOFT-AUDITOR :

Programmetriken

für die Quantität	*für die Komplexität*	*für die Qualität*

Anzahl
- der Dateien,
- der Datenobjekte,
- der Datenelemente,
- der benutzten Daten,
- der Ein-/Ausgabedaten
- der Steuerungsdaten,
- der COPY/INCLUDE-
  Anweisungen,
- der Data-Points,
- der Codezeilen (LOC),
- der Anweisungen,
- der Programmabschnitte,
- der Verzweigungen,
- der internen Unterpro-
  grammaufrufe,
- der externen UP-Aufrufe,
- der Function-Points (als
  Anzahl der Dateien * 5)
- der Regelverletzungen.
	Datenkomplexität =
	Anzahl benutzter Daten/
	Anzahl Datenreferenzen
	
	Datenflußkomplexität =
	Anzahl benutzter Daten/
	((Prädikate * 3)+(Ergeb-
	nisse * 2)) + Argumente
	
	Schnittstellenkomplexität =
	Schnittstellen/Anweisungen
	
	Ablaufkomplexität =
	Anlaufzweige/Anweisungen
	
	Entscheidungskomplexität =
	Bedingungen/Anweisungen
		Modularität =
		Prozeduren * 10 /
		Anweisungen
		
		Portabilität =
		(Anweisungen-IO-An-
		weisungen)/Anwei-
		sungen
		Testbarkeit =
		(Anweisungen - Zweige)
		Anweisungen
		
		Wartbarkeit =
		Σ Komplexitätsmaße /
		Anzahl Kompl.Maße
		
		Konformität =
		LOC - Regelverlet-
		zungen / LOC

Die zweite Metrikengruppe, die Datenbankmetriken, haben folgende allgemeine Berechnungsvorschriften:

Datenbankmetriken

für die Quantität	*für die Komplexität*	*für die Qualität*
Anzahl - der Tabellen - der Datenattribute, - der Primärschlüssel, - der Sekundärschlüssel, - der Fremdschlüssel, - der Integritätsregeln , - der LOC, - der Data-Points, - der Function-Points, - der Regelverletzungen.	Beziehungskomplexität = Fremdschlüssel/ Tabellen Datenkomplexität = Tabellen / Datenattribute Zugriffskomplexität = Schlüssel/Datenattribute Strukturkomplexität = Satzarten/Datenbanken	Modularität = Tabellen / Datenattribute Integrität = Integritätsregel/ Schlüssel Flexibilität = Fremdschlüssel / Datenattribute Konformität = 1 - Regelverletzungen/LOC

Die grundlegenden Berechnungsformeln zur Bewertung der Datenkommunikation lauten:

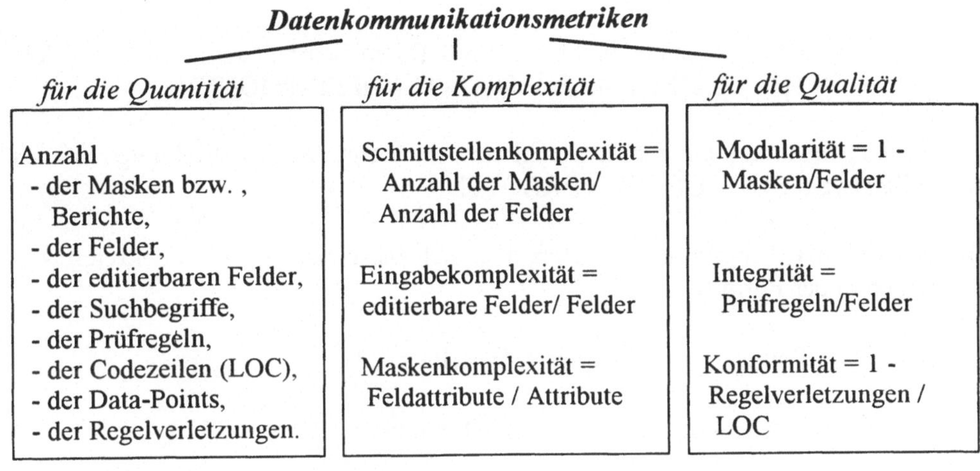

Die Prozeßmetriken werden schließlich allgemein nach folgenden Formeln berechnet:

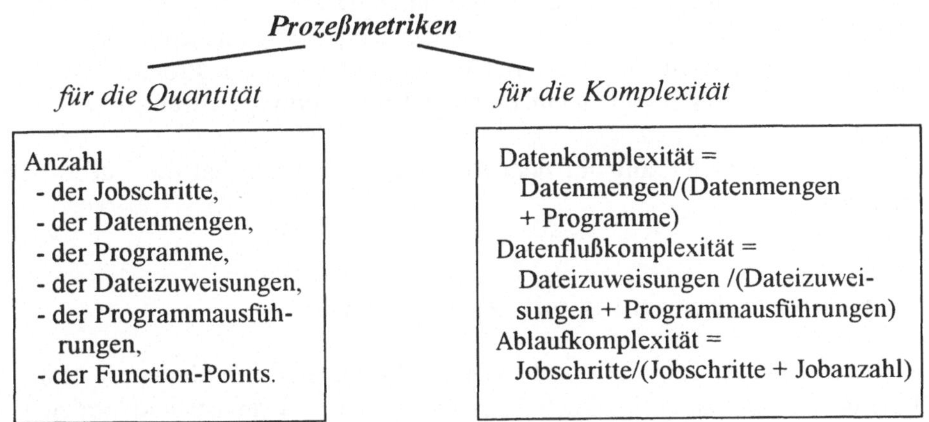

Im folgenden sollen die konkreten Ausprägungen dieser Metriken für die Messung bzw. die Programmierregeln für die Codeprüfung für die Programmiersprache COBOL kurz erläutert werden.

Die der COBOL-Codeprüfung zugrunde liegenden 24 Prüfregeln haben beispielsweise den Inhalt:

„1. Jedes Programm muß einen Kommentarblock in seiner IDENTIFICATION DI-VISION haben. Meldung: MODULKOPF FEHLT

. . .

4. Gepackte Felder dürfen in Dateien wegen Kompatibilitätsproblemen nicht vorkommen. Meldung: GEPACKTES FELD IST IN FILE SECTION NICHT ERLAUBT

. . .

12. Ein Programm darf nicht mehr als 1000 Daten bearbeiten. Meldung: DATA DIVISION ENTHÄLT MEHR ALS 1000 DATENDEFINITIONEN

. . .

22. Es darf nicht aus einer Schleife heraus verzweigt werden. Meldung: GO TO AUSSERHALB SECTION IST VERBOTEN"

Bei den COBOL-Programmetriken ergeben sich beispielsweise die konkreten Ausprägungen in der Form:

- Data-Points = (Anzahl Files * 5) + (IO's * 2),

- Schnittstellenkomplexität = (Files + Module) / (IO's + CALL's),

- Modularität = (Anzahl SECTION's * 10)/ (Anzahl Anweisungen).

Diese Ausprägungen für die verschiedenen durch den SOFT-AUDITOR bewerteten Programmiersprachen im jeweiligen Zusammenhang mit möglichen Datenbankbezügen, Masken- oder Berichtscharakteristika und schließlich den Programmfolgen als Job's machen dieses Meßtool zu einem integralen Bewertungsinstrument.

Der SOFT-AUDITOR läuft auf dem PC ab DOS 5.0 und hat die Turbo-Vision-Oberfläche.

2.3.3.5 Softwarebewertung mit QUALIGRAPH

Das System QUALIGRAPH wurde von der Firma SZKI in Budapest entwickelt /QUALI/ und unterstützt die Qualitätsmessung, den Softwareproduktvergleich, den Test und die Wartung. Es ist in Pascal geschrieben und kann auf die Programmiersprachen Pascal, COBOL, PL/1, FORTRAN, PL/M, PDL, dBASE III und C angewandt werden. Das System besteht aus zwei Komponenten, dem sprachabhängigen Analysator, der die lexikalische, syntaktische und semantische Analyse des Eingabeprogramms vornimmt, und dem sprachunabhängigen Inspektor für die Auswertung und Erstellung der Dokumentation. Die Ausgaben des Systems sind:

- Übersicht zur Modulstruktur in Form von Aufrufgraphen (*call graph*), Aufrufmatrizen, Erreichbarkeitsmatrizen, Tabellen der Aufrufbeziehungen, Tabellen der Erreichbarkeitsbeziehungen, Zugriffswahrscheinlichkeitsangaben, Bestimmung der strukturellen Komplexität, Berechnung der hierarchischen Komplexität, Auflistung der Aufrufpfade, Angaben zur Testbarkeit der Aufrufpfade, Angaben zur

Testbarkeit eines Programms, Listen der nicht erreichbaren Komponenten, Listen der internen Aufrufe, Listen der externen Aufrufe,

- Informationen zur Steuerstruktur in Form von einer Darstellung der Strukturgraphen, Maßen zur Charakterisierung der Steuerstruktur, wie Knotenanzahl, zyklomatische Zahl, Anzahl der Pfade, durchschnittliche Pfadlänge, Ablaufentropie und durchschnittliche Verzweigungstiefe, Angaben zum Testbaum, Auflistung der Testpfade, Angaben zur Kommentierung, Berechnung der Halstead-Maße,

- Statistiken zu den Programmanweisungen, wie Häufigkeitsangaben zur Verwendung und prozentuale Angaben.

Das System ist bereits seit über 10 Jahren im Einsatz und dient der praktischen Anwendung der Softwaremetriken (vor allem als Codemetriken).

2.3.3.6 Das Meßtool MPP

Ebenfalls einfache Auszählungen ermöglicht das von Kuhrau entwickelte Tool MPP /Kuhrau 94/ zur Auswertung von C++-Programmen. Ein einfaches Auswertungsbeispiel auf das Meßprogramm selbst lautet:

```
Software measurement for C++ ---> Results
========================================
Analysed file: mpp.cpp
----------------------------

Total number of classes          11
Number of subclasses              7
Number of base classes            4
Depth of inheritance tree         2
Width of inheritance tree         7

Total number of methods          52
Number of class-methods          52
Number of instance-methods        0

Maximum number of methods        11
Minimum number of methods         1
Average number of methods      4.91

Multiple inheritance    0
```

Class name	Depth	Methods	LOC	Subclasses
Mouse	0	6	17	0
MeasureWindow	0	3	7	3
OoMeasure	0	7	30	4
ClassMeasure	1	11	19	1
Methods	2	3	12	0
TreeMeasure	1	4	11	0
Presentation	1	1	6	1
Table	2	1	5	0
Menu	1	5	9	0
Includes	0	7	24	0
FileHandling	1	4	12	0

Das Meßtool MPP löst dabei zunächst die gegebenenfalls vorhandenen Include-Bezüge auf bzw. protokolliert die nicht möglichen Include's, deren Files hierbei im aktuellen (Meß-) Verzeichnis stehen müssen.

Bei der Präsentation der Meßwerte werden durch MPP folgende Bewertungen in Form einer Kennzeichnung des jeweiligen Meßwertes mit einem Stern vorgenommen,

- wenn die Tiefe der Klassenhierarchie größer 4 ist,
- wenn eine Klasse mehr als 20 Methoden enthält und
- wenn eine Klasse mehr als 10 Subklassen besitzt.

So ergibt beispielsweise die Bewertung des Borland-C++-Files *iostream.h*

Total number of classes	8
Number of subclasses	6
Number of base classes	2
Depth of inheritance tree	3
Width of inheritance tree	4
Total number of methods	179 *
Number of class-methods	171
Number of instance-methods	8
Maximum number of methods	47
Minimum number of methods	3
Average number od methods	22.38
Multiple inheritance	1

Class name	Depth	Methods	LOC	Subclasses
ios	0	37*	146	6
streambuf	0	47*	81	0
istream	1	46*	84	3
ostream	1	34*	65	3
iostream	2	3	8	1
istream_wtihassign	2	4	13	0
ostream_withassign	2	4	13	0
iostream_withassign	3	4	13	0

MPP erzeugt wahlweise ein File, welches für eine programmbezogene Auswertung mit EXCEL (siehe 2.5.2) verwendet werden kann.

2.3.3.7 Das OOMetric-Tool

Das Meßtool OOMetric wurde von der Hatteras Software Inc. von Mark Lorenz entwickelt (/Lorenz et al 94/) und dient der Messung und Bewertung von Smalltalk/V- und C++-Programmen. Dabei wird auf eine Verbindung zwischen den Meßwerten und einer zweckmäßigen empirischen Bewertung wert gelegt. Die allgemeine Vorgehensweise ist dabei:

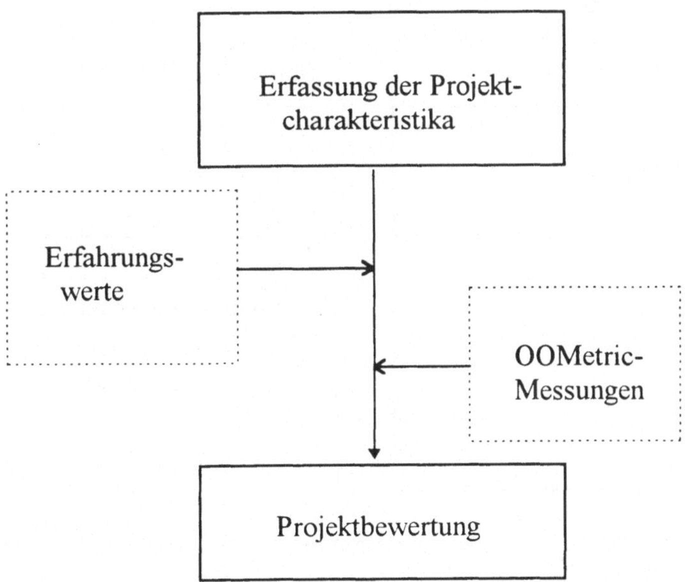

Die Erfassung der Projektdaten bezieht sich vor allem auf allgemeine Projektcharakteristika (Art, Umfang, Zeitraum), sowie eine tabellarische Zuordnung von Produkt- und Projektmerkmalen zu den Metriken. Eine derartige Zuordnung ist beispielsweise

die Verbindung zwischen neu definierten bzw. geänderten Klassen zu ihrem Entwicklungsaufwand in Personenmonaten. Weiterhin wird eine entwicklungsphasenbe-
zogene Aufwandserfassung dem implementierten Produkt gegenübergestellt. Hinsichtlich der Produktmaße bewertet OOMetric:

- **Klassenmaße**, wie beispielsweise Umfang (als Anzahl der Klassen- bzw. Exemplarmethoden und -variablen, den Klasseninterna, wie Bindung, Anwendungs-
häufigkeit, Kommentierung und Parametrisierung, und den Klassenexterna bezüglich Kopplung und Wiederverwendung,

- **Methodenmaße**, wie Umfang (Anzahl gesendeter Nachrichten, LOC und Anweisungsanzahl), sowie die Anzahl überschriebener Methoden, der Methodenkom-
plexität und der Methodenparameter.

Die Bestimmung der einzelnen Meßwerte kann im Einzelfall durch Anfangswert-
bzw. Skalierungsvorgaben modifiziert werden. Auf dieser Grundlage findet durch
OOMetric eine Bewertung statt. Das allgemeine Layout dazu hat die folgende Form

OOMetric

Hauptmenü

analysierte Klassen   analysierte Methoden

| . . . | . . . |

Metrikenliste   Metrikenbeschreibungen

| . . . | . . . |

unterer Wert   gemessener Wert   oberer Grenzwert
verbale Bewertung

Für die Bewertung sind im OOMetric-Tool bereits Erfahrungswerte vorgegeben
(siehe auch /Lorenz 94/). Damit ist eine empirisch bewertete Projektüberwachung
über den Softwareentwicklungszeitraum hinweg möglich.

2.3.3.8 QUALMS

QUALMS steht für *Quality Analysis and Measurement* (/Bache et al 91/) und wurde im Rahmen des METKIT-Projektes (siehe 2.6.2) entwickelt. Es wertet Steuerflußgraphen der verschiedensten Programmier- und Programmentwurfssprachen (JOVIAL, C, FORTRAN, Pascal, Kindra, Z, LOTOS, Modula-2, CORAL) aus und kann als einer der Vorläufer für das COSMOS-Tool angesehen werden. Die Programmbewertung erfolgt auf der Grundlage der in einer speziellen Zwischensprache geschriebenen Programmflußgraphen. Sie hat die allgemeine Syntax:

> NODELIST *knoten [knoten]* *
> EDGE *[quellkante zielkante]* *
> STARTNODE *knoten*
> <EOF>

Dabei werden die üblichen Syntaxbeschreibungsformen der EBNF verwendet, d. h. *[ ]* steht für optional und der Stern kennzeichnet eine 0- bis n-malige Wiederholung. Dadurch ist es bei QUALMS auch möglich, Flußgraphen direkt über die oben angegebene Beschreibungsform zu bewerten, ohne den jeweiligen Programmquelltext angeben zu müssen. Der „Aufruf" eines zur Bewertung vorgesehenen Flußgraphen hat in QUALMS folgendes Layout:

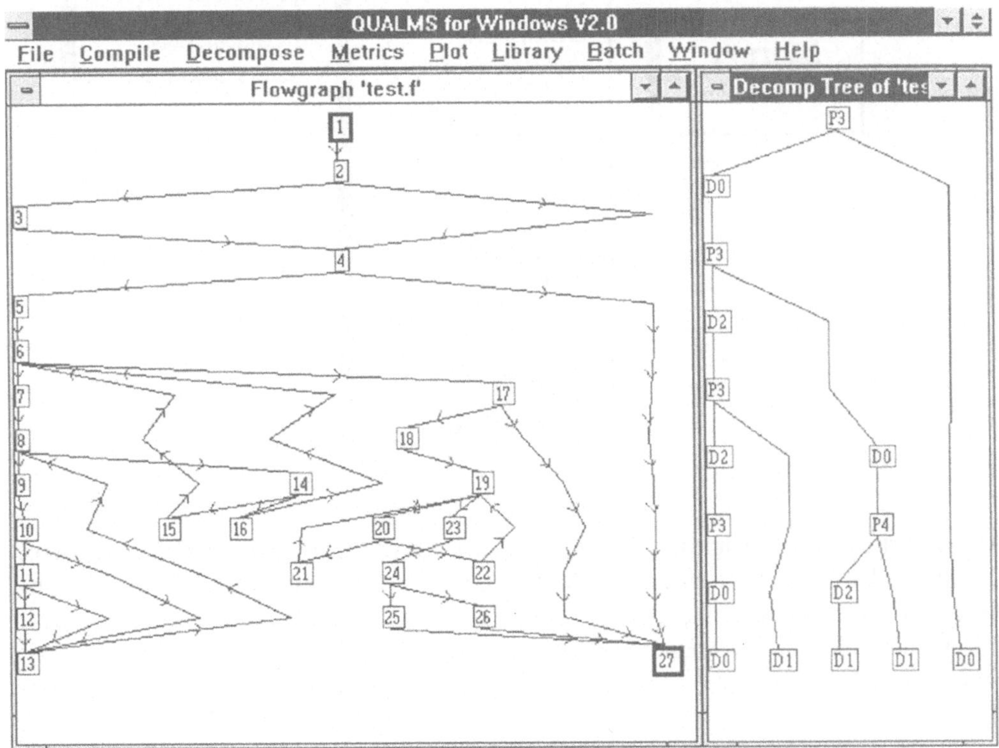

Dabei kann zum jeweiligen Flußgraphen der Deskriptorbaum als Dekompositions-
baum (siehe 2.3.1.9) vom QUALMS-Tool angezeigt werden.

Das Grundmenü in QUALMS hat den folgenden allgemeinen Inhalt, wobei unter
Plot die jeweils zu zeichnenden Metriken, die zum Teil sprachbezogen berechnet
werden (durch die Auswahl in *Select language file*), angegeben sind.

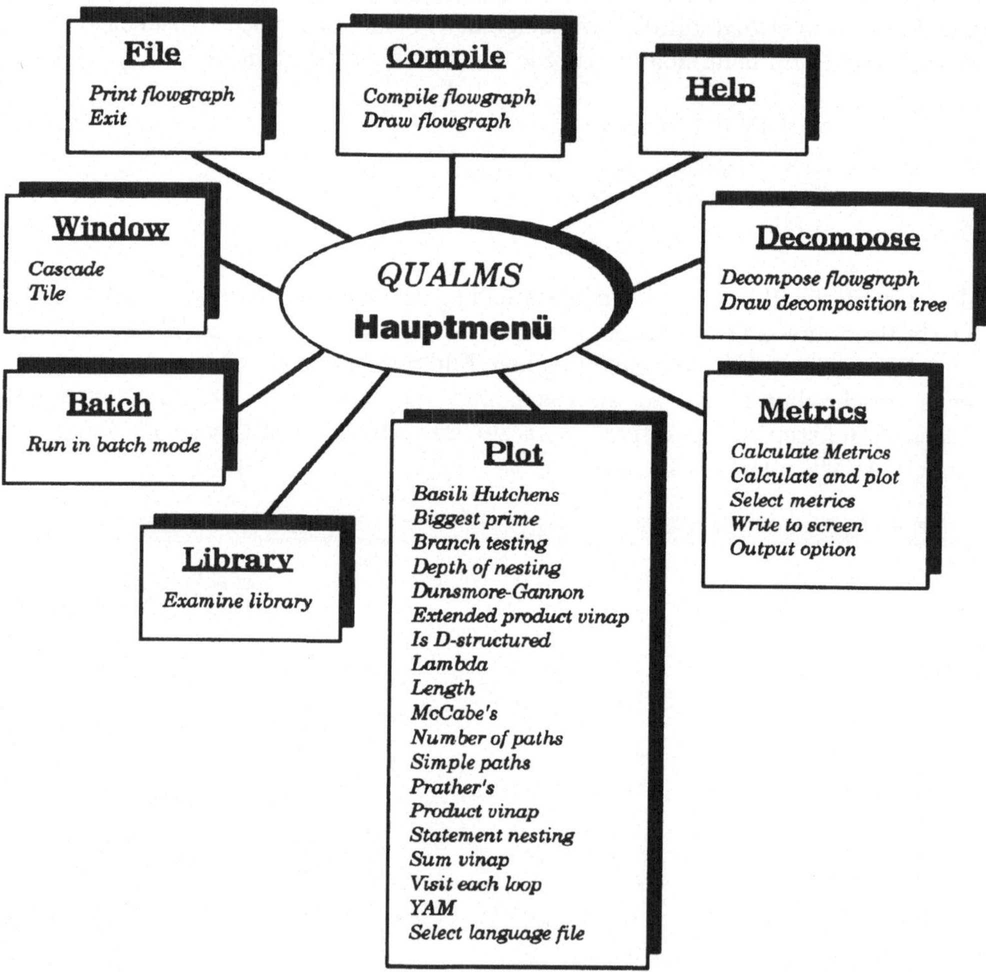

Als Metriken bzw. Programmaße werden in QUALMS folgende Arten berechnet.
Dabei werden in Klammern die durch QUALMS bereits initial vorgegebenen Erfahrungswerte für das jeweilige Maß in den Anteilen *(25 %; 50 %; 75 %)* angegeben.
Bei Maßen, die nur zwei Extrema zulassen, wird der Wertebereich durch *(min; - ;
max)* angegeben.

- **Basili/Hutchens** wird auch als *Syntactic Complexity* bezeichnet und berechnet sich in der folgenden Form

$$v(P) = \begin{cases} 1 + \ln(k+1), \text{ wenn P Strukturelement,} \\ 2(1 + \ln(k+1)), \text{ sonst.} \end{cases}$$

Dieses Maß analysiert insbesondere Strukturelemente im Programm mit zwei Ausgängen *(1;4;13,7)*.

- **Biggest prime** steht für die Angabe des längsten Primes im Sinne der bereits beim COSMOS-Tool beschriebenen Flußgraphendekomposition *(1;3;4)*.

- **Branch testing** bestimmt die minimale Anzahl an Testdaten für ein Programm, damit alle Zweige durchlaufen werden *(1;2;-)*. Es wird berechnet als

$$v(P) = \begin{cases} 1, \text{ wenn P=P1,D2,D3 oder D4,} \\ 2, \text{ wenn P=D0,D1,L2,} \\ n, \text{ wenn P=Cn.} \end{cases}$$

- **Depth of nesting** berechnet die maximale Verschachtelungstiefe im Programm *(0;1,5;2)*.

- **Dunsmore-Gannon** bestimmt schließlich die mittlere Verschachtelungstiefe *(1;2;-)*.

- **Extended product vinap** gehört zu den sogenannten Vinap-Metriken (*Value Increase with Nesting as an Arithmetic Progression*). Sie wird außer in dieser erweiterten multiplikativen Form *(2;4;16)* auch noch in zwei weiteren Varianten (additiv (**Sum vinap** *(2;4;16)*) und einfach multiplikativ (**Product vinap** *(2;4;14)*)) in QUALMS verwendet und bestimmt die Tiefe eines Primes im Prime-Hierarchiebaum multipliziert (addiert) mit den jeweiligen Ausgangsgraden der (Anweisungs-) Knoten.

- **Is D-structured** untersucht, ob ein *nichtprimegerechtes* Konstrukt vorhanden ist (also kein wohlstrukturiertes Programm vorliegt) *(0;-;1)*.

- **Lambda metric** stellt eine spezielle Form der Prather-Metrik (siehe unten) in der Hinsicht dar, daß die maximal (verschachtelten) Primes in ihrer durchschnittlichen Bewertung eingehen *(2;3;-)*.

- **Length metric** kennzeichnet als Länge die Anzahl der Knoten des Steuerflußgraphen. Dieses Maß wird gegenüber dem LOC zumeist favorisiert, da es die

Anzahl der (ausführbaren) Anweisungen ohne Kommentar-, Leerzeilen und andere bestimmt *(2;4;10,8)*.

- **Cyclomatic number** als McCabe-Maß *(1;2;5)*.

- **Number of paths** bestimmt die Anzahl der Testpfade *(1;2;-)*.

- **Simple paths** berechnet die Testpfade für eine einfache C0-Abdeckung, d. h. dem Durchlauf jeder Programmanweisung *(1;2;-)*.

- **Prather's metric** berechnet sich aus der Summe der Prime-Bewertungen in der Art für ein Prime P *(2;3;-)*

$$v(P) = \begin{cases} 1 \text{ , wenn P eine Sequenz,} \\ 2 \text{ , wenn P Strukturelement,} \\ 0 \text{ sonst.} \end{cases}$$

- **Statement nesting** bestimmt die minimale Anzahl von Programmdurchläufen für die mindestens einmalige Abarbeitung aller Anweisungen *(1;1,8;-)*.

- **Visit each loop** bestimmt die minimale Anzahl von Programmdurchläufen, die mindestens einmal jede Schleife durchläuft bzw. den Durchlauf abweist *(1;2;-)*.

- **YAM** als *Yet Another Metric* mit der Berechnung

$$v(P) = \log(s+1) + t + c \, ,$$

wobei s die Anzahl der Knoten mit einem Ausgangsgrad von 1, c die Anzahl der Zyklen darstellt und t sich aus der Summe aller Ausgangsgrade (2t+s) ergibt *(0,5;2,5;8,7)*.

Eine Bewertung des oben angegebenen Graphen auf dieser Grundlage zeigt das QUALMS-Bild auf der folgenden Seite. Es beinhaltet zunächst nur die berechneten Werte für die jeweiligen (ausgewählten) Metriken.

Es besteht hierbei die Möglichkeit, dieses Wertetupel abzuspeichern, um es späteren Auswertungen zur Verfügung zu stellen. Das kann durch eine speziell wählbare Form des Ausgabefiles erfolgen, die dann eine anschließende Darstellung mittels verschiedener Spreadsheet-Programme, wie zum Beispiel EXCEL oder VisiCalc, ermöglicht.

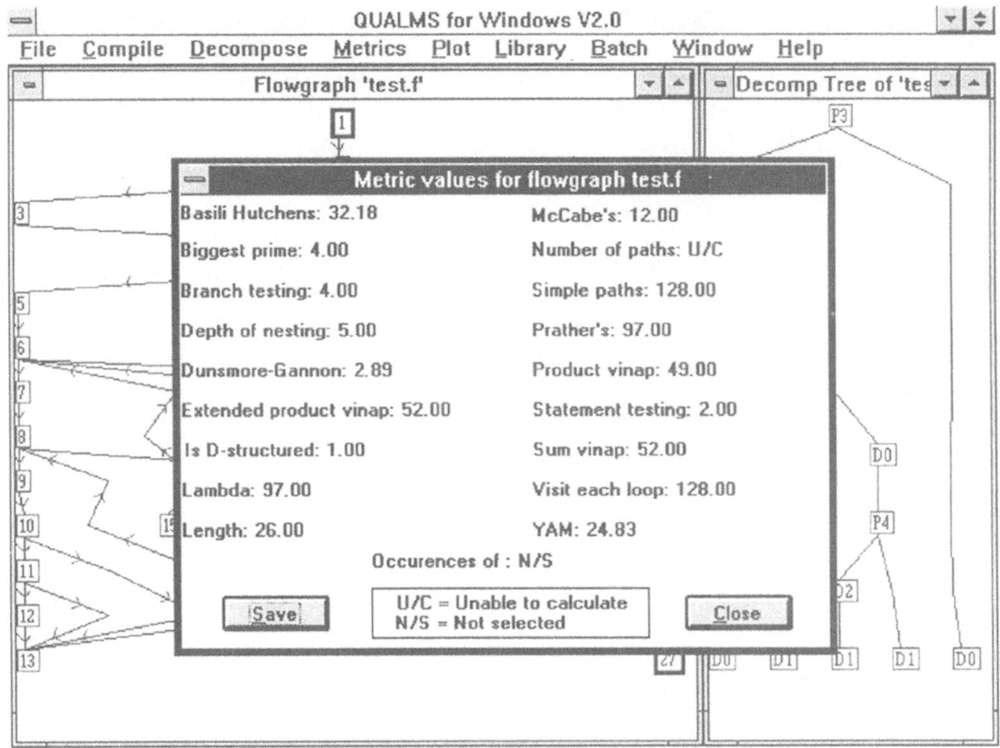

Neben der Präsentation des Programmflußgraphen und des Dekompositionsbaumes wird eine Bewertung mittels Punktdiagramm unter Einbeziehung vorgegebener Grenzwerte hinsichtlich einer (erfahrungsgemäßen) 25 %-gen, 50 %-gen oder 75 %-gen Maßzahl vorgenommen. Ein jeweils darüberliegender Wert wird als „Ausreißer" rot gekennzeichnet, während innerhalb der vorgegebenen Bereiche liegende Werte durch einen grünen Punkt dargestellt werden.

Vor einer derartigen Wertedarstellung muß allerdings die dem Flußgraphen zugrunde liegende Programmiersprache über *Select language file* ausgewählt werden, da einige der oben beschriebenen Maße nicht sprachinvariant sind.

Die Kopfzeile des Plot-Fensters beinhaltet auch die Sprachangabe. Außerdem wird die gewählte Programmiersprache angezeigt, die Metrik und als sogenanntes *D-median* der durchschnittliche (sprachunabhängig) gemessene Wert für diese Metrik. Unter *L-median* wird der für die jeweils gewählte Programmiersprache bestimmte Durchschnittswert angegeben.

QUALMS gestattet auch die Berechnung der Metrikwerte aus den Flußgraphen, ohne diese jeweils anzuzeigen (als sogenannter Batch-Modus).

Ein Beispiel - allerdings einer Einzelbewertung - für eine Meßwertdarstellung lautet:

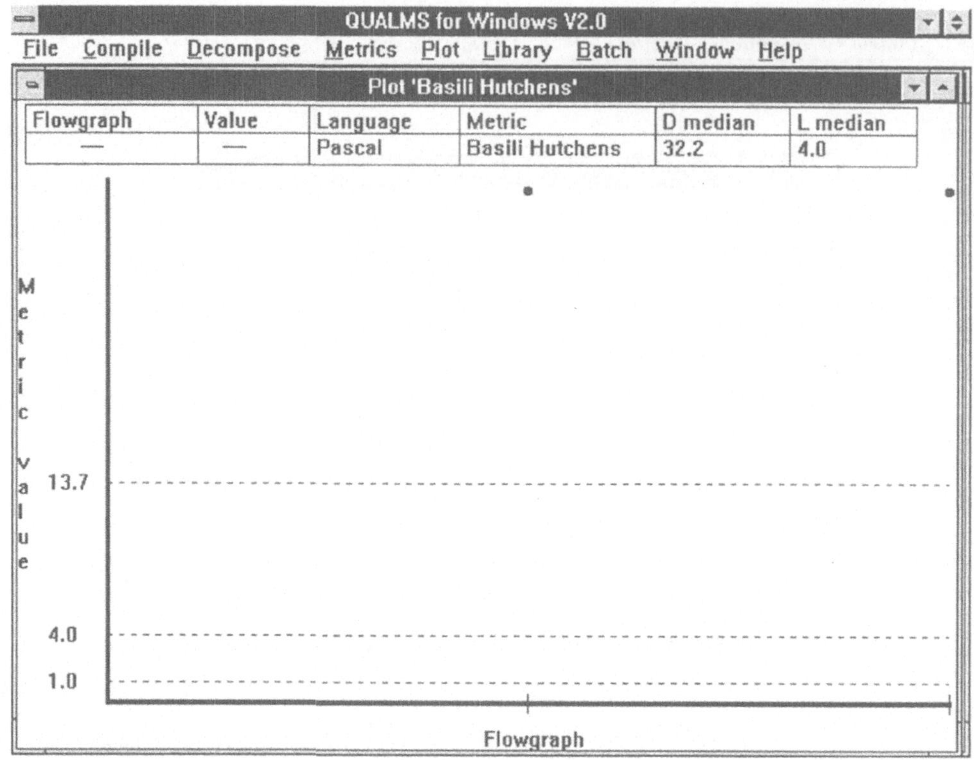

QUALMS ist insbesondere im experimentellen Bereich der Softwaremetrie ein interessantes Meßtool.

2.3.3.9 Das ProVista-Tool

ProVista ist ein Produkt der 3SOFT GmbH und ist für PC's konzipiert (/ProVista/).
Zu ProVista gehören mehrere Komponenten, um unterschiedlichen Anforderungen
gerecht zu werden. Es kann sowohl projektbegleitend als auch zur Analyse und Dokumentation abgeschlossener Projekte eingesetzt werden. Dabei werden Programmiersprachen wie z.B. C, C++ und Pascal unterstützt.

Die einzelnen Komponenten von ProVista sind

- *ProVista/Struct:* als Struktogrammgenerator erstellt aus vorhandenen Quelltexten Nassi-Shneiderman-Struktogramme, deren Inhalt und Umfang skalierbar sind,

- *ProVista/Ver:* zur Dokumentation der Versionen. Die Komponente dokumentiert die Konsequenzen aus Änderungen (von Teilen) eines Projektes. Sie ermöglicht eine Versionsüberwachung, die auf Quelltextebene beginnt und auf logischer

Ebene endet, aus der sich zusätzlich erforderliche Tests oder eine Änderungsbeschreibung ableiten lassen.

- *ProVista/QS:* als sogenanntes Qualitätssicherungssystem, mit dem aus den analysierten Quelltexten eine Reihe von Maßzahlen ermittelt werden, die durch individuelle Filterung an eigene Bedürfnisse anpaßbar sind. Durch den Datenaustausch mit anderen Standardprogrammen (Tabellenkalkulation, Chartprogramme usw.) lassen sich zweckdienliche grafische Darstellungen erstellen. Aus den Ergebnissen können Vorgaben für Neu- und Weiterentwicklungen abgeleitet werden. Zugelieferte Programme können auf Konformität zu eigenen Entwicklungsrichtlinien analysiert werden.

- *ProVist/Doc:* das Quellcode-Analyse- und Dokumentationssystem dient der Dokumentatin von Implementierungsdetails, der auslieferungsbereiten Dokumentation von Software, der Analyse vorhandener (alter) Projekte und der Vorbereitung einer (unabhängigen) Revision der Software. Die Programmsteuerung erfolgt wie bei ProVista/QS über eine Workbench unter Nutzung des quellsprachabhängigen Compilers und des Linkers zur Erstellung einer Datenbank. Zur Auswertung steht der ProVista-Generator zur Generierung von Dokumentationen und der ProVista-Browser zur schnellen Abfrage und Anzeige von Informationen aus der ProVista-Datenbank zur Verfügung.

ProVista ist als Workbench konzipiert und hat die folgende allgemeine Architektur:

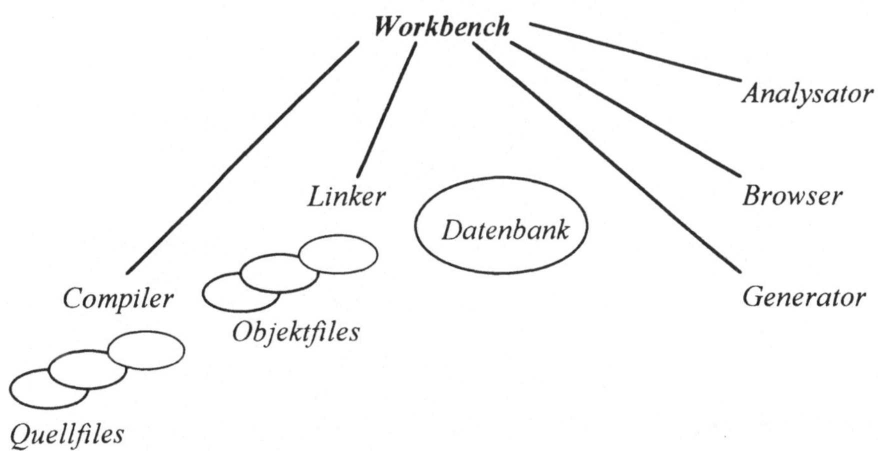

Der sprachabhängige Compiler übersetzt die Quellfiles unter dem Aspekt der Analyse. Er ermittelt Komplexitätsmaße und einfache Metrikzahlen. Diese werden quellsprachunabhängig in einer Objektdatei abgelegt. Über Aufrufoptionen werden dem Compiler die in die Analyse einzubeziehenden Programmobjekte und Detailinformationen mitgeteilt. Zur Zusammenstellung der Programmobjekte kann eine *make*-Datei genutzt werden.

Die Objektdateien werden durch den Linker zur Darstellung von quelldateiübergrei-
fenden Beziehungen zusammengefaßt und zur Auswertung durch den Analysator
vorbereitet. Alle   ProVista-Komponenten lassen sich von einer Windows-
orientierten, integrierten Bedieneroberfläche, der ProVista-Workbench, anwenden.

Der ProVista/QS-Analysator ermöglicht auf der Grundlage der Meßdaten folgende
Auswertungen:

Metriken: In den Metriken für Quelldateien, Unterprogramme, Daten und Klassen
(C++) werden die Ergebnisse der Analyse für die einzelnen Objekte als Zahlenwerte
in Tabellen   dargestellt. Durch eine Begrenzung der Wertebereiche und Darstel-
lungsfilter können Werte, die gegen individuelle Vorgaben verstoßen, hervorgehoben
werden. Das folgende Bild zeigt das Layout dafür.

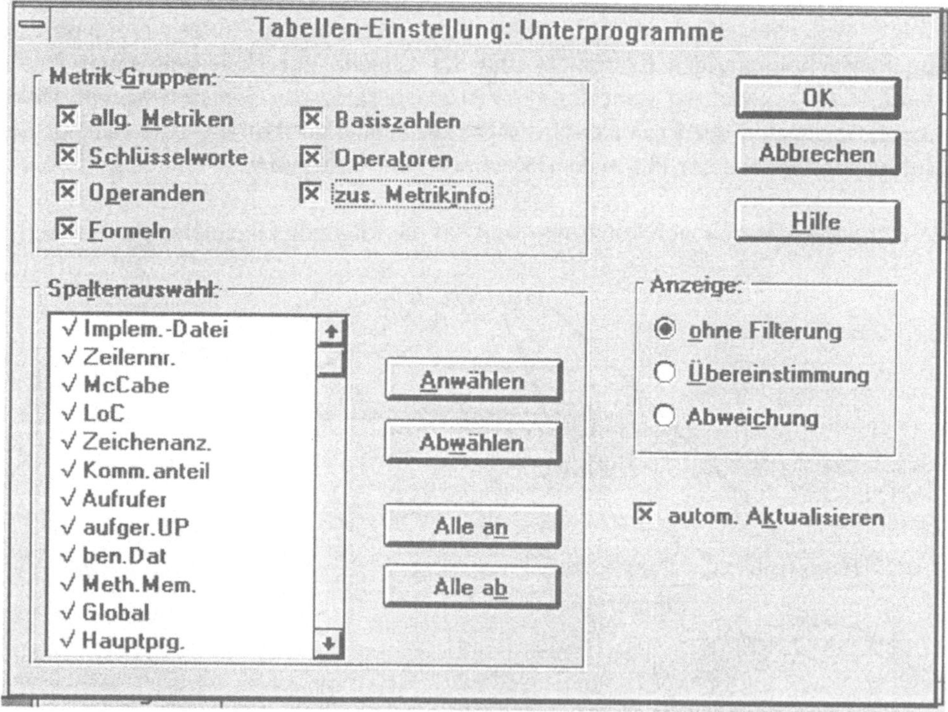

Eine mögliche Bewertungsregel könnte z. B. lauten: *Ein Unterprogramm sollte maximal 50 LOC besitzen.* Auswählbare Metriken sind dabei das McCabe-Maß, LOC,
die Zeichenanzahl und der Kommentaranteil.

Globale Namensprüfung: Durch die globale Namensprüfung können Mehrdeutigkeiten bei der Namensgebung gefunden werden. Der Nutzer wählt eine Objektgruppe für die Untersuchung auf Namensgleichheit aus.

Spezielle Namensprüfung: Nach der Auswahl einer Objektgruppe wie z.B. Unterprogramme, Klassen oder Macros können Regeln für verschiedene Namensräume aufgestellt werden. Die Regeln können den Zeichenvorrat, einen Präfix oder Suffix bzw. die Namenslänge beinhalten.

Eine flexible Auswertung der Meßergebnisse von ProVista wird durch die Anschlußmöglichkeit zu EXCEL bzw. Lotus gewährleistet.

2.3.3.10 Das Bewertungsprogramm DATRIX

Das Programm DATRIX dient der Bewertung der Softwarequalität /Robillard 91/, analysiert C-, Pascal- und FORTRAN-Code und ist kompatibel mit solchen Datenpräsentationssystemen wie Lotus 1-2-3, SAS, dBase, Oracle u. a. m.

Die folgende Tabelle beschreibt die Maße einschließlich ihrer vom DATRIX-Tool vorgeschlagenen Grenzwerte für eine Programmbewertung.

FAKTOR	MERKMAL	Normalwerte
Umfang	Anweisungsanzahl	10-300
	Knotenanzahl	2-30
	Entscheidungsknotenanzahl	0-12
	Kantenanzahl	1-20
	Anzahl sich kreuzender Kanten	0-5
Testbarkeit	Anzahl unabhängiger Pfade	1-10000
	Schleifenanzahl	0-5
	mittlere Verschachtelungstiefe	0-4
	mittlere Knotenkomplexität	1-7
	mittlere Entscheidungsknotenweite	1-13
Lesbarkeit	Code/Kommentarverhältnis	50-100
	Kommentarumfang in den DCL's	150-2000
	Kommentare in den Strukturen	150-2000
	Kommentarumfangsverhältnis	10-30
	größte Bezeichnerlänge	5-10

Ebenso gehen auch Maße für die Programmstrukturiertheit in die Wertung mit ein. DATRIX unterstützt also vor allem den Entwurfs- und Implementationsprozeß und ermöglicht ein unmittelbares Feedback. Die Notation einer Programmflußdarstellung hat beispielsweise die Grundformen:

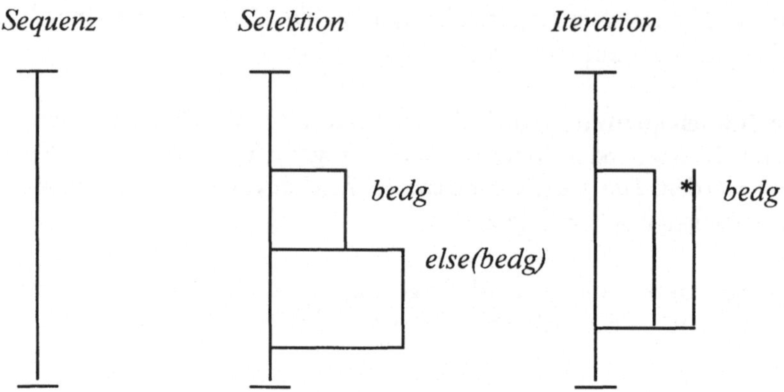

und ermöglicht damit eine besondere Transparenz hinsichtlich Verschachtelung und sich überlagernden Sprüngen in einem Programm. Ein spezielles Flußgraphenbeispiel zeigt das folgende Bild.

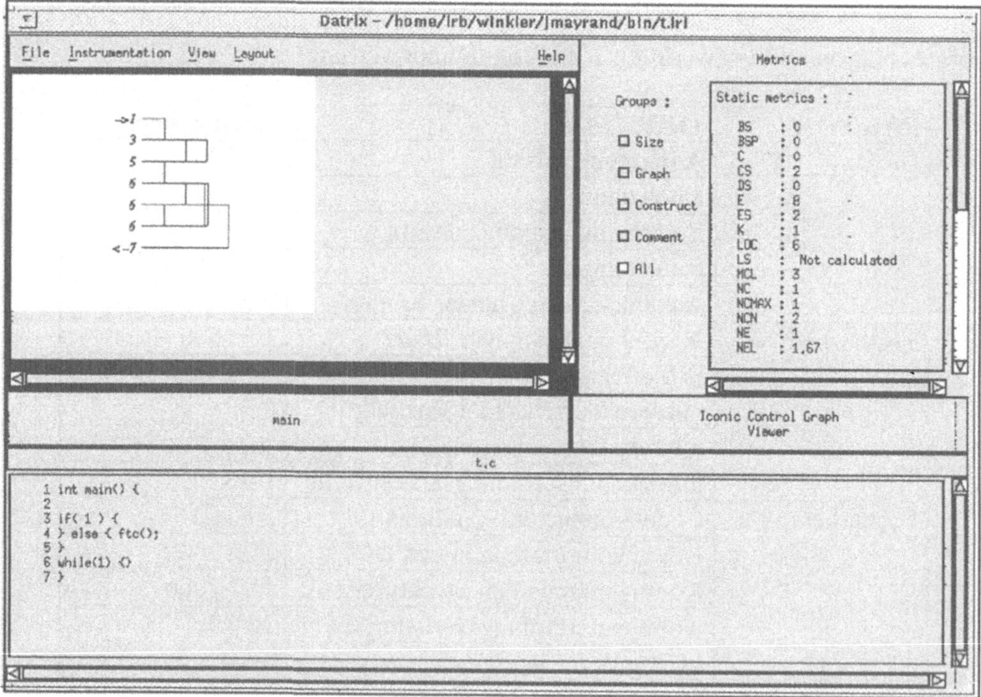

DATRIX läuft auf verschiedene Rechnerplattformen und basiert auf einer bereits jahrelangen Anwendung und einer damit verbundenen Speicherung von Erfahrungswerten für die jeweiligen Metriken.

2.3.3.11 LOGISCOPE

Das folgende Meßtool unterstützt vor allem die graphische Meßwertdarstellung. LOGISCOPE dient der Bewertung von Programmen hinsichtlich der Komplexität der Struktur und der Komplexität der Anweisungen /LOGI/. Die Darstellungsformen für die Programme sind Flußgraphen und Call-Graphen. Eine maßbezogene Bewertung eines Programms hat dann beispielsweise die Form:

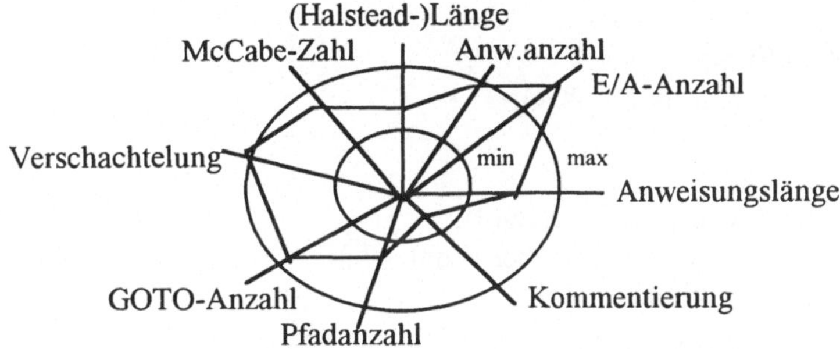

Es verwendet die sogenannten Kiviat-Diagramme, die eine unmittelbare visuelle Einschätzung bezüglich der Wertebereichsüber- oder -unterschreitungen ermöglichen.

Für diese Maße empfiehlt LOGISCOPE beispielsweise für die Programmiersprache C folgende Grenzwerte:

Programmaß	Minimum	Maximum
E/A-Anzahl	2	10
Anweisungsanzahl	1	50
Halstead-Länge	3	450
McCabe-Maß	1	20
maximale Verschachtelungstiefe	1	4
Programmpfadanzahl	1	80
Kommentaranteil	0,2	1
durchschnittliche Anweisungslänge	3	9
GOTO-Anzahl	0	0

Während sich die durchschnittliche Anweisungslänge aus der Halstead-Vokabularanzahl bezogen auf eine Anweisung ergibt, lautet die Pfadanzahlberechnung:

    NPATH(Sequenz) = 1,
    NPATH(if-then-else) = NPATH(then-Zweig) + NPATH(else-Zweig),
    NPATH(while) = NPATH(while-Körper) + 1,
    NPATH(case) = $\sum$ NPATH(case-Zweig).

Die Auswertung erfolgt ebenfalls in sogenannten *Qualitätsdiagrammen*, die Qualitätsmerkmalen die jeweiligen Basismetriken zuordnen und somit eine allgemeine Bewertung des Programm(-system)s ermöglichen. Ein Beispiel für ein einfaches C-Programm sei

```c
/* Bedingte Summierung von Meßwerten, die innerhalb von L und R liegen */
    #include <stdio.h>
    main ()
    { int i,N;
      float L,R,Zahl,Sum;
      scanf(''%d %f %f'',&N,&L,&R);
      SUM = 0;
      i = 1;
      while (i <= N) { scanf(''%f'', &Zahl);
                       if ((L < Zahl) && (Zahl < R))
                       Sum += Zahl;
                       i++;
                     }
      printf(''\n Summe: %f\n'', Sum);
    }
```

Eine erste Qualitätsbewertung für dieses Programm lautet im LOGISCOPE:

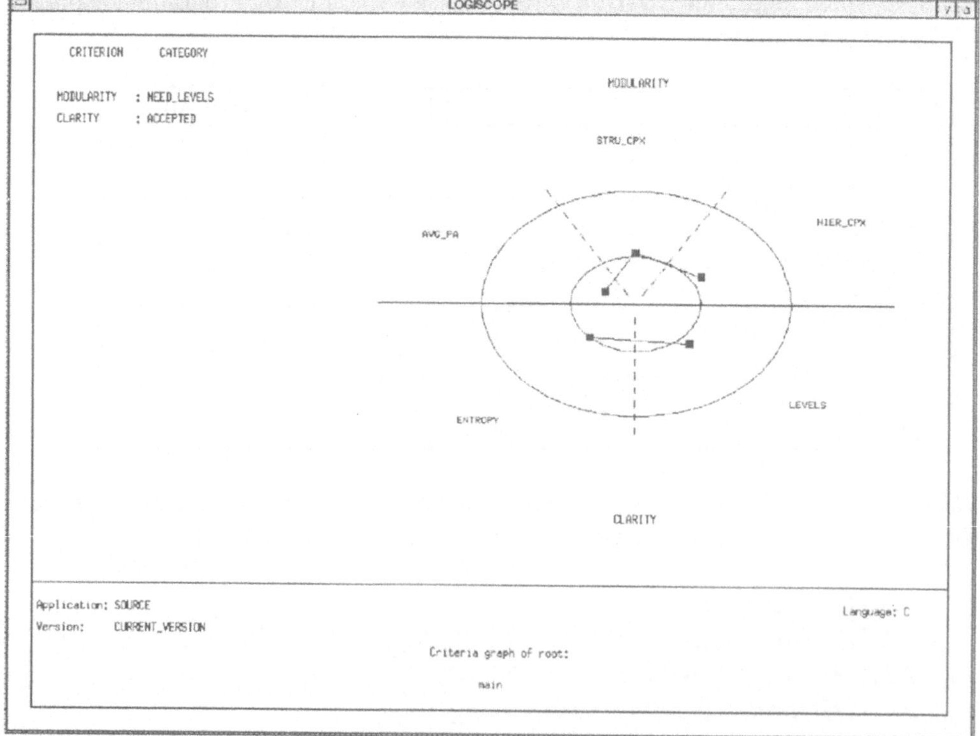

Neben den bereits oben kurz benannten Metriken für den Programmquelltext und den Steuerflußgraphen sind durch **LOGISCOPE** folgende Metriken für den jeweiligen Call-Graphen angewendet worden:

- **Zugriffshäufigkeit zur Komponente M_i:** in der Berechnung

$$A(M) = \sum A(M_j)/C(M_j)$$

  mit $A(M_i)$ als Anzahl der M_i-Aufrufe und $C(M_i)$ als Anzahl der durch M_i aufgerufenen Komponenten,

- **Testbarkeit des Pfades P:** mit der Berechnung

$$TP(P) = 1/(\sum_{M_i \in P} 1/A(M_i))$$

  als Einfluß der Pfadtiefe und der Call-Anzahl auf die Testbarkeit,

- **Hierarchische Komplexität:** (HIER_CPX) als durchschnittliche Anzahl der Komponenten pro Call-Graphenebene,

- **Strukturelle Komplexität**: (STRU_CPX) als durchschnittliche Anzahl der Aufrufe pro Komponente,

- **Systemtestbarkeit:** mit der Berechnung

$$TS = 1/N_p \; (\sum_{i=1...N_p} 1/TP_i \;)^{-1}$$

  mit N_p als Anzahl der Pfade im System und TP_i als Testbarkeit des i-ten Aufrufpfades,

- **Call-Graph-Entropie:** (ENTROPY) mit der Berechnung

$$H = 1/|x| \sum_{i=1...N_p} \log_2 (|x|/|x_i|),$$

  wobei $|x_i|$ die Anzahl der Komponenten des i-ten Pfades darstellt,

- **Anzahl direkter Aufrufe:** als Anzahl der Knotenaustrittskanten innerhalb des Strukturgraphen.

Ein Call-Graph hat beispielsweise für eine Modulstruktur die folgende allgemeine Form (siehe auch 1.3.):

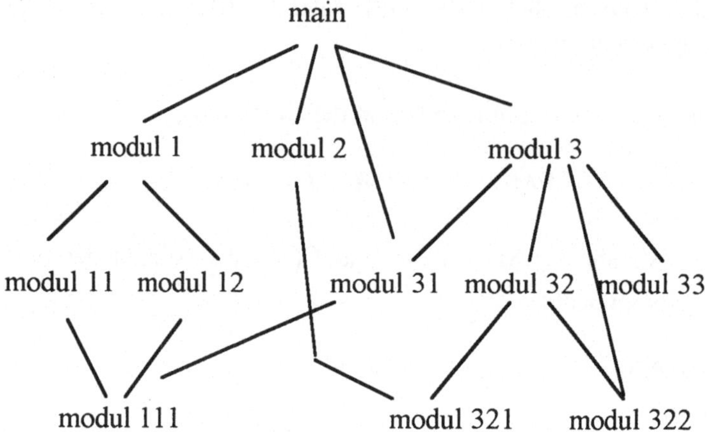

Die Call-Graphenmetriken haben für das oben angegebene C-Programmbeispiel die folgenden Werte:

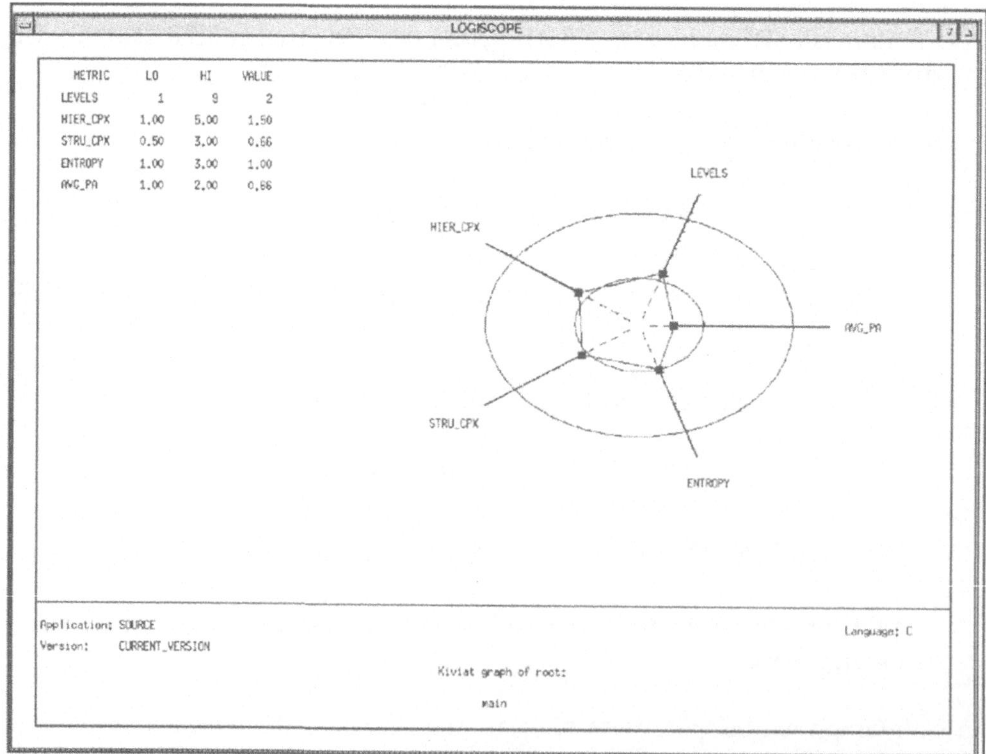

Die Darstellung eines Programmflußgraphen basiert auf (u. a.) folgenden Grundsymbolen:

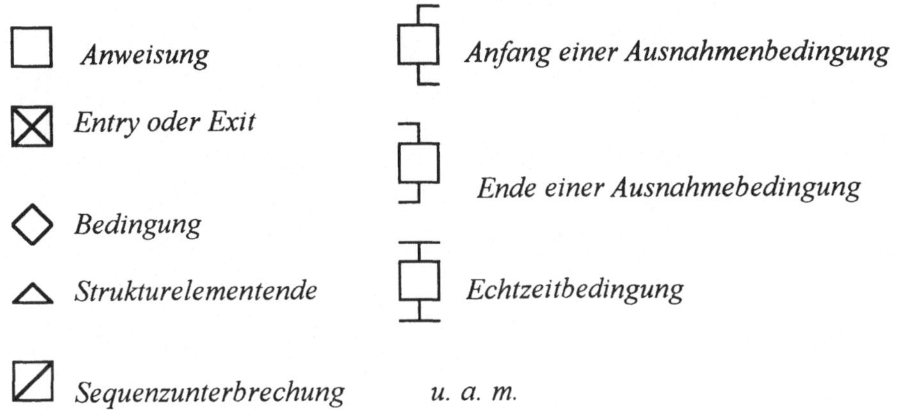

□ *Anweisung*

⊠ *Entry oder Exit*

◇ *Bedingung*

△ *Strukturelementende*

▨ *Sequenzunterbrechung*

Anfang einer Ausnahmenbedingung

Ende einer Ausnahmebedingung

Echtzeitbedingung

u. a. m.

Ein einfacher Steuerflußgraph mit einer Schleife und einer darin befindlichen bedingten Anweisung zum oben angegebenen Programm wird von LOGISCOPE folgendermaßen dargestellt:

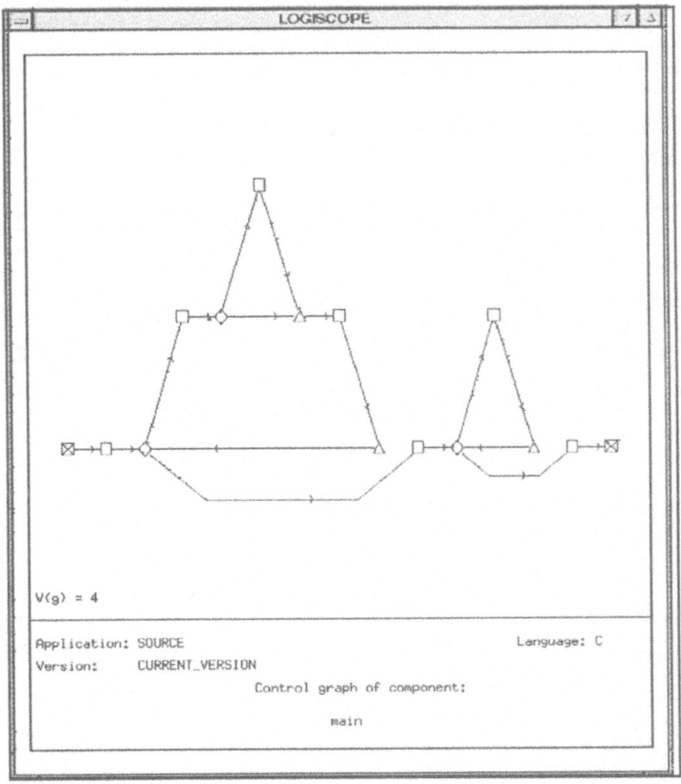

Eine konkrete Bewertung für den oben angegebenen Flußgraphen eines C-Programmes stellt sich folgendermaßen dar:

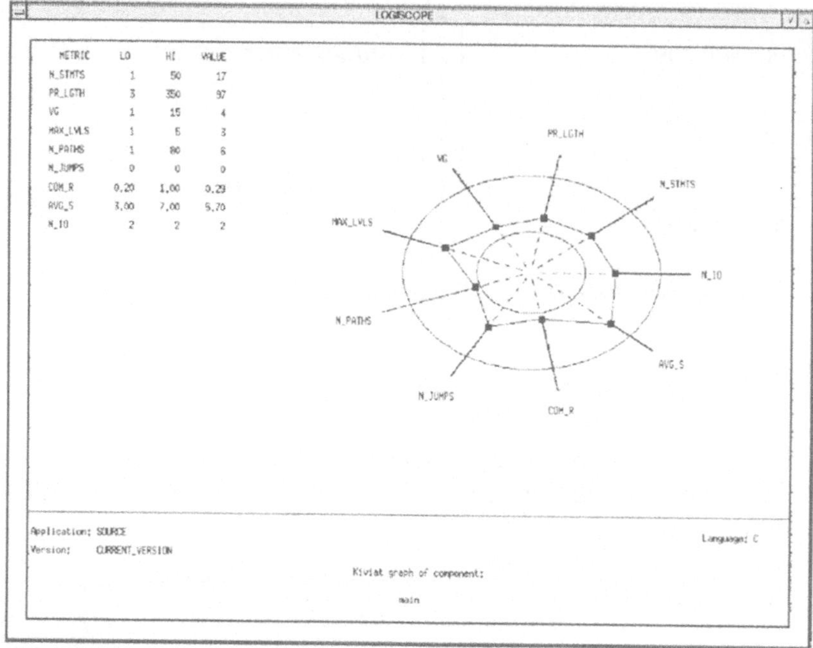

Eine Qualitätsbewertung auf der Grundlage der obigen Messung hat in LOGIS-COPE die Form:

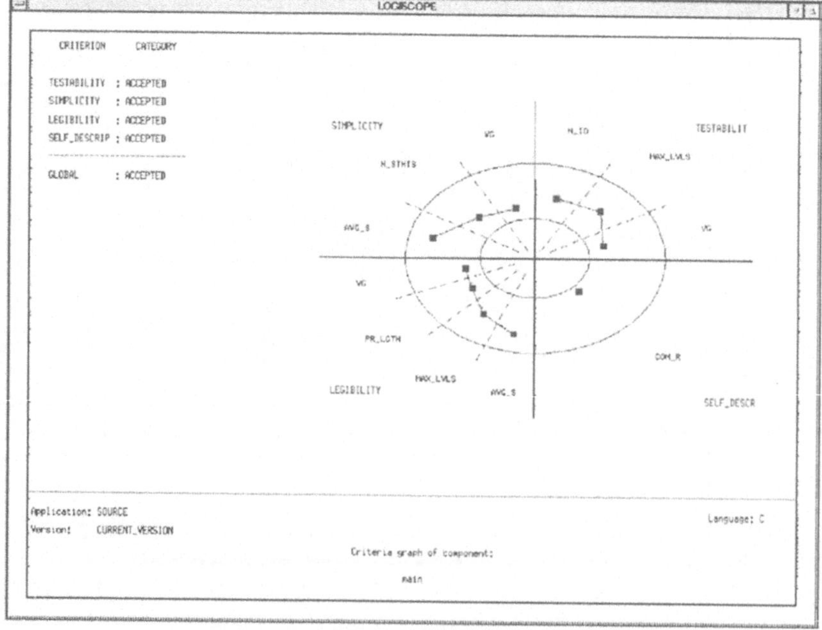

Die Bewertung eines ganzen Programmsystems kann beim LOGISCOPE in verschiedenen, zumeist als Balkendiagramm dargestellten Gesamtübersichten erfolgen. Es ist damit möglich, visuell sehr gut „Ausreißer" bzw. Trends zu erkennen.

Neben dieser statischen Programmanalyse gewährleistet LOGISCOPE auch eine dynamische Programmlaufauswertung. Die folgende Abbildung zeigt eine Testabdeckung:

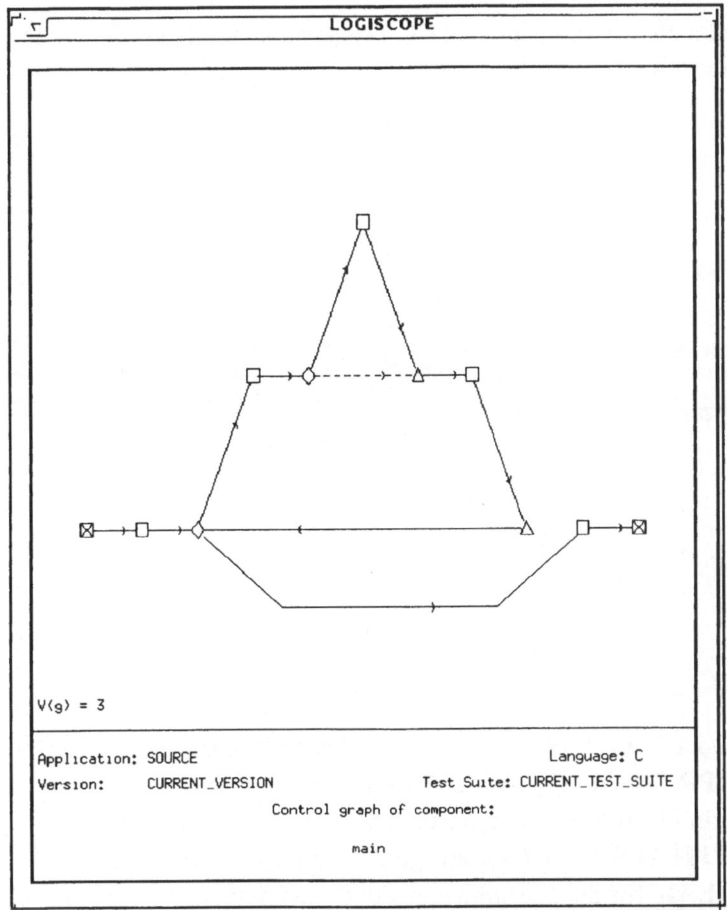

Dabei wurde ein Zweig „angerissen" aber nicht realisiert (gestrichelte Linien). Weitere graphische Präsentationen ermöglichen eine über die gesamte Modulmenge reichende prozentuale Auswertung hinsichtlich der C0- oder C1-Testabdeckung sowie der LCSAJ *(linear code sequenz and jumps)*. Auch die Testergebnisse können in (Balken-) Diagrammform über eine Modulmenge hinweg dargestellt und somit insgesamt bewertet werden.

LOGISCOPE ist für die Anwendung auf Workstations konzipiert und ist unter anderem unter einer Motif-Oberfläche zu benutzen.

2.3.3.12 COSMOS für die Programmbewertung

Das COSMOS-Tool (*COSt Management with Metrics Of Specification*, /COSMOS/) stellt eine Software-Metriken-Workbench, deren grundlegende Charakteristika bereits im Abschnitt 2.3.1.8. beschrieben wurden, dar. Im Softwaremeßlabor der Universität Magdeburg ist dieses Tool ebenfalls auf die Programmiersprache C anwendbar.

Eine Anwendnung für (studentische) C-Programme zeigt das folgende Programmflußgraphenbeispiel.

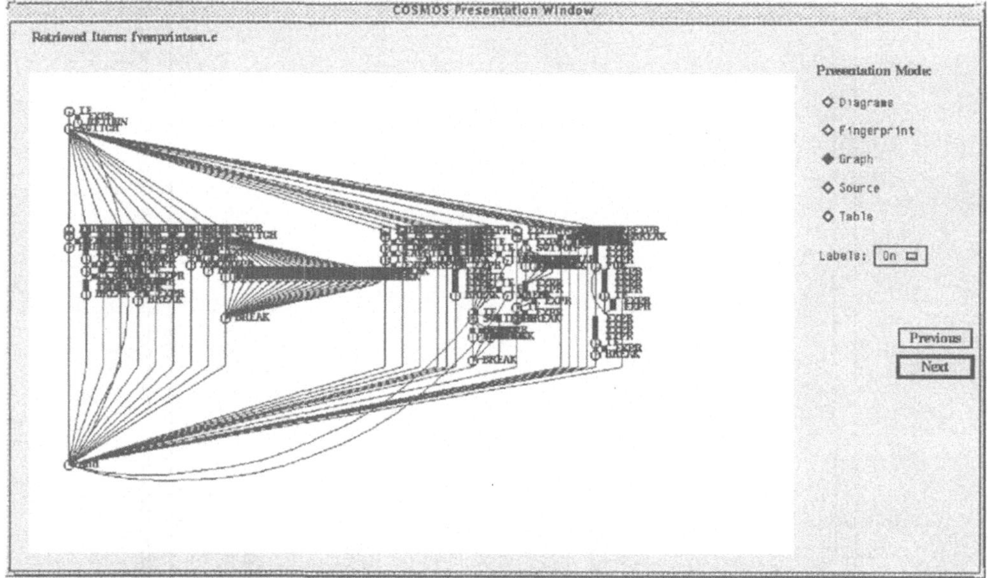

Dabei verwendet COSMOS folgende Knotenbezeichnungen:
- **EXPR** für eine allgemeine Anweisung,
- **IF** für einen Verzweigungsknoten,
- **SWITCH** für eine Case-artige Programmverzweigung,
- **BREAK** für die „zusammengefaßte" Beendigung,
- **RETURN** für das Verlassen einer (zyklischen) Struktur.

Im Falle eines Unübersichtlichkeitseffektes durch diese Bezeichnungen kann die Knotenbezeichnung unterbunden werden. Damit sind bereits visuell eine hohe Verzweigungsrate oder aber häufig auftretende Kreuzungspunkte gut zu erkennen.

COSMOS bietet dabei auch die Möglichkeit, innerhalb der Flußgraphendarstellung mit der Maus zu „navigieren" und dabei stellenbezogen gewünschte Vergrößerungen vorzunehmen, die somit bereits eine gute visuelle Analyse der Programmstruktur unterstützt. Ein Beispiel ist der folgende Steuerflußgraph, der eine Systemsoftware-komponente darstellt.

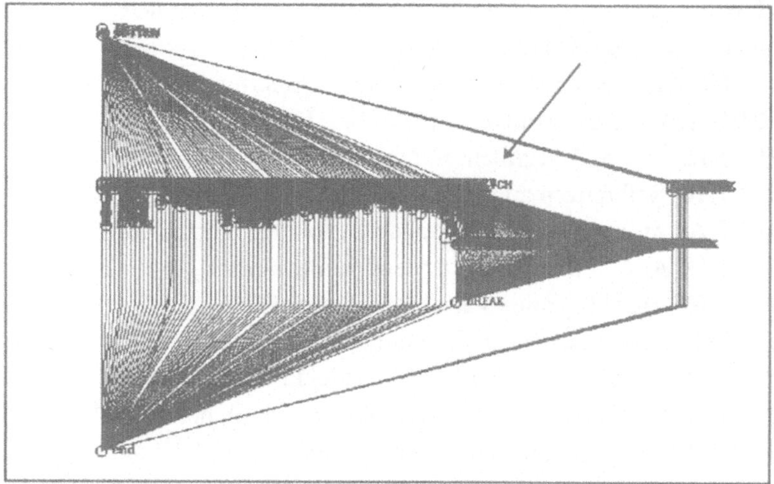

Erst die Vergrößerung der oben markierten Stelle läßt die Programmierweise erkennen

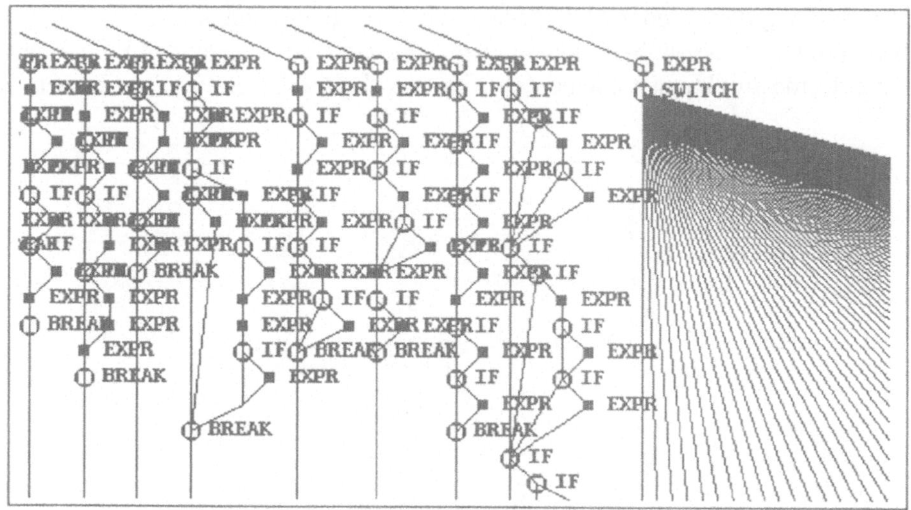

Für die Bewertung von C-Programmsystemen besitzt COSMOS die Auswertungsmöglichkeit auf der Modulebene. Die 26 vordefinierten Maße bzw. Metriken dafür sind

- **MFFIC:** Funktionsaufrufe innerhalb des Moduls,
- **MFFIU:** Anzahl der Aufrufe unterschiedlicher Funktionen,
- **MFFOC:** Anzahl der Aufrufe externer Funktionen,
- **MFFOU:** Anzahl der externen Aufrufe unterschiedlicher Funktionen,
- **MFJBD:** Definition von Sprungzielen innerhalb des Moduls,

- **MFJLB:** lokale BREAK-Sprünge,
- **MFJLC:** lokale Vorwärtssprünge,
- **MFJLE:** lokale Sprünge an das Modulende (z. B. RETURN),
- **MFJLG:** lokale GOTO's,
- **MFPID:** Anzahl der im Funktionskopf definierten Parameter,
- **MFVEA:** Wertzuweisungen zu externen Daten,
- **MFVER:** externe Variablenreferenzen,
- **MFVGR:** Referenzen zu globalen Daten,
- **MFVLA:** Anfangswertzuweisungen zu lokalen Variablen,
- **MFVLD:** Anzahl lokaler Variablendeklarationen,
- **MFVLR:** Anzahl lokaler Variablenreferenzen,
- **MMFED:** Anzahl externer Funktionsdeklarationen,
- **MMFSD:** Anzahl statischer Funktionsdeklarationen,
- **MMIID:** Anzahl der deklarierten Files innerhalb des Moduls,
- **MMLCM:** durchschnittliche Zeilenanzahl zwischen Kommentaren.

Die Maße *MFFIC* bis *MFFOU* existieren sinngemäß auch für Module als **MMFIC** bis **MMFOU**.

Die Anwendung der C- oder M-Metriken kann im Menü unter *Analyser* ausgewählt werden. Weitere COSMOS-Anwendungen[28] auf das Betriebssystem LINUX zeigten relativ extreme Funktionsimplementationen, wie beispielsweise in den beiden Formen:

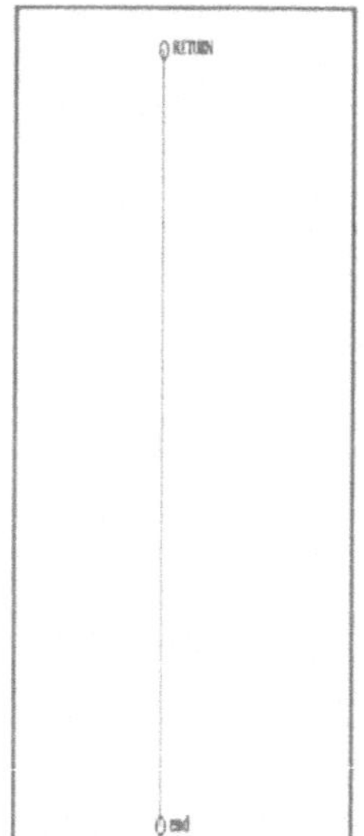
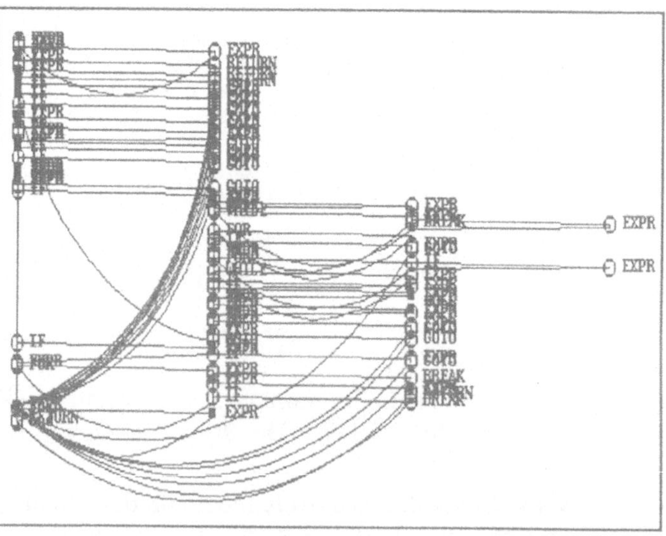

---

[28] Die COSMOS-Anwendung setzt das Vorhandensein von Include-Files im aktuellen Verzeichnis voraus. Außerdem ist das Maß der (Test-) Pfadanzahl CFSPC nachzuprüfen, da Sprünge zum Programmende die notwendige Pfadeinschränkung nicht immer gewährleisten.

Auf diese Wiese können bereits Singularitäten in der Programmarchitektur erkannt und zielgerichtet beseitigt werden. Zur detaillierteren Bewertung werden wiederum die bereits in 2.3.1.8. angegebenen (vom COSMOS-Tool vorgeschlagenen) Grenzwerte für die einzelnen Maße verwendet.

Ebenfalls können auch hierbei auf der Grundlage der oben beschriebenen Metrikdefinitionssprache eigene Merkmale bzw. Indikatoren zur Messung und Bewertung der Programmqualität verwendet werden.

2.3.3.13 PC-METRIC

Das Meßtool PC-METRIC ist ein Produkt der SET Laboratory in Mulino (Oregon) und dient der einfachen Meßwertbestimmung für die Codemaße nach McCabe, Halstead bzw. dem Lines of Code[29]. Ein Beispiel für eine Auswertung hat im PC-Metric die Form[30]

Program Measure	Version 1	Version 2
Software Science Length	2395	2528
Estimated Software Science Length	1243	1385
Purity Ratio	0.52	0.55
Software Sience Volume	18093	19431
Software Science Effort	4336950	5545681
Estimated Errors using Software Science	6	6
Estimated Time to Develop, in hours	77	86
Cyclomatic Complexity	91	93
Extended Cyclomatic Complexity	119	127
Average Cyclomatic Complexity	13	6
Average Extended Cyclomatic Complexity	17	8
Lines of Code	653	1167
Number of Executable Semi-colons	184	221

---

[29] Zur detaillierten Bechreibung dieser Maße siehe beispielsweise wiederum /Dumke 92a/ oder /Dumke 93/.

[30] Siehe Müller, K.: *Vergleich einer konventionellen mit einer CASE-Toolentwicklung eines Programmsystems.* Diplomarbeit, Universität Magdeburg, 1993

und zeigt, daß eine fü r eine einzelne Applikation realisierte Umstellung auf die
CASE-Toolnutzung (Version 2) nicht die (erhofften) großen Qualitätsverbesserun-
gen gegenüber der konventionell programmierten Form (Version 1) erbrachte.
PC-Metric ist - wie der Name schon verrät - für den PC ausgerichtet und wertet
Programmiersprachen wie C und Pascal aus.

2.3.3.14 Das Prometrix-Tool

Das Prometrix-Tool wird von der Firma Infometrix Software in Glasgow vertrieben
(/Prometrix 92/) und dient der Programmcodemessung und -bewertung. Die grundlegenden Maße bzw. Metriken entsprechen dabei dem des QUALMS-Tools (siehe
2.3.3.8). Darüberhinaus stellt es dem Anwender nach der Flußgraphenmodellierung
eine Schnittstelle zur Verfügung, die eine eigene (weitere) Auswertungsform ermöglicht. Neben den bereits vordefinierten Anwendungsmöglichkeiten für die Programmiersprachen C, Pascal, Ada, COBOL und dBase können somit weitere Sprachen
bewertet werden. Ein Beispiel für die Softwaremessung der funktionalen Programmiersprache *Miranda* ist in /Berg 95/ beschrieben. Das allgemeine Layout von Prometrix hat die Form

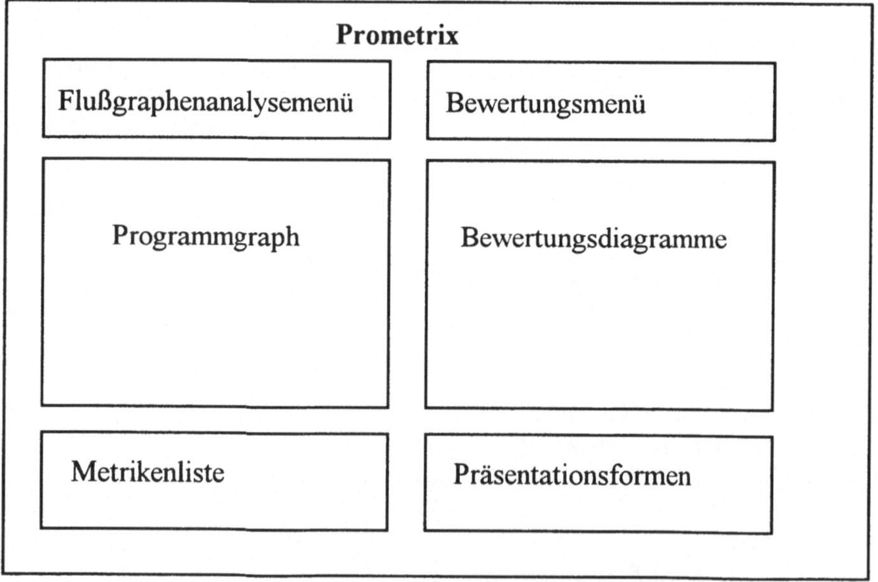

Weiterhin gestattet Prometrix, die Meßdaten sowohl tabellarisch als auch in einfachen Diagrammen darzustellen. Für eine flexible statistische Auswertung besteht die
Möglichkeit, Files für den Anschluß an Statistikprogrammpakete auszugeben.

Prometrix läuft im allgemeinen auf Sun Workstations unter OpenWindows und unterstützt eine flexible Anwendungsform.

2.3.3.15 METROPOL

Das Meßtool METROPOL ist CEP-Produkt aus Paris und wurde für die verschiedensten Rechnerplattformen und Programmiersprachen (C, Ada, C++, Chill, COBOL, Fortran und Pascal) konzipiert (/Jannasch 92/). Er dient der Messung verschiedenster Aspekte

* in der direkten Form des Quellcodes mit den Maßen:
    - Halsteads Software-Science-Maße,
    - Umfang der Programmdeklarationen,
    - Anzahl der Kommentare,
    - Anzahl der Anweisungen,
    - Umfang des Anweisungsanteiles;

* in der indirekten Form über die Modelle des Steuerfußgraphen mit den Maßen:
    - McCabe's Komplexitätsmaß,
    - Anzahl der Knoten und Kanten,
    - maximale Verschachtelungstiefe,
    - maximale Knotengradzahl u. a. m.

    sowie für den Call-Graphen mit den Maßen der
    - hierarchischen Komplexität nach Gilb,
    - Call-Graphenentropie,
    - Mohanty-Testbarkeitsmaß und
    - der Pfadanzahl.

Darüberhinaus führt METROPOL verschiedene Prüfungen zur Einhaltung (vorgegebener) Programmierkonventionen, wie beispielsweise die Kontrolle der Bezeichnungen hinsichtlich Länge und Mnemonik, die Deklaration aller Variablen, die Einhaltung von Restriktionen zum Gebrauch der Programmiersprachelemente und die Modularität durch.

METROPOL enthält selbst einige Auswertungsformen für die Meßdaten als Balkendiagramme, Kreisdiagramme und Tabellen und bietet aber auch die Möglichkeit, durch eine entsprechende Formatausgabe Eingabefiles für eigenständige Präsentations- und Auswertungstools einzubeziehen.

Das Meßtool METROPOL ist vor allem für Workstation (Sun, HP, IBM) und mittlere Computer, wie DEC, BULL u.a. ausgelegt.

Weitere Meßtools für den Programmcode sind (/Hetzel93/) ACT, ARMA, C-Metric, CMT, CMS-2, RA-METRICS und SCAM.

2.3.4 Meßtools für den Programmtest

Mit statischen und formalen Testmethoden, wie sie bereits in den vorhergehenden Phasen realisierbar sind, lassen sich bereits eine Reihe von Fehlern erkennen und beseitigen. Hier soll die Messung bzw. Bewertung der Programmqualität auf der Grundlage des **dynamischen Programtests** eingegangen werden.

Die allgemeine Vorgehensweise beim dynamischen Test zeigt vereinfacht das folgende Schema:

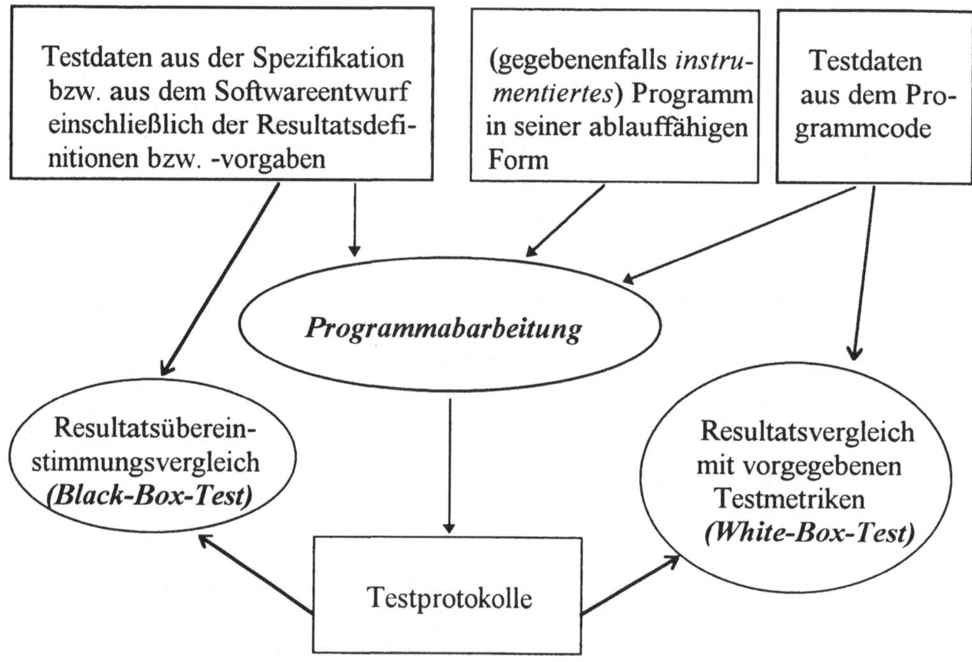

Beim Black-Box-Test wird der eigentliche Funktionstest vorgenommen. Er beruht auf den (systematisierenden) Prinzipien der

- **Testfalldefinition:** als Herleitung der verschiedenen Testbereiche und -arten aus der Programmspezifikation,

- **Äquivalenzklassenbildung:** als Klassifikation der Testdaten hinsichtlich der verschiedenen Normalwerte, Falschwerte, Extremwerte u. ä. m.

Das „Problem" beim Black-Box-Test besteht vor allem in seinem Stichprobencharakter.

Der White-Box-Test ist der eigentliche Ansatzpunkt für Softwaremetriken, d. h. es geht darum, **Indikatoren** aus der Art und Weise der Programmierung (Struktur, Programmierstil, Programmlogik usw.) für ein mögliches Fehlverhalten zu finden. Derartige Indikatoren bzw. Metriken beim dynamischen Test sind beispielsweise folgende

- **Testbarkeitsmaße:** diese Maße charkterisieren eine „mögliche" Testung in der Weise, daß sie auf der Grundlage der möglichen Testpfade auf ein indirektes Verhältnis hinweisen. Eine sehr hohe Testpfadanzahl verringert die Möglichkeit der Testung aller Testfälle durch die zu hohe (nicht mehr erlebbare) Testzeit.

- **Testabdeckungsmaße:** hierbei geht es um das „Abdecken" aller Anweisungen oder Pfade in einem Programmsteuerflußgraphen. Beispiele sind C0 (Abarbeitung aller Anweisungen), C1 (Abdeckung aller Pfade), C2 (Abdeckung aller Bedingungsteile) usw. (siehe hierzu /Dumke 93/).

- **Testdatenflußmaße:** diese Maße basieren auf einer Analyse der Datendefinitionen (auch in Form einer Ergibtanweisung oder einer Eingabe) und deren spätere Anwendung (bei einer Berechnung oder Bedingung). Es werden dabei der Abstand von einer Definition zur Nutzung bzw. die Kreuzungsmöglichkeiten berechnet.

Die White-Box-Testmaße werden im allgemeinen durch eine sogenannte Instrumentierung (Einbringen spezieller Ausgabeanweisungen für eine (Zwischen-) Zustandskennzeichnung) ermöglicht.

Während beim Black-Box-Test eine (eingeschränkte) Funktionalität nachgewiesen wird, zeigt der White-Box-Test, ob überhaupt alle Anweisungen in den Test mit eingegangen sind. Es weist somit auf ein *potentielles Fehlverhalten* hin.

Einige beim Programmcode beschriebenen Meßtools unterstützen bereits derartige Metrikenformen (LOGISCOPE, CodeCheck u. a. m.). Hier sollen einige weitere Meßtools kurz erläutert werden.

2.3.4.1 Das IDAS-TESTDAT-Tool

Das IDAS-TESTDAT-Tool ist ein Tool aus der IDAS-Gruppe und unterstützt den Test hinsichtlich der Vorbereitung (durch eine quelltextbezogene Testdatenauswahl), der Testrahmenerzeugung (als Generierung von Funktionsaufrufen) und der Testdurchführung. Dabei werden folgende Meßdaten erzeugt /IDAS/:

- **im Black-Box-Test:** Vergleichsergebnisse (Soll - Ist), Schnittstellenkonsistenz,

- **im White-Box-Test:** mit den Meßwerten als
    - *Anzahlen* (Anweisungen, Sprüngen, Zweige),
    - *Struktur* (Modulabhängigkeiten, Aufrufbäume, Cross-Referenzen),
    - *Komplexität* (als McCabe-Maß),
    - *Testabdeckung* (als C0- bzw. C1-Abdeckung).

Die Auswertung der Testergebnisse bleibt allerdings hauptsächlich dem Toolanwender überlassen und sollte durch weitere Meßdatenauswertungstools (s. u.) unterstützt werden.

IDAS-TESTDAT ist ein Tool zur Testung von C-Programmen. Die Installation ist einfach und problemlos. Die ersten Schritte zum Verstehen des Programms sind mühelos nachvollziehbar. Es wird keine Grafikoberfläche angeboten. Die Auswertung erfolgt in verschiedenen Files. Bei zu großen Differenzen in der Auswertung wäre allerdings ein Abbruch des Tests empfehlenswert.
Das TESTDAT-Tool ist für folgende Softwareplattformen anwendbar:

- **MS DOS:** MS-C oder MS-C-51 V5.1, MS-C-60 V6.0, MS-C-70 V7.0, IC86 V4.1, Turbo-C++, Borland-C++,
- **UNIX:** GNU, APOLLO-UNIX, IX-UNIX.

ANSI-C-Bitfelder werden nicht unterstützt. Die Arbeit des Tools unterteilt sich in folgende Schritte:

1. Generierung eines Testrahmens für eine zu testende Funktion,
2. Statische Analyse des zu testenden Codes,
3. White-Box-Test,
4. Black-Box -est,
5. Erstellung eines Testprotokolls.

Nach der Installation muß noch eine Umgebungsvariable mit dem Namen *TESTAT* angelegt werden. Diese muß das aktuelle IDAS-TESTDAT Verzeichnis enthalten.
Es existiert auch eine Funktion zum Stoppen des Tests (Haltepunkt). Diese wird z.B. an einem Aufruf für externe Geräte und das nachträgliche Weiterführen des Testfalls genutzt.
Weiterhin besitzt IDAT-TESTDAT das Makro *TESTAT*, um über das Konstrukt "#ifdef TESTAT ..." bestimmte Simulationen für den Test durchzuführen.

Als Anwendungsbeispiel für das IDAT-TESTDAT sei der folgende Quelltext zu testen:

```c
#include <stdio.h>
typedef int bool;
void start();        /* um nicht die main zu testen*/
int Funktion1();    /* Zuweisung an Strukturen */
int Funktion2();    /* Zuweisung an Arrays */
struct Person{
    int Nummer;
    char* Name;
    }P1;
int Zahlen[10],Sum=0;
main()
{   int i=1;
    printf("Startzahl: %d\n",i);
    start(i);
    return (0);
}
void start(i)
int i;
{   bool Ende=0;
            do {    switch(i)
                            {
                            case 1: i=Funktion1();break;
                            case 2: i=Funktion2();break;
                            /*Zweig der nicht durchlaufen wird*/
                            case 6: Funktion1();break;
                            default: Ende=1;
                            };
                    }while(!Ende);
}
int Funktion1()
{   if (P1.Nummer==0) printf("Initialisiert mit 0 !\n");
            else printf("%s\n",P1.Name);
    return 2;
}
int Funktion2()
{   int l;
    Sum=0;
    for (l=0; l<10; l++)
            {
            Sum+=Zahlen[l];
            }
    printf("Summe :%d\n",Sum);
    if (Sum<20)
            {
            Zahlen[0]++;
            return 2;
            }
    return 3;
}
```

Um dem TESTDAT-Tool den zu testenden Quelltext zu übergeben, ist ein Aufruf beispielsweise der Form "enter /opt1/testat/test.c" zu realisieren.

Das Kommando *enter* nutzt die Konfigurationsdatei *"testat.cnf"*. Diese enthält alle für die Konfiguration wichtigen Werte und Variablen wie Includeverzeichnisse, Systemwerte, Schalter für die verschiedenen zusätzlichen Testprotokolle u.s.w. Das Kommando *enter* erzeugt als Ergebnis verschiedene Dateien. *<test>.dat* und *<test>.rfd* sind für die Testrahmengenerierung von Bedeutung. *<test>.i* ist die Quelle für die Erzeugung von *<test>.o*, der Objektdatei. Diese darf nicht mit der C-Objektdatei überschrieben werden. *<test>.ifo* enthält eine Versionsbeschreibung des Tests. *<test>.brc* wird erzeugt, wenn die Instrumentierung (in der Konfigurationsdatei) ungleich *AUS* gesetzt ist. Sie enthält die Zweigstruktur des Programms. Im einzelnen wird die Numerierung der Zweige, die Programmzeilen, die Verschachtelungstiefe, die Verzweigungsbefehle, die Anzahl der durchlaufenen Statements, der Funktionsname oder eine Numerierung der Case-Zweige und bei Funktionen die Anzahl der möglichen Zweige ausgegeben.

Das *<test>.brc-File* für das oben angegebene Beispiel hat den folgenden Inhalt:

```
 0   22   2   return 0
 1   16   1   func   3   test_main    1
 0   33   5   break  0
 4   33   4   case   2   1
 0   34   5   break  0
 5   34   4   case   2   2
 0   36   5   break  0
 6   36   4   case   2   3
 7   37   4   dflt   1   4
 0   31   3   switch 0
 3   30   2   do     1
 2   25   1   func   1   start      5
 9   44   3   then   1
10   45   3   else   1
 0   44   2   if     0
 0   46   2   return 0
 8   42   1   func   2   Funktion1    2
12   54   2   for    1
 0   62   4   return 0
13   60   3   then   2
14    0   3   ifnot  0
 0   59   2   if     0
 0   64   2   return 0
11   49   1   func   5   Funktion2    3
```

Die Erstellung der vollständigen Referenzdatei *system.ref* ist eine notwendige Voraussetzung für den Test. Sie enthält alle für das Testsystem notwendigen Informationen zu den Programmmodulen. Das Kommando *makeref* dient der Erstellung dieser

Referenzdatei. Für das hier angegebene Beispiel lautet dieser Eintrag für die Referenzdatei "/opt1/testat/test.c : .".

Danach ist eine sogenannte Rahmengenerierung vorzunehmen. Sie wird beispielsweise mit dem Kommando *frame testling test.c func* vorgenommen. Dabei übernimmt das Kommando *frame* die Rahmengenerierung der zu testenden Funktion *(func)* für das Modul <*test*>.*c* und erstellt einen Testling *(testling.exe)*. Der Testlauf wird durch die <*testling*>.*exe* ausgeführt. Für die Steuerung des Testlaufs erzeugt *frame* folgende Dateien:

- die Schnittstellendatei <*testling*>.*ifc* (nur hier aufgeführte Variablen können in der Teststeuerdatendatei <*testling*>.*tsd* verwendet werden),
- der Teststeuerdatendatei <*testling*>.*tsd* selbst,
- die Datei <*testling*>.*sym, die* die Schnittstellendatei in binärer Form enthält.

Die Teststeuerdatendatei <*testling*>.*tsd* lautet für das obige Beispiel

```
#define XXX_STRLEN 80
/*
** -------------------- Initialteil --------------------- **
*/
$ initial start_ok *
  P1 .Nummer              = 0;
  P1 .Name                = & xxx_heap [0];
  xxx_heap [0]            = 'c';
  Zahlen [ 0:9 ]          = { =1,=1,=2 ..};
  Sum                     = 0;
/* ------------- Parameter der Funktion start -------------- */
  testling .i             = 1;
/*
** ---------------------- Ergebnisteil --------------------- **
*/
$ result start_ok @
testling .i=1;
Sum=20;
/*
** --------------------- Initialteil --------------------- **
*/
$ initial start_false *
  P1 .Nummer              = 0;
  P1 .Name                = & xxx_heap [0];
  xxx_heap [0]            = 'c';
  Zahlen [ 0:9 ]          = { =3 ..};
  Sum                     = 0;
/* ------------- Parameter der Funktion start -------------- */
  testling .i             = 1;
/*
** ---------------------- Ergebnisteil --------------------- **
```

```
*/
$ result start_false @
testling .i=4;
Sum=20;
```

Dauraus wird vom System die sogenannte Vorlage *<testling>.btf* erstellt. Die Teststeuerdatendatei hat folgenden Inhalt:

- alle für den jeweiligen Test wesentlichen Variablen,
- die unterschiedlichen Testfälle mit den zugehörigen Funktionen,
- den Initialteil, wobei hier ein "*" bedeutet, daß alle nicht explizit aufgeführten Variablen auf einen Zufallswert gesetzt werden und durch ein "@" alle nicht explizit aufgeführten Variablen unverändert bleiben,
- den Ergebnisteil; hier bedeutet ein "*": alle nicht explizit aufgeführten Variablen sind irrelevant, ein "@": die Variablen sollen den gleichen Wert haben wie vor dem Funktionsaufruf und ein "~ " bei Real-Zahlen bedeutet, daß die Variable sich in einem Intervall befinden (prozentuale Abweichung vom Ergebnis) muß.

Ansonsten können Wertzuweisungen gemäß der in C üblichen Weise vorgenommen werden mit einigen Ausnahmen, und zwar derart, daß beispielsweise *Casts* ohne Klammern oder zusätzliche Zuweisungsmöglichkeiten für Felder angegeben werden müssen. Zur Initialisierung können auch Funktionen der einzelnen, dem Testsystem bekannten, Module genutzt werden.

Die Datei *<testling>.inf* ist eine Weiterführung der *<test>.ifo*. Dann erfolgt der eigentliche Testlauf (beispielsweise mit dem Kommando *testrun /opt1/testat/ testling*. Mit diesem Kommando *testrun* wird der Testlauf „angestoßen". Es wird die Testprotokolldatei *<testling>.prt* erzeugt.
Die Datei *<testling>.crf* wird erzeugt, falls in der Konfigurationsdatei die Variable "Aufrufbaum" gleich "Ein" gesetzt wurde. Sie gibt den aus der statischen Analyse gewonnenen Aufrufbaum (welche Zweige des Programmes durchlaufen werden können) aus. Die Datei *<testling>.log* wird erzeugt, falls beim Kommando "testrun" die Option *log* angegeben wurde. Sie beinhaltet alle durchlaufenen Programmteile (Module und Funktionen) bis zum Ende oder Programmabsturz. Ein kurzer Auszug aus dieser Datei lautet

```
Modul test, Zweig 2 (Zeile 30 in test.c, Zeile 273 in test.i)
Modul test, Zweig 3 (Zeile 31 in test.c, Zeile 274 in test.i)
Modul test, Zweig 4 (Zeile 33 in test.c, Zeile 276 in test.i)
Modul test, Zweig 8 (Zeile 44 in test.c, Zeile 287 in test.i)
Modul test, Zweig 9 (Zeile 44 in test.c, Zeile 287 in test.i)
```

Die Testprotokolldatei hat den folgenden allgemeinen Inhalt:

- Black-Box-Test,
- White-Box-Test,
- modulbezogene Anzahl der Zweige, die maximale Verschachtelungstiefe und das McCabe-Maß,
- modulbezogene Anzahl der Funktionen, Zweige und Statements und Prozentzahlen für die Anweisungs- und Zweigüberdeckung .

Der Black-Box-Test gibt Auskunft über Abweichungen der modullokalen Variablen, die getestet wurden. Der White-Box-Test beinhaltet:

- das McCabe-Maß der zu testenden Funktion,
- Zeilenanzahlen und Verschachtelungstiefen,
- für jeden Zweig die Anzahl der Statements und Zweige der Funktion, welche davon durchlaufen wurden, wie oft diese durchlaufen wurden und ihren prozentualen Anteil,
- Warnungen vor nicht programmierten *default*-Zweigen, überflüssigen Schleifen und Nichtübereinstimmung der Anzahl von Durchläufen bei über- und untergeordneten Zweigen.

Die Komplexität wird dabei wie folgt berechnet:

- Jede Funktion hat zunächst den Wert 1.
- Jedes *if, for, while, do-while* und "?" erhöht den Wert um 1.
- Jede **switch**-Anweisung erhöht den Wert um die Anzahl ihrer *case*-Zweige (ohne den *default*-Zweig).

Für das hier angegebene Beispiel lauten die konkreten Werte (als Auszüge aus dem *<tesling>.prt*-File)

Testueberdeckung des Moduls
Ueberdeckung der Anweisungen : C0 = 75 %
Ueberdeckung der Zweige   : C1 = 79 %

Statische Analyse des Moduls

Anzahl der Funktionen   :   4
Anzahl der Anweisungen   :   24
Anzahl der Zweige   :   14
Anzahl der Spruenge   :   0
Max. Verschachtelungstiefe :   2
Komplexitaetsmass (McCabe) :   11

--- 2 Abweichungen ab Testfall start_false --

White-Box-Protokoll

```
Start   module test  McCabe : 11
     |  total   |  passed  |  percent
Type   | Brch Stmt | Brch Stmt | Brch Stmt
-------|-----------|-----------|----------
module |  14  24 |  11  18 |  79  75


Functions   module test
          |  total  |      |
Line Type   | Brch Stmt | Passes | Name
----------------|-----------|--------|--------------------------------
   16 func  |   1   3 | oooooo | test_main
   25 func  |   6   9 |    2 | start
   42 func  |   3   4 |    2 | Funktion1
   49 func  |   4   8 |    4 | Funktion2


Start   func  start  McCabe : 5


             |  total  |       |  passed  |  percent
Line Lv Type   | Brch Stmt | Passes | Brch Stmt | Brch Stmt
------------------|-----------|--------|-----------|----------
   25   func  |   6   9 |    2 |   5   7 |  83  78
   30  1 do   |   5   8 |    8 |   4   6 |  80  75
   31  2 switch |   4   7 |    8 |   3   5 |  75  71
   33  2 case 1 |   1   2 |    2 |   1   2 |  100 100
   33  2 break  |   0   0 | BREAK Switch Line 31
   34  2 case 2 |   1   2 |    4 |   1   2 |  100 100
   34  2 break  |   0   0 | BREAK Switch Line 31
   36  2 case 3 |   1   2 | oooooo |   0   0 |   0   0
   36  2 break  |   0   0 | BREAK Switch Line 31
   37  2 dflt 4 |   1   1 |    2 |   1   1 |  100 100


End    func  start

Start  func  Funktion1  McCabe : 2


             |  total  |       |  passed  |  percent
Line Lv Type   | Brch Stmt | Passes | Brch Stmt | Brch Stmt
------------------|-----------|--------|-----------|----------
   42   func  |   3   4 |    2 |   2   3 |  67  75
   44  1 if   |   2   2 |    2 |   1   1 |  50  50
   44  1 then  |   1   1 |    2 |   1   1 |  100 100
   45  1 else  |   1   1 | oooooo |   0   0 |   0   0
   46  0 return |   0   0 | RETURN from Funktion1
End    func  Funktion1

Start  func  Funktion2  McCabe : 3
```

```
                    |  total  |      | passed | percent
         Line Lv Type  | Brch Stmt | Passes | Brch Stmt | Brch Stmt
         -----------------|------------|--------|-----------|----------
             49   func  |  4   8 |   4 |  4   8 | 100  100
             54  1 for  |  1   1 |  40 |  1   1 | 100  100
             59  1 if   |  2   2 |   4 |  2   2 | 100  100
             60  1 then |  1   2 |   2 |  1   2 | 100  100
             62  1 return|  0   0 | RETURN from Funktion2
                 1 ifnot |  1   0 |   2 |  1   0 | 100  100
             64  0 return|  0   0 | RETURN from Funktion2


         End    func   Funktion2
         End    module test
```

Black-Box-Protokoll

start_ok *** keine Abweichungen ***

start_false *** Abweichungen ***

Sum = 0x1E = 30
 *** erwartet *** : 0x14 = 20
testling .i = 0x1 = 1
 *** erwartet *** : 0x4 = 4

Rückgabewerte für die Kommandos *enter, frame* und *tdebug* sind unter UNIX 0.
Für das Kommando *testrun* existieren folgende Rückgabewerte:

Überdeckung	Abweichungen	Rückgabewerte
100%	keine	0
<100%	keine	4
100%	ja	5
<100%	ja	6

Falls in der Konfigurationsdatei ein Debugger angegeben wurde, so kann der Test-
verlauf in einem Debugger verfolgt werden.

2.3.4.2 Die LDRA Testbed

LDRA Testbed ist ein Paket von umfangreichen Testmodulen, die in ein Testwerk-
zeug integriert sind. Das Programmpaket unterstützt sowohl die statische als auch
die dynamische Testung und erzeugt eine Reihe von Dokumenten über den zu testenden Code. Es werden unter anderem die Programmiersprachen ADA, C, C++,
COBOL, CORAL66, FORTRAN, PASCAL, PL/1, PL/M86, Intel Assembler und

Motorola Assembler unter den Plattformen UNIX, VAX/VMS, WINDOWS 3.1 und WINDOWS NT und OS/2 2.1 unterstützt.
Die statische Analyse beinhaltet neben der lexikalen und syntaktischen Analyse die Untersuchung auf Abweichungen von einem vorgegebenen Programmierstandard. Der Anwender kann diesen Standard durch Vergabe von „Strafpunkten" für Abweichungen selbst definieren. Im sogenannten Management-QA-Bericht wird das Resultat dieser Metrik dokumentiert.
Eine Analyse der LCSAJ's (*Linear Code Sequences & Jumps*) ist ein weiterer Bestandteil der statischen Analyse. LCSAJ bilden Fragmente der Kontrollflußpfade und ihre Überlappung zeigt die Anzahl der Möglichkeiten, die der Kontrollfluß zum Durchlaufen des Codes besitzt. Die Anzahl der LCSAJ, die durch eine Anweisung gehen, ist ein Maß für die Lese- und Änderungskomplexität eines Programmes.

Durch die statische Analyse werden die Vorraussetzungen für die Effizienzbestimmung der dynamischen Analyse geschaffen.

Die Komplexitätsanalyse beginnt mit der Identifizierung der einfachen Blöcke eines Programms. Ein einfacher Block ist definiert als die maximale Zahl von einer oder mehrerer hintereinander ausführbaren Anweisungen eines Quelltextes, so daß die Folge der ausführbaren Anweisungen nur einen Startpunkt, einen Endpunkt und keine internen Verzweigungen besitzt. Die Elementarblöcke bilden die Grundlage für Effizienzuntersuchungen und Optimierungen durch das LDRA Testbed.

Aus der Elementarblockanalyse wird eine Darstellung des Quellcodes als gerichteter Graph abgeleitet. Die Knoten werden als Down-Down Knoten, Up-Down Knoten und Up-Up Knoten klassifiziert. Die Up-Up Knoten sollten als potentiell „gefährliche" Konstrukte beseitigt werden. Aus dem gerichteten Graphen werden weitere Maße abgeleitet. Ein Beispiel dafür ist das McCabe-Maß.
Andere aus dem Graphen abgeleitete Maße bestimmen den Grad der Wohlstrukturiertheit des Programmes. Eine Methode reduziert die wohlstrukturierten Flußgraphen mit einem Eingang und einen Ausgang zu zwei durch eine Kante verbundene Knoten. Dieses Verfahren wird mehrfach iterativ auf die so erhaltenen Graphen angewandt bis keine weiteren Reduktionen mehr möglich sind. Die Anzahl dieser Iterationen ist ein Maß der Komplexität des Programms.

Eine andere Analyse zur Wohlstrukturiertheit des Programms basiert auf der Untersuchung, ob nur vom Anwender vorgegebene zulässige Verzweigungsanweisungskonstruktionen verwendet wurden.

Die Testmoduln zur Datenflußanalyse untersuchen den Aufruf und die Parameter von Prozeduren, Datenflußanomalien und innerhalb einer Prozedur die verwendeten globalen Variablen sowie die Abhängigkeiten von Variablen.

Zur Bestimung der Qualität der dynamischen Analyse werden die Überdeckungs-
maße

$$\frac{\textit{Anzahl der mindestens einmal ausgeführten Anweisungen}}{\textit{Gesamtzahl der ausführbaren Anweisungen}}$$

$$\frac{\textit{Anzahl der mindestens einmal durchlaufenen Verzweigungen}}{\textit{Gesamtzahl der Verzweigungen}}$$

$$\frac{\textit{Anzahl der mindestens einmal durchlaufenen LCSAJ}}{\textit{Gesamtzahl der LCSAJ}}$$

genutzt. Zusätzlich kann die Überdeckung der Werte Boolscher (Teil-)Ausdrücke
untersucht und Variablenwerte durch Boolsche Ausdrücke überwacht werden.

Zur Unterstützung der Regressionsanalyse wird untersucht, mit welchen Testdatenmengen die veränderten Programmbereiche durchlaufen wurden. Das Programm
muß dann nur mit den die veränderten Programmteile betreffenden Testdatenmengen
erneut ausgeführt werden. Werden Programmteile durch Testdatenmengen mehrfach
durchlaufen, können mit dem Profilananalysetool Überdeckungen der Testdatenmengen bestimmt und so Testläufe eingespart werden.

2.3.4.3 Die Software-TestWorks-METRIC-Toolkomponente

Software-TestWorks (STW) ist ein Produkt der Software Research Inc. in San
Francisko und stellt eine allgemeine Testumgebung für die Programmiersprachen
Ada, C, C++, Cobol, F77 und Pascal dar. Es besitzt folgende allgemeine Be-
standteile:

- die **Regressionstestanalyse**, die insbesondere allgemeine Filedifferen-
  zen und den Regressionstest in der Wartungsphase unterstützt,

- die **Testabdeckungsanalyse**, die verschiedene Testabdeckungsanalysen
  für verschiedene Testebenen (Programm und System) realisiert und eine
  Testdatenhaltung zur weiteren (Trend-) Analyse u. ä. m. gewährleistet,

- die **Testplanung**, die eine **Bewertung** mit einschließt und als Komponenten einen Testdatengenerator, einen Programmanalysator für die
  statische Analyse und eine Meßdatenerzeugung und -verwaltung beinhaltet.

Zur letzten Themengruppe zählt auch die METRIC-Komponente von STW. Sie ermöglicht eine einfache Auswertung auf der Grundlage der gebräuchlichsten Codemetriken, wie zum Beispiel die Halstead-Maße, das McCabe-Maß, LOC, Kommentaranteil, die Anzahl an Funktionen, die (geschätzte) Fehleranzahl und die benötigte Entwicklungszeit.

Die Meßwerte werden beim STW/METRIC in Form eines Kiviat-Diagramms dargestellt, das - ebenso wie beim LOGISCOPE - einen inneren Kreis für die Minimalgrenze und einen äußeren Kreis für die Maximalgrenze enthält.

2.3.4.4 Das Battlemap-Tool

Hierbei handelt es sich um ein Produkt der McCabe-Association in Columbia. Es analysiert Programme vor allem auf der Steuerflußebene und Callgraphenebene (siehe /McCabe 92/) hinsichtlich Testabdeckung und Komplexität durch verschiedene Visualisierungstechniken. Neben dem bereits häufig zitierten „klassischen McCabe-Maß" wird hierbei auch die sogenannte Design-Komplexität von McCabe (/McCabe et al 89/) bestimmt, die sich auf eine Modulhierarchie bezieht. Sie ergibt sich aus der Summe der Moduldesignkomplexitäten, die sich wiederum aus der zyklomatischen Komplexität des reduzierten Modulsteuerflußgraphen ergibt. Diese Reduzierung ergibt sich aus der Streichung aller Anweisungskonstrukte, die keinen Aufruf eines anderen Moduls enthalten. Das folgende Bild zeigt eine vereinfachte Darstellung dieser Berechnungsform der Designkomplexität DC für das jeweilige Modul.

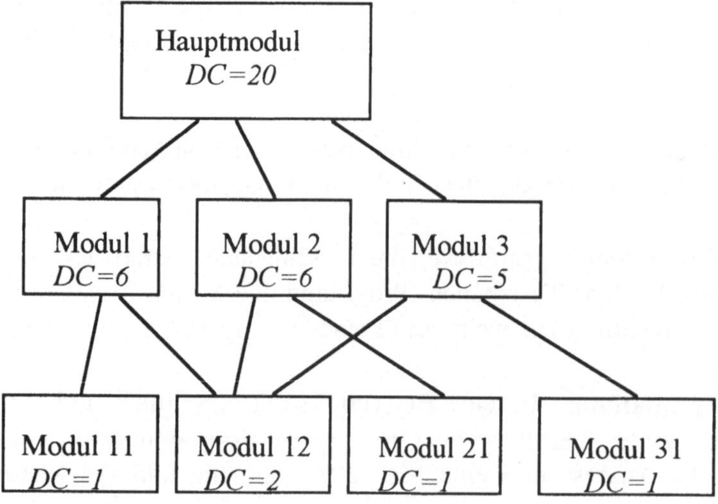

Dabei wurde allerdings nur eine einfache bedingte Aufrufform in jedem Modul vorausgesetzt. Auf diese Weise können die Testfälle für den Integrationstest von Modulhierarchien bestimmt werden.

Das Battlemap Analysis Tool[31] ist für die Programmiersprachen Ada, C, C++, Fortran, Pascal PL/1 und Assembler konzipiert und läuft sowohl auf PC's als auch auf Workstations.

2.3.4.5 TESTSCOPE

Dieses Test- (Meß-) Tool wird von der Firma SCOPE in Deutschland vertrieben (/Jannasch 92/) und realisiert neben einer allgemeinen Testunterstützung die Messung von Komplexitäts- und Umfangsmaßen von C-Programmen. Derartige Metriken sind beispielsweise[32]

- die zyklomatische Komplexität von McCabe,
- die Verschachtelungstiefe nach Dunsmore/Gannon,
- die durchschnittliche Pfadlänge,
- die Anzahl der LEAVE's,
- die Prozeduranzahl des Programms sowie der Prozeduraufrufe,
- die Anzahl rekursiver Aufrufe,
- Gilb's hierarchische und strukturelle Komplexität,
- die Testbarkeit nach Mohanty,
- Quellcodeanzahlen, wie Anweisungszahl, Kommentare und GOTO's u. a. m.

Selbstverständlich steht beim TESTSCOPE die Bestimmung der Testqualität im Vordergrund. Das wird zum Beispiel durch eine Protokollierung der Testabdeckungsmaße C0 und C1, einer testpfadbezogenen Durchlaufzahlangabe sowie einem Abarbeitungszeitreport unterstützt.

TESTSCOPE ist vor allem für Workstations vorgesehen und läuft unter den jeweiligen UNIX- und OS/2-Betriebssystemen.

Weitere Meßtools für den Programmtest sind (/Hetzel 93/) CodeMap, C-Cover, Hindsight, TESSY und TSCOPE.

---

[31] Von der McCabe-Association werden noch weitere Analyse- und Testtools insbesondere für den dynamischen Programmtest zur Verfügung gestellt.
[32] Zu den konkreten Maßdefnitionen siehe beispielsweise /Dumke 92a/.

2.3.5 Meßtools zur Softwarewartung

In diesen Bereich können nahezu alle vorher genannten Meßtools eingeordnet werden. Sie dienen in der Phase der Softwarewartung dazu, die Gewährleistung bzw. Verbesserung spezieller (Qualitäts-) Eigenschaften zu messen und damit zu überwachen. Die grundlegenden Wartungsaktivitäten und ausgewählte Maße dazu sind:

Fehlerbeseitigung:
- Fehleranzahl,
- durchschnittliche Fehlerauftrittszeit (MTTF),
- durchschnittliche Fehlerbeseitigungszeit (MTTR),
- durchschnittliche Zeit zwischen dem Auftreten zweier Fehler (MTBF),
- relative Fehleranzahl (Fehler/LOC u.ä.m.),
- geschätztes Fehlverhalten auf die Softwarekomponenten bezogen;

Softwareanpassung:
- Versionsdifferenz bei der Umstellung auf neue Software (-Versionen),
- Portierungsaufwand hinsichtlich der Übertragung der Software auf neue Rechnerplattformen,
- Regelverletzungen bezogen auf neue Standards bzw. Konventionen bei der Softwareentwicklung;

Softwareerweiterung:
- Änderbarkeit hinsichtlich des Niveaus der Programmiersprache oder der implizierten Änderungsmechanismen,
- Testbarkeit in der bereits oben beschriebenen Form,
- Verständlichkeit auf der Basis von direkten Lesbarkeitsmaßen oder (indirekt) über Komplexitätsmaße;

Leistungsverbesserung:
- Ressourcenverbrauch bezogen auf Rechenzeit und Speicherplatz aber auch Änderungsaufwand u.ä.,
- Reaktionszeit beispielsweise als Anwortzeitverhalten,
- Layout-Qualität und ähnliche Charakteristika der Anwendungsqualität des Softwareproduktes.

Für die Wartung kommen daher vor allem auch Tools zur Ressourcenbewertung (siehe den folgenden Abschnitt) und zum sogenannten Reengineering (siehe /Arnold 94/) mit Hilfe sogenannter CARE-Tools zur Anwendung.

Das Zusammenspiel der verschiedenen Entwicklungstoolklassen bei der Software-entwicklung bzw. -wartung kann wie folgt allgemein dargestellt werden:

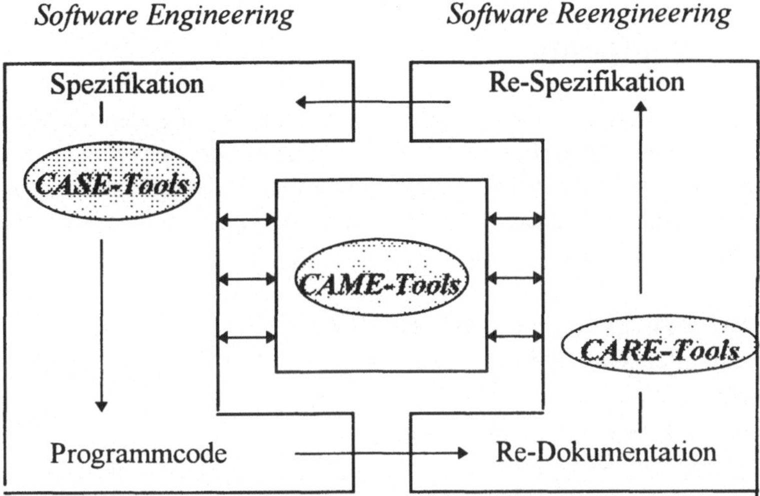

Von den bisher beschriebenen Meßtools können eine ganze Reihe in dieser Phase verwendet werden, wie z. B. LOGISCOPE, COSMOS, SOFT-AUDITOR u. a. m. Es sollen daher nur zwei Tools, die auch in der Messung und Bewertung der Softwarewartung angewendet werden können, kurz beschrieben werden.

2.3.5.1 Das Seela-System

Dieses Tool von Tuval Software Industries (USA) unterstützt die Softwarewartung /MAIN/ durch Fokussieren des Programmcodes. Es bietet eine neue Form der Visualisierung für die Bewertung von C-Programmen, und zwar

- durch die gleichzeitige Gegenüberstellung von bis zu 20 Quellcodes in beispielsweise der Form

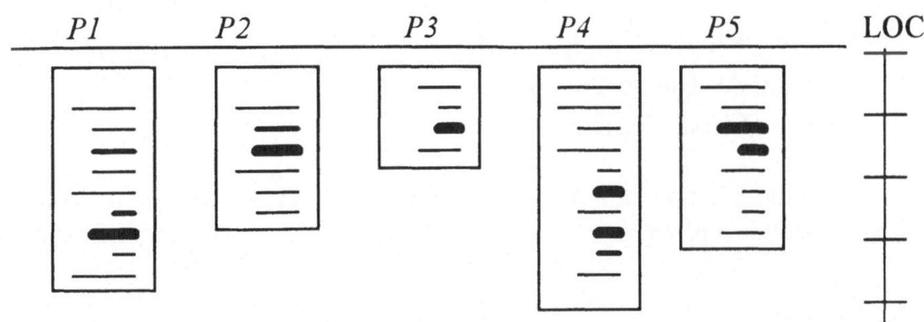

- durch entsprechendes farbiges Markieren der Meßstellen für beispielsweise die Bewertung hinsichtlich realisierter Änderungen und Fehlerstellen.

Dieses Meßtool stellt also eine besondere Form der „Messung" in der Weise dar, daß die Meßwerte mit der Bewertung nahezu ausschließlich visualisiert werden.

2.3.5.2 Smalltalk-Measure

Hierbei handelt es sich um eine Smalltalk-Erweiterung, die den ursprünglichen Smalltalk-Browser um Menüfunktionen zur Messung der jeweiligen Smalltalk-Komponenten (System, Klasse, Methode) erweitert und als eigenständigen Measurement-Browser installiert /Heckendorf 95/. Damit ist eine Smalltalk-Applikation in folgender Weise zu bewerten:

als _Smalltalk-System_ insgesamt mit den Maßen
- Anzahl aller Klassen im System,
- maximale Tiefe der Vererbungshierarchie,
- Gesamtzahl der Exemplarvariablen,
- durchschnittliche, auf die Klasse bezogene Exemplarvariablenanzahl,
- Gesamtzahl der Klassenvariablen,
- durchschnittliche Klassenvariablenanzahl,
- Gesamtzahl der Exemplarmethoden im System,
- durchschnittliche, auf die Klasse bezogene Methodenanzahl,
- Gesamtzahl der Klassenmethoden,
- durchschnittliche Klassenmethodenanzahl,
- Gesamtzahl aller Methoden und
- deren Klassendurchschnittsanzahl;

als _Klassenbewertung_ mit den Maßen
- Anzahl der Subklassen,
- Anzahl der jeweiligen Klassen- und Exemplarvariablen,
- Lines of Code für alle Methoden der Klasse zusammengefaßt,
- Anzahl der Klassenmethoden;

als _Methodenbewertung_ mit den Maßen
- Anzahl der Methodenvariablen,
- Lines of Code der Klasse.

Insbesondere die Methodenmaße sind Anfangsmaße des vorliegenden Prototyps, der um Komplexitäts- und Methoden- (Klassen-) Verbindungsmaße erweitert wird.

Die Darstellung der Gesamtmaße - unter _Systeminfo_ - zeigt das folgende Bild.

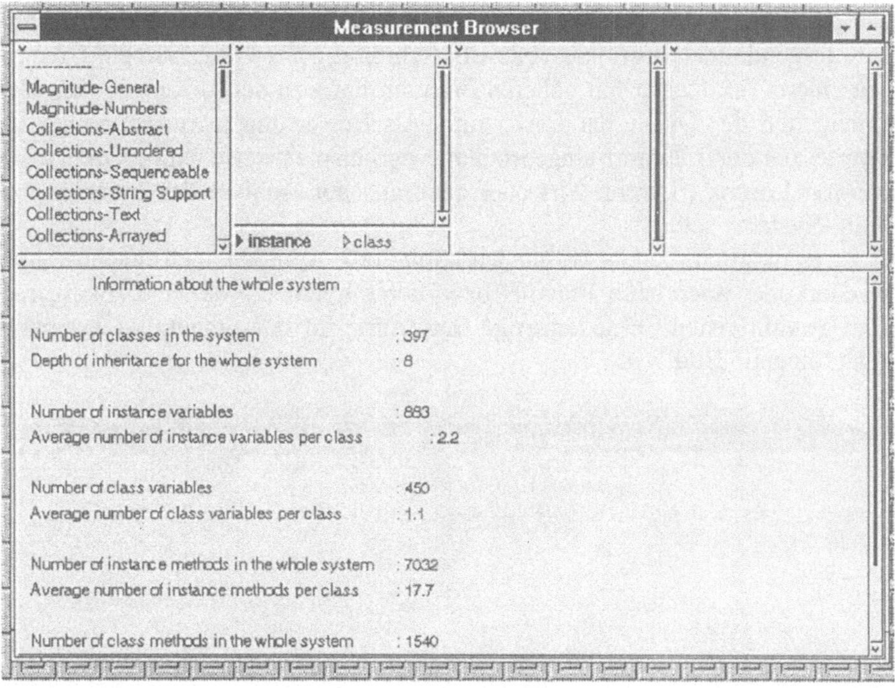

Die Menüerweiterung für eine Klassenbewertung zeigt die folgende Measurement-Browser-Form:

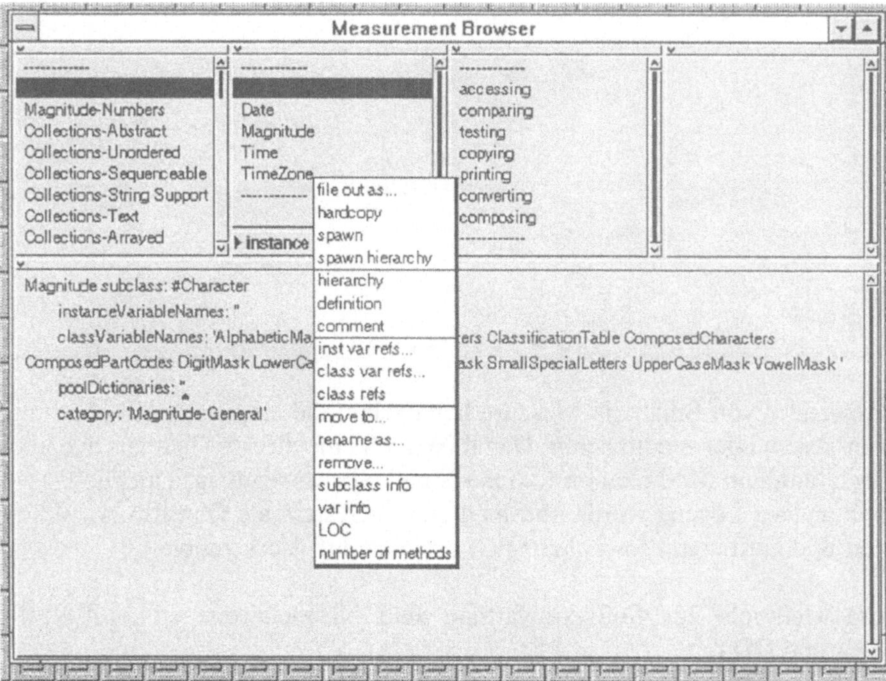

Für eine Bewertung auf der Grundlage der gemessenen Werte liegt dem Smalltalk-Measure folgende Idee zugrunde. Jede Überschreitung der vordefinierten Grenzwerte führt zu einem Textfenster mit näheren Erläuterungen zu den Ursachen, dem Bewertungsinhalt und der Quelle der Bewertung. Als Bewertungen wurden einige Erfahrungswerte aus der Literatur eingearbeitet, wie beispielsweise einige Grenzwertvorschläge von Lorenz (/Lorenz 94/) oder auch aus der Analyse des (ursprünglichen) Smalltalk-Systems selbst.

Damit ist es möglich, bereits vorhandene Smalltalk-Applikationen (nachträglich) zu überwachen oder auch beim Entwurf bzw. der Implementation eine „maßgerechte" Form zu gewährleisten. Eine derartige Bewertung für das Smalltalk-Gesamtsystem zeigt das folgende Bild.

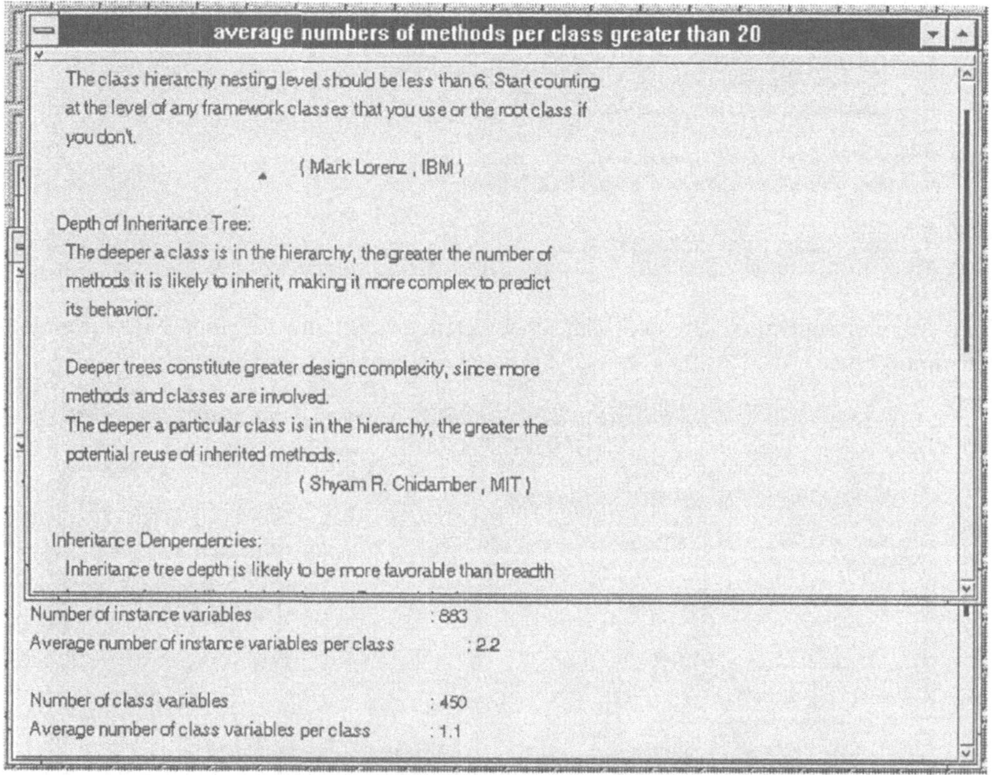

Der Anwender von Smalltalk-Measure kann selbst die empirischen Bewertungshinweise ergänzen oder modifizieren. Damit ist auch eine direkte Qualitätssicherung bei der Erstellung und Modifikation weiterer Smalltalk-Anwendungen möglich.

Die vorhandene Lösung wurde im Smalltalk-80-System als Objectworks 4.1 implementiert und läuft somit sowohl auf PCs als auch auf Workstations.

Weitere Meßtools zur Softwarewartung sind beispielsweise (/Hetzel 93/) QA-Manager und DDT.

2.4 Meßtools für die Ressourcenbewertung

Die Messung und Bewertung der Ressourcen bezieht sich im wesentlichen auf die (Hilfs-) Komponenten bei der Softwareentwicklung, wie das Entwicklungspersonal (indivuell oder als Team), die Software, die Hardware und weiterer Aspekte wie zum Beispiel die jeweiligen Arbeitsbedingungen.

Als Bewertungskriterien gelten hierbei allgemein

- die **Produktivität**, die sich hauptsächlich auf den Softwareentwickler bezieht,
- die **Erfahrung** und das **personelle Leistungsvermögen** eines einzelnen oder eines Entwicklungsteams,
- die **Qualität** der Ressourcen selbst sowohl auf die Hardware als auch auf die Software bezogen,
- die **Anwenderfreundlichkeit** der verwendeten soft- und hardwaremäßigen Hilfsmittel bzw. Implementationsgrundlagen,
- die **Zuverlässigkeit** der Entwicklungsgrundlagen für einen kontinuierlichen Entwicklungsverlauf und schließlich auch
- der „**Komfort**" der Arbeitsbedingungen für das Entwicklungsteam.

Die Maße als Indikatoren für diese Kriterien sind teilweise schon bei der Wartung genannt worden. Hinzu kommen schließlich auch die allgemeinen Merkmale der jeweiligen Ressourcen, wie Leistungsmerkmale der Computer, eines Computernetzes bzw. -verbundes, sowie auch deren Anschaffungs- und Nutzungskosten.

2.4.1 Meßtools für die Produktivitätsbewertung

Die Produktivitätsbewertung ist von vielen Faktoren abhängig. Allgemein lassen sich die einzelnen Merkmale wie folgt klassifizieren[33]:

- als **Prozeßinput**: mit den Einzelmerkmalen des Personal-, des Schulungs- und des Sachmittelaufwandes,

- als **Prozeßoutput**: mit den Teilmerkmalen des Umfangs (LOC, Function-Points, Dokumentationsumfang), der Produktqualität in den bereits oben beschriebenen Qualitätsmerkmalen und den Prozeßverbesserungen,

- als **Entwicklungsqualität**: mit der Ausrichtung auf die Personal- und Ressourcenaspekte für dieses Produktivitätsmerkmal.

---

[33] siehe auch Baisch/Ebert: *Produktivitätsbewertung im Softwareentwicklungsprozeß.* in /Dumke et al 94b/.

Die Meßtools für die Messung derartiger Aspekte sind bereits bei den Prozeßbewertungstools beschrieben worden. Teilmerkmale, die beispielsweise durch SPQR/20 gemessen werden, sind die Programmierzeit bzw. (allgemein) die Softwareentwicklungszeit bezogen auf die Erfahrung der Programmierer, die Art der Programmiersprache und der Entwicklungsumgebung u. a. m.

Produktivitätsbewertungen als Schätzung bzw. in der Wartungsphase als Messung sind auch beim SOFT-CALC-Tool gegeben. Ebenso bewertet das AMI-Tool das Entwicklungsniveau im Rahmen der Stufenbewertung nach dem Capability-Maturity-Modell.

Daher entfällt hier die explizite Auflistung von Softwaremeßtools für diesen Aspekt der Ressourcenmessung und -bewertung.

2.4.2 Meßtools für das Leistungsverhalten

Zur Leistungsanalyse *(Performance analysis)* sind vor allem die „klassischen" Tools zur Softwareentwicklung, wie Editoren, Compiler, Debugger und Generatoren anwendbar. Anderseits bieten bereits die Betriebssysteme selbst verschiedene Meßformen des Leistungsverhaltens, wie beispielsweise die Performance-Komponente beim Sun-UNIX-Betriebssystem.

Meßtools für diesen Ressourcenaspekt lassen sich allgemein klassifizieren als (siehe beispielsweise /PERF/):

- Komponenten von Tools, wie z. B. Editoren, Compiler, Betriebssystemkomponenten u. a. m.,
- eigenständige (softwarebasierte) Meßtools zur Leistungserfassung und -bewertung,
- eigenständige (hardwarebasierte) Meßtools zur Leistungsmessung, die also zumeist spezielle Hardwareerweiterungen (spezielle Steckkarten) erfordern.

Die Anzahl von Meßtools zu diesem Bereich ist inzwischen kaum überschaubar. Sie gehören natürlich in die Klasse der Meßtools, sollen hier aber nur exemplarisch an wenigen Beispielen beschrieben werden. Da gegenwärtig Softwareprodukte zumeist netzwerkorientiert sind, wurden zwei Meßtools zur Leistungsbewertung von Rechnernetzen ausgewählt.

2.4.2.1 Der Foundation-Manager

Der Foundation-Manager ist ein Produkt von PRO-TOOLS in Baverton (Oregon) und führt eine Leistungsbewertung für LANs auf der Grundlage des Verbindungsmonitorings durch.

Das entwickelte Softwaresystem „Network Control Series" stellt eine integrierte Lösung zum Überwachen, Kennzeichnen und Analysieren verteilter Netzwerke dar und beinhaltet die beiden Bestandteile Foundation-Manager und Cornerstone-Agent.

Der Foundation-Manager ist dabei ein vollständiges Netzwerkverwaltungssystem und übernimmt bei einer zusätzlichen Nutzung des Cornerstone-Agenten noch die Funktion einer zentralen Schaltstation zur Überwachung und Steuerung von Teilnetzen.

Der Cornerstone-Agent, der ebenfalls ein komplettes Realzeit-Netzverwaltungssystem darstellt, kann im Auftrage des Foundation-Managers Analysen durchführen.

In einem Rechnernetzwerk können diese Tools in einer beliebigen Anzahl zusammenarbeiten und somit notwendige Netzwerkverwaltungsfunktionen bereitstellen.

Diese Tools (Foundation-Manager und Cornerstone-Agent) sind offene Systeme, die von der anwendereigenen Hardware unabhängig laufen. Die Basis dieser Tools ist das Betriebssystem OS/2. Durch die Multi-Taskfähigkeit des Betriebssystems können auch alle angebotenen Funktionen des Tools gleichzeitig parallel ablaufen.

Nach der Installation des Foundation-Managers erscheint auf der Arbeitsoberfläche von OS/2 ein Icon ProTools, das zum Aufrufen des Systems dient. Das Öffnen des Ordners ProTools ermöglicht, den Foundation-Manager über ein entsprechendes Icon zu starten. Die graphische Oberfläche (folgendes Bild) besteht neben der Systemmenüzeile (File, Edit, Tools, ..) aus den Teilen

- „Ribbon bar",
- „Solution bar",
- Arbeitsbereich und
- Ikonenleiste.

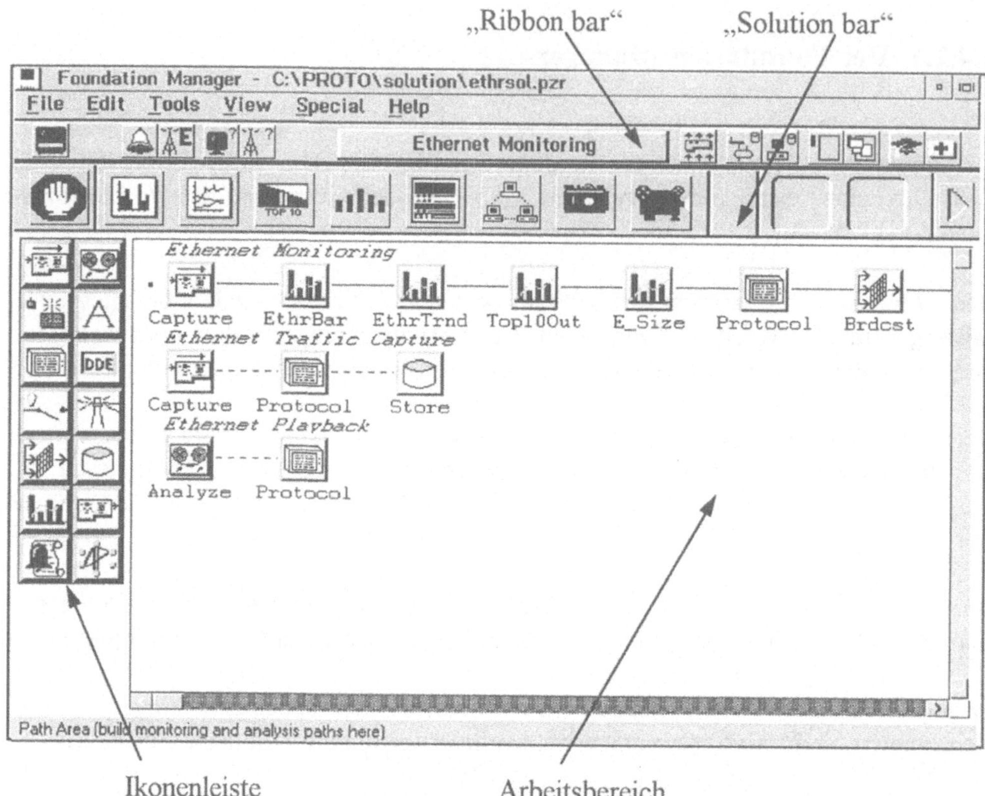

Ikonenleiste   Arbeitsbereich

Die „Ribbon bar" stellt dem Nutzer eine Vielzahl von Operationen wie z. B. zum
Ändern der Einstellungen des Monitor-Modus, zur Anzeige von eingegangenen
Alarmmeldungen oder zur Anzeige der Datenbank der Netzwerkstationen zur Verfü-
gung.

Die „Solution bar" gibt die Möglichkeit, Standard- oder auch vom Nutzer selbst
definierte Analysefunktionen abzurufen.

Die Funktionen des Foundation-Managers erscheinen auf dem Bildschirm als Icons.
Mit dieser graphisch programmierbaren Schnittstelle können lokale und Remote-
Analysen realisiert werden. Dazu sind Icons in dem Arbeitsbereich zu einem gewünschten Analyse-Funktionspfad zusammenzustellen, der bei der Abarbeitung eine
Reihe von Netzverwaltungsfunktionen ausführt. Die Funktionen können dabei entsprechend dem Auswertungsziel in beliebiger Reihenfolge ausgewählt und plaziert
werden.

Alle verfügbaren Basisfunktionen sind in der Iconleiste enthalten. Sie lassen sich den Gruppen EINGABE, VERARBEITUNG, AUSGABE und DARSTELLUNG zuordnen.

Eingabe-Icons

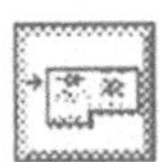 Aquire   verbindet die Netzwerkkarte mit dem Meßpfad und empfängt Frames vom Netzwerk,

 Playback   sendet gespeicherte Frames zum Pfad,

Remote   empfängt Informationen und Netzframes von Agenten aus anderen Subnetzen;

Ausgabe-Icons

 DDE   erlaubt, über DDE Daten mit anderen Applikationen auszutauschen,

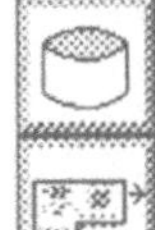 File   speichert empfangene Frames für eine spätere Nutzung,

Transmit   sendet vom System empfangene und gespeicherte Frames zum Netzwerk;

Verarbeitungs-Icons

 Alarm   Auslösen von Alarm (oder Aktionen) gemäß gegebenen Spezifikationen,

 Filter   Akzeptieren bzw. Verwerfen von Frames gemäß gegebener Spezifikationen,

 Sentinel   Testen der Frames auf gegebenes Kriterium, Schalten eines Triggers,

 Switch   Schalter, der Pfad unterbricht oder verbindet (manuell oder über Sentinel-Trigger bedienbar);

Darstellungs-Icons

Display	zeigt Frame-Informationen, abhängig von eingestellten Optionen,
Map	graphische Darstellung des Netzverkehrs und der Stationen,
Statistics	analysiert empfangene oder abgespielte Frames,
Title	ordnet dem Pfad einen Namen zu.

Der Foundation-Manager stellt in Verbindung mit dem Cornerstone-Agent eine präventive Netzmanagementanwendung für eine zentralisierte Verwaltung von verteilten LAN-Umgebungen dar. Er dient u.a. zur

- statistischen Analyse aller Netzwerkaktivitäten,
- umfassenden Protokollanalyse,
- graphischen Repräsentation des Netzwerkes,
- Alarmierung des Administrators in festzulegenden Situationen oder unter zu definierenden Bedingungen,
- Simulation von Lastbedingungen,
- Datensammlung, -übertragung und -filterung,
- Überwachung von Subnetzen,
- topologischen Darstellung des Internetzes.

Sowohl der Foundation-Manager als auch der Cornerstone-Agent müssen als reine Netzmonitore mit eingeschränkter Managementfunktionalität betrachtet werden. Sie kontrollieren jeweils das ihnen sichtbare Netzsegment mit seinem Netzverkehr, haben jedoch keine Möglichkeit, unmittelbar in den einzelnen Netzknoten Daten zu aquirieren und zu analysieren. Man spricht deshalb im Gegensatz zum Knotenmonitoring des im Abschnitt 2.4.2.3 beschriebenen SunNet-Managers auch vom Verbindungsmonitoring.

Die besondere Art des Foundation-Managers als Meßtool ergibt sich durch
- eine implizite Messung,
- eine managementbezogene Visualisierung und
- eine Bewertung als Überwachungsfunktion.

In diesem Sinne kann beim Foundation-Manager der Regelkreis, der eine Messung und Bewertung voraussetzt, vollständig geschlossen werden.

2.4.2.2 Der SunNet-Manager

Der SunNet-Manager der Firma Sun Microsystems stellt ein Managementwerkzeug dar, mit dem grundlegende Aufgaben im Management heterogener Netze bewältigt werden können.

Das Netzmanagement umfaßt im allgemeinen die Aufgabenbereiche

- Konfigurationsmanagement,
- Störungsmanagement,
- Leistungsmanagement,
- Abrechnungsmanagement und
- Sicherheitsmanagement.

Entsprechend den angestrebten Managementzielen stehen Werkzeuge zur Verfügung, die teilweise nur aus Software bestehen oder hybrid mit einer Hardwarekomponente zusammenwirken.

Der SunNet-Manager basiert auf dem Manager-Agenten-Modell der OSI (Open Systems Interconnection) und dem TCP/IP (Transmission Control Protocol/Internet Protocol) des Solaris-Betriebssystems.

Die auf dem RPC-Protokoll (Remote Procedure Call) basierende Anwendung ermöglicht es dem Systemverwalter in einer Netzwerkumgebung, die zum Netz gehörenden Sun-Workstations (oder kompatible) auf ordnungsgemäße Funktion und die Auslastung der Ressourcen zu überwachen bzw. zu überprüfen. Eine Reaktion auf Fehler und kritische Betriebszustände der Netzwerkumgebung wird durch ein System erleichtert, das den Netzverwalter durch automatisch generierte Nachrichten von diesen Zuständen informiert.

Netzrechner, die nicht zur Sun- und Solaris-Familie zählen, können mit Hilfe des Simple Network Management Protocol (SNMP) in die Umgebung eingebunden werden. Dabei übernimmt ein sogenannter Proxy-Agent die Überwachung des Knotens und die Umsetzung des Protokolls in die RPC-Architektur des SunNet-Managers.

Zentraler Bestandteil im folgenden Bild ist die **Konsole**. Darum gruppieren sich das **Discover-Tool**, der **Grapher** und der **Browser**. Die Konsole stellt die Dienste zur Verfügung. Des weiteren existieren verschiedene **Log-Dateien** und die **Datenbasis** (Management Information Base MIB).

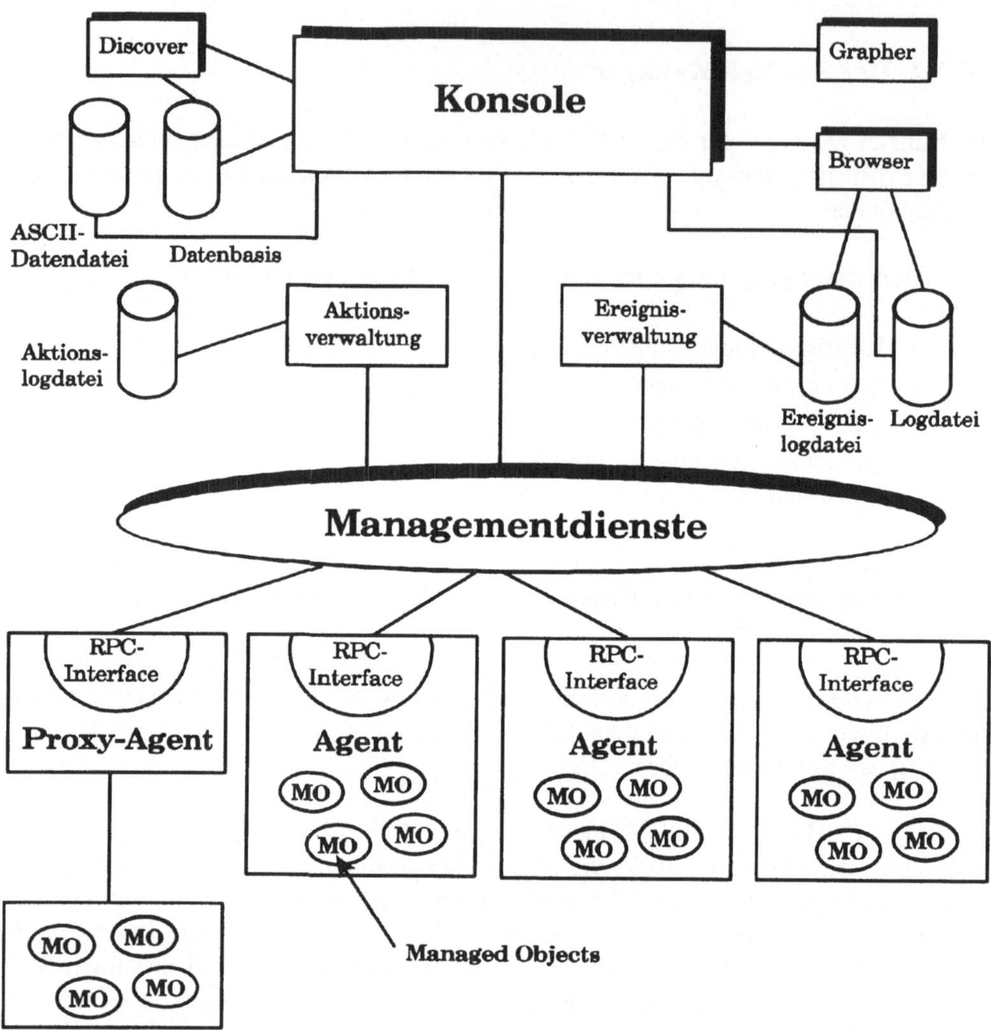

Mit Hilfe des Discover-Tools kann der Administrator sich automatisch eine **MIB**
(Management Information Base) seines LAN erstellen lassen. Praktisch geschieht
das durch „ping" an jede erreichbare Station im Strang. Das Discover-Tool entdeckt
dabei selbständig, ob auf dem angetesteten Host SNMP-Intelligenz (Agent) zur Verfügung steht. Wenn ja, dann ist eine erweiterte Funktionalität gegeben. Sonst steht
nur die in UNIX (z. B. Solaris) für gewöhnlich zum Standard gehörende Funktionalität (siehe hierzu Performance-Meter) zur Verfügung.
Das Grapher-Tool dient der Visualisierung eingehender Management-Informatio-
nen. Ebenso zur Visualisierung dient das Browser-Tool, allerdings nur in Textform.

Weitere Tools zur Leistungsmessung in Netzen sind (/Winkler 94/) Transview,
OPEN VIEW, SMILE und SPECTRUM.

2.5 Tools zur Meßdatenverwaltung und -auswertung

Hierbei geht es vor allem um die Präsentation, wie beispielsweise in Form der folgenden Diagrammarten:

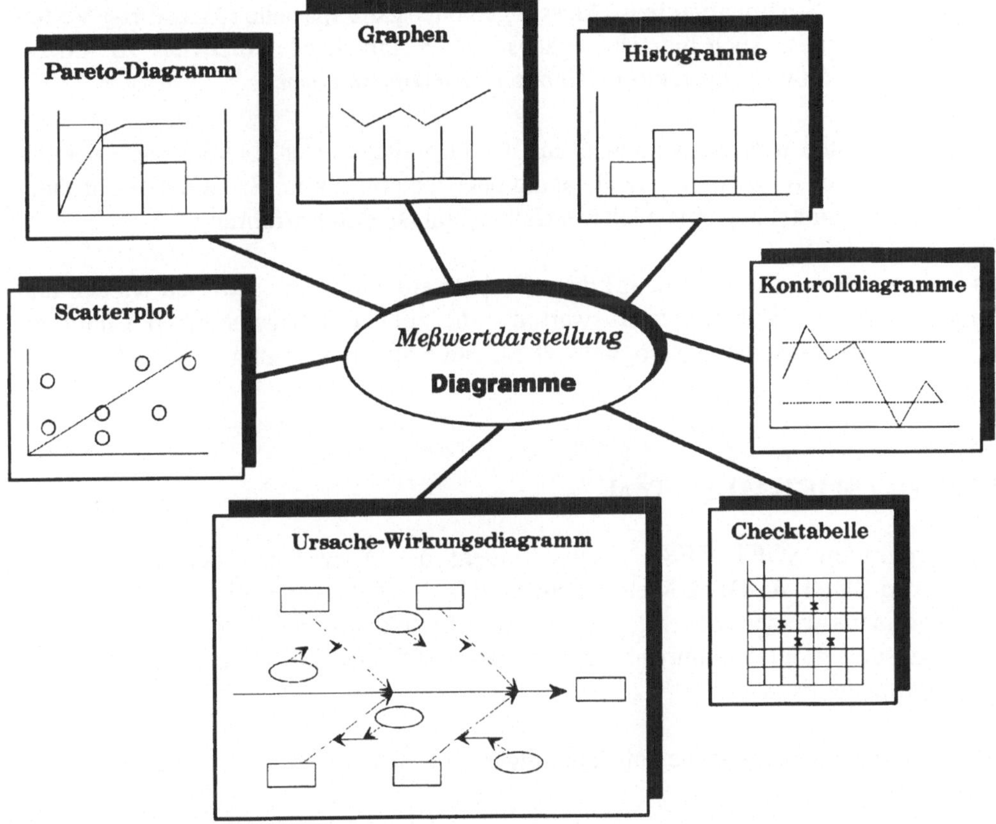

sowie um die Meßdatenhaltung zum Zweck der Verlaufsdarstellung bzw. zum Vergleich. Auf die allgemeinen Grundlagen dazu wurde bereits im Einführungskapitel hingewiesen. Einige der bisher beschriebenen Meßtools bieten beispielsweise einfache Korrelationsdarstellungen an, überlassen allerdings die Sinnfälligkeit derartiger Meßwertpräsentationen dem Toolanwender.

Insgesamt gelten für die Softwaremeßwertdarstellung und -interpretation folgende allgemeine Richtlinien:

- für die empirische Bewertung im Sinne der Meßtheorie ist vor allem die **Skaleneigenschaft** nachzuweisen, die Aufschluß über die Anwendungsmöglichkeit statistischer Methoden und Verfahren gibt. So weisen zum Beispiel eine Vielzahl von Metriken für die objektorientierte Softwareentwicklung nur eine ordinale Skaleneigenschaft auf und verbieten somit Durchschnittsberechnungen oder Korrelationen mit verhältnisskalierten empirischen Bewertungen, wie z. B. (Wartungs-) Kosten [34] .

- die Anwendung statistischer Verfahren, z. B. zur Regressions-, Faktoren-, Varianzanalyse setzt ganz bestimmte (statistische) Eigenschaften, wie die **Unabhängigkeit der Stichproben** bzw. Messungen oder ganz spezielle (Meßwert-) Verteilungen, voraus. Auch hier ist zunächst der entsprechende Nachweis zu führen, um diese Verfahren korrekt und sinnvoll einsetzen zu können.

- die Meßdaten überhaupt können auf der Grundlage einer Evaluierung oder der direkten (Zeit-) Messung unvollständig oder fehlerhaft sein. Es ist daher vor einer Meßdatendarstellung eine **Meßwertfehleranalyse** durchzuführen.

Im Rahmen dieses Buches soll auf diese Problematik nur kurz verwiesen werden und einige Tools für die Meßdatenauswertung, die zum Teil allgemeineren Charakter haben, in ihrer Anwendungsmöglichkeit für die Softwaremessung beschrieben werden.

2.5.1 Das SOFT-MESS-Tool

Das Programm SOFT-MESS /SOFT3/ dient der Auswertung der insbesondere durch den SOFT-AUDITOR bzw. dem SOFT-CALC (s. o.) ermittelten Meßwerte. Darüberhinaus werden weitere, vor allem die Projektentwicklung betreffende Meßwerterfassungen durchgeführt und ausgewertet. SOFT-MESS kann auch eigenständig angewendet werden.

Das Meßdatenmodell hat die folgende allgemeine Struktur (vergleiche auch SOFT-ORG (s.o.))

* Softwareprojektdaten (klassifiziert nach Entwicklungs-, Wartungs- und Sanierungsprojekten),

* Softwarebetriebsmitteldaten (für das Personal, die Hard- und die Software),

* Softwareproduktdaten für

- das Softwaresystem
    1. zur Anforderungsspezifikation (Fachkonzept) hinsichtlich Daten-, Kommunikations- und Prozeßmodell,

---

[34] siehe Zuse: *Foundations of the Validation of Object-Oriented Software Measures.* in /Dumke et al 94b/, S. 136-213

2. zum Softwareentwurf (Technisches Konzept) für den Datenbank-, den Schnittstellen- und den Prozeßentwurf,
3. zu den Programmen für die Programm- und Datenbeschreibungen,
* die Dokumentation hinsichtlich der technischen und der Benutzerdokumentation.

Die Meßdaten für die Softwareprojekte betreffen vor allem Anzahlen (Komponenten, Personenstunden, Testfälle, Fehler usw.). Auf dieser Grundlage werden Projektbewertungen, wie zum Beispiel der Anteil erfüllter Anforderungen, Entwicklungs- oder Wartungsfehlerrate bzw. der Grad der Testabdeckung, ermittelt. Bei den Betriebsmitteldaten handelt es sich um Anzahlen an Rechnerstunden, Hauptspeicherbelegung bzw. Bewertungen (von 1 bis 5) für spezielle Leistungsmerkmale der Soft- und Hardware. Daraus ergeben sich Abschätzungen hinsichtlich Nutzungs- oder Auslastungsrate bzw. Erfahrungsstand der Entwickler. Die Softwareproduktdaten können explizit eingegeben werden bzw. werden im allgemeinen aus dem SOFT-AUDITOR, der für eine jeweilige Programmiersprache ausgerichtet ist, entnommen. Eine Meßwerterfassung hat beim SOFT-MESS das folgende allgemeine Layout:

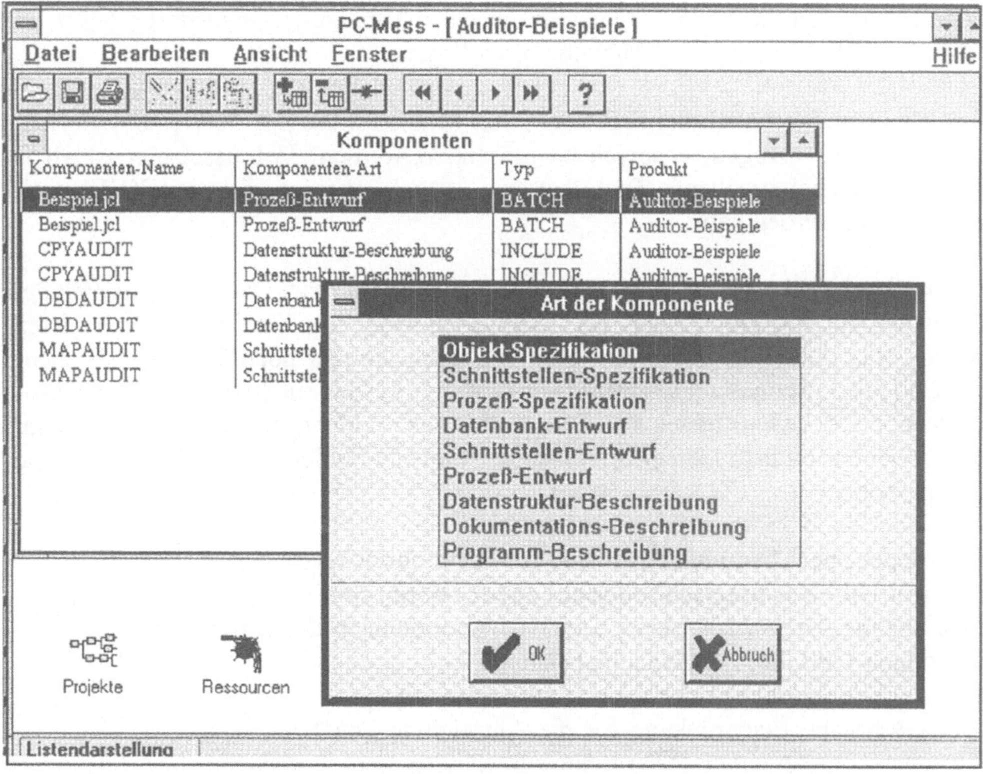

Eine speziell definierte Schnittstelle ermöglicht auch die Einbeziehung von Softwaremessungen von anderen Meßtools bzw. Analysequellen. Die oben kurz beschriebenen Grundmaße werden nach speziellen Formeln jeweils für die einzelnen Produktbeschreibungskomponenten als Quantitäts-, Komplexitäts- und Qualitätsmetrikenwerte berechnet.

SOFT-MESS stellt also insgesamt eine **Metrikdatenbank** dar. Es läuft auf PCs unter Windows und ist somit mobil einsetzbar.

2.5.2 EXCEL

Das Programm EXCEL ist die Microsoft-Ausprägung der Spreadsheet-Programmiersysteme wie Supercalc, Lotus usw. (/EXCEL/). Zu den bekannteren Dateien, die EXCEL einlesen und bearbeiten kann, gehören u. a. Lotus- und dBase-Dateien. Die Anschlußmöglichkeit zu den eigentlichen Softwaremeßtools wird durch eine Schnittstellendefintion gewährleistet. Dabei kann die Übernahme von Daten in nahezu beliebiger Weise gewährleistet werden, da EXCEL neben diesen und dem eigenen Standardformat auch Datenreihen in Textform bearbeiten kann. Bei diesen Daten müssen die einzelnen Meßpunkte in einer Tabelle, getrennt durch beliebige Zeichen, wie Kommata oder Tabulatoren, vorliegen.

Damit können dann auch die Ergebnisse von Meßtools, die nur über eine textorientierte Ausgabe verfügen, ansprechend präsentiert werden. Voraussetzung ist allerdings, daß das entsprechende Tool über eine Ausgabe verfügt, die von EXCEL weiterverarbeitet werden kann.

Microsoft EXCEL bietet verschiedene Möglichkeiten der Diagrammdarstellung. Neben den für die Darstellung von Meßwerten wohl am häufigsten verwendeten Säulen- oder Liniendiagrammen stehen so beispielsweise noch Flächen-. Balken- oder Punktdiagramme zur Auswahl. Zur besseren Lesbarkeit (gerade bei einer großen Menge von Daten) bieten sich Diagramme aus dreidimensionalen Elementen an. Hierzu werden unter anderem 3D-Flächen, -Linien, -Säulen und Tortendiagramme bereitgestellt.

Die angegebenen Diagrammtypen sind weiterhin durch verschiedene Formate untersetzt. Mit Hilfe der unterschiedlichen Formate lassen sich eine Reihe von gestalterischen Details, wie verschiedene räumliche Anordnungen der Datenpunkte oder das Hinzufügen von Gitternetzlinien realisieren.

Eine wesentliche Eischränkung für die Anwendung von EXCEL ist allerdings die Datenmenge, die in einem Diagramm sinnvoll dargestellt werden kann. Im folgenden seien zwei Meßreihen, die mit Hilfe des oben beschriebenen Tools CodeCheck ermittelt wurden, dargestellt. Diese Meßreihen repräsentieren die Maße LOC und McCabe, jeweils bezogen auf die Funktionen eines C-Moduls. CodeCheck wurde dabei so programmiert, daß folgende Ausgabeform erreicht wurde:

Funktion&LOC&McCabe
serGetErrorCode&4&1
serErrorCtrl&2&1
...

d. h. eine Zeile für jede der insgesamt 24 Funktionen des betrachteten Moduls, wobei als Trennzeichen für die einzelnen Werte das **&**-Zeichen verwendet wurde. Die Auswertung hat dann in EXCEL die Form:

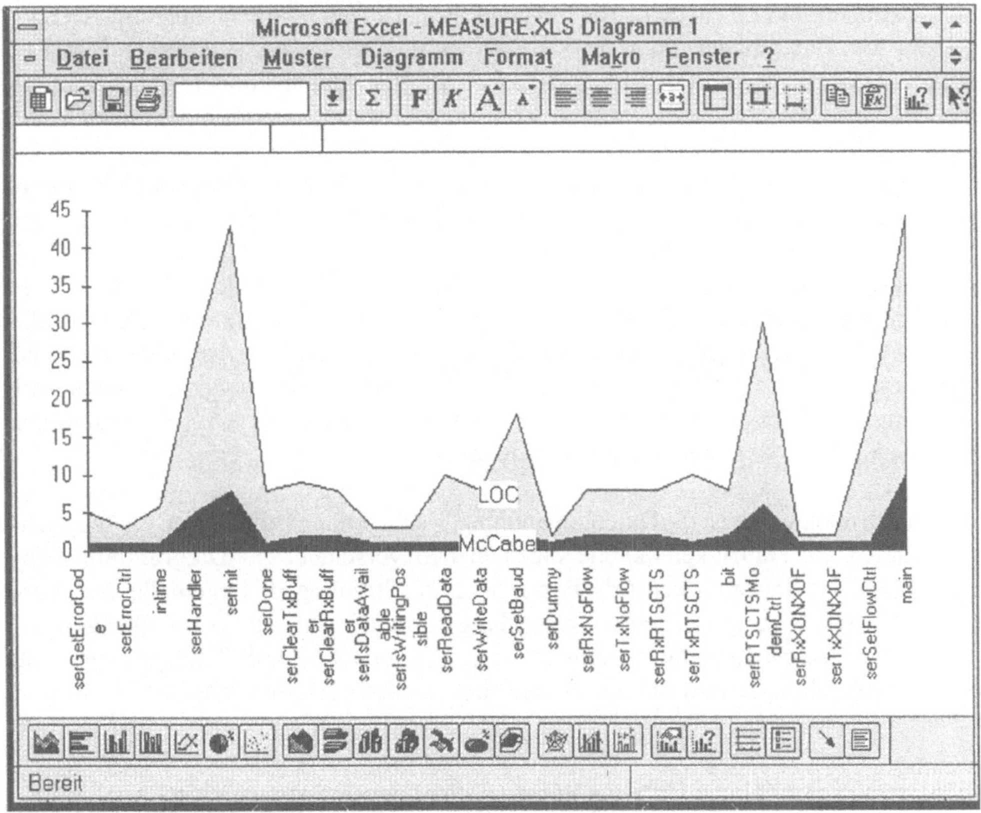

In diesem Fall wurde als Diagrammtyp eine ausgefüllte Fläche verwendet. Man erkennt, daß die Abszissenbeschriftung verkleinert ist. Das war notwendig, da EXCEL nicht in der Lage ist, die Namen aller Funktionen in der Standardgröße anzugeben und selbst bei teilweiser Beschriftung noch fast die Hälfte der Fläche des Gesamtdiagramms benötigt werden würde.

Als allgemeines Spreadsheet-Tool besitzt EXCEL auch die Anwendungsmöglichkeit einfacher statistischer Auswertungsformen, wie Anzahlen, Maxima und Minima, Mittelwerte, Abweichungen und Varianzberechnung, sowie den selbst wählbaren Berechnungsdefinitionsmöglichkeiten in den EXCEL-Tabellen.

2.5.3 SPSS

SPSS ist ein Programmsystem zur statistischen Auswertung von (Meß-) Daten /SPSS/. Neben dem Basissystem existieren bereits eine Reihe von Ausprägungen als Professional Statistics, Advanced Statistics, Tables, Trends usw.

SPSS besitzt im allgemeinen die Diagrammdarstellungen ähnlich dem EXCEL. Ebenso können im **Dateneditor** die üblichen Spreadsheet-Möglichkeiten angewendet werden. Als Datenmenge kann SPSS Files von ODBC, Oracle, dBase, EXCEL, Lotus 1-2-3 und vom SQL-Server verarbeiten. Die Daten können dabei Zahlen, Zeichenfolgen bzw. spezielle Datums-, Zeit- oder Währungsangaben darstellen.

Die erfaßten Daten werden dann im allgemeinen einer **Datentransformation** unterzogen. Das ist wichtig für eine einheitliche Präsentation der Meßdaten, die bei der Erfassung oft unterschiedliche Darstellungsformen oder Meßeinheiten, wie beispielsweise bei Datumsangaben u. ä. m., aufweisen. Dafür stellt SPSS die unterschiedlichsten Funktionen als arithmetische (*ABS, TRUNC, MOD* usw.), statstische (*SUM, VARIANCE, MEAN* usw.), logische (*RANGE, ANY*), Aggregations- und Extraktions-, Missing-Wert-Funktionen, Zufalls- und Verteilungsfunktionen zur Verfügung. Insbesondere die Verteilungsfunktionen ermöglichen eine Ergänzung der vorhandenen Meßwerte um statistisch gleichartige.

Auf der Grundlage dieser „Datenbereinigung" sind erste Tabellierungen möglich. Dazu zählen die Häufigkeitstabelle (auch in den verschiedenen Diagrammformen) und die Häufigkeitsstatistiken (als Perzentilwerte, Streuungen, Lagemaße und Verteilungen) mit ihren graphischen Darstellungsformen als **deskriptive Statistiken**. Speziell die Perzentilwertdarstellung ist bereits beim COSMOS-Tool gegeben. Sie kennzeichnet (als Quartile) die durchschnittlichen Meßwerte hinsichtlich 25, 50 und 75 Prozent.

Die durch SPSS mögliche **Datenexploration** dient der (experimentellen) Analyse der Meßdatenmenge. Es geht dabei um

- die Erkennung von Fehlwerten,
- die Vorbereitung für das Testen von Hypothesen (im allgemeinen),
- die Testung der Verteilungsfunktion.

Dabei können erste funktionale Zusammenhänge erkannt und grafisch angezeigt werden.

Die durch SPSS mögliche Darstellungsform der **Kreuztabellen** zeigt den formelmäßig ausdrückbaren Zusammenhang zweier Meßtabellen. Dabei sind verschiedene Testmethoden (z. B. Chi-Quadrat-Test) und Assoziationsmaße für die Wertebereichsklassifikation anwendbar. Speziell für ordinalskalierte Meßwerte kann der *Spearmannsche Korrelationskoeffizient* und für intervall- bzw. verhältnisskalierte Meßwerte der *Pearson-Korrelationskoeffizient* verwendet werden.

Sollten „Softwaremeßdaten" aufgrund einer Expertise mit einem Fragenbogen erfaßt worden sein, besteht bei SPSS ebenfalls eine Analysemöglichkeit, die insbesondere auch Mehrfachantworten berücksichtigen kann.

Eine einfache Datentabellierung zeigt die folgende Darstellung der Ermittlung der Personenmonate für die Softwareentwicklung aus den gewichteten Function-Points.

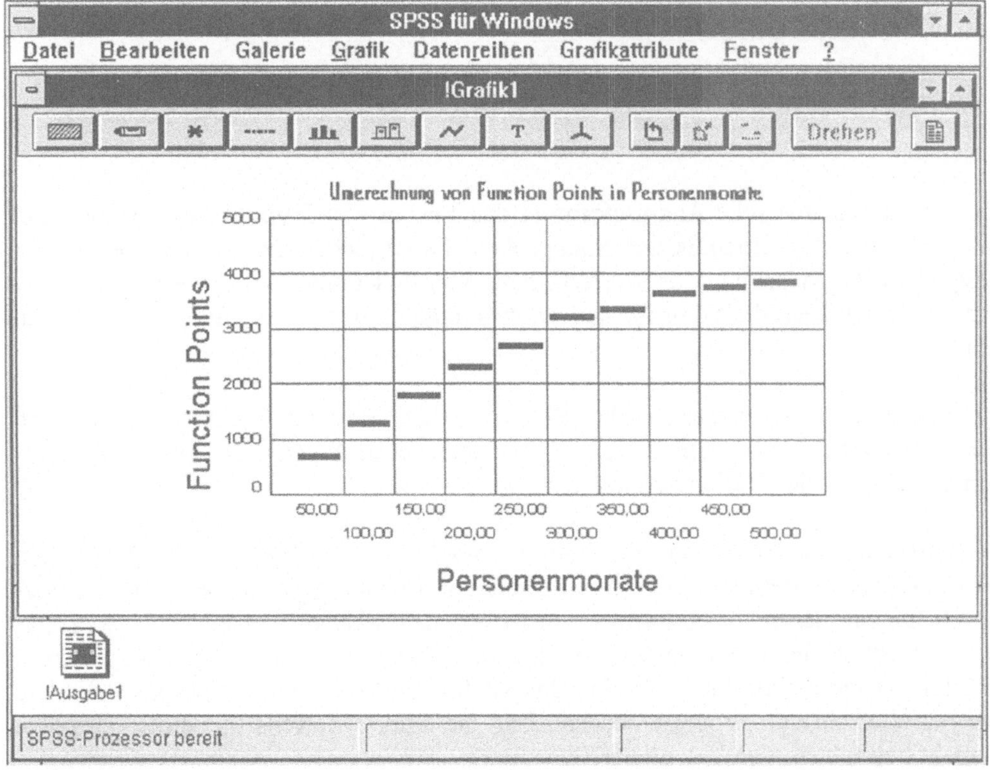

Die Analyse der verschiedenen Maße für objektorientierte Programmiersysteme zeigt die folgende 3DGrafik.

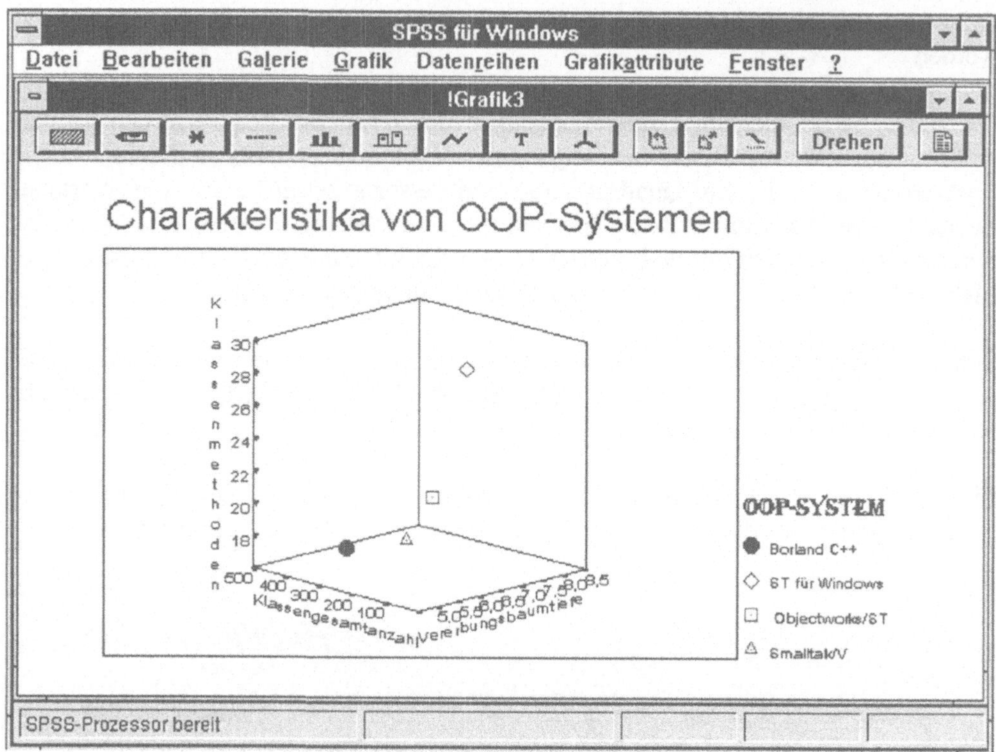

Eine weitere statistische Analyseform ist das **Testen von Hypothesen** . Dabei sind
die Meßwerte das Ergebnis von Stichproben. Es ist jedoch die (statistische) Unabhängigkeit der Messung oder Werterfassung von Bedeutung, um die Analyseverfah-
ren, wie den t-Test, die Signifikanzniveaubestimmung u. a. m., sinnvoll anwenden zu
können.

Mit der **Varianzanalyse** ist es bei SPSS möglich, für eine beliebige Anzahl von
Gruppenvariablen, wie zum Beispiel die verschiedenen Aspekte der Qualitätsbewertung, die Größe der Varianz zu testen.

Die **Messung linearer Zusammenhänge** ermöglichen bei SPSS die verschiedensten
Korrelationsbetrachtungen. Dabei wird auch die Behandlung von Fehlwerten einbezogen. Die in diesem Zusammenhang realisierbare Analyse einer partiellen Korrelation bezieht in die Untersuchung auf linearen Zusammenhang auch den (linearen)
Einfluß weiterer Variablen mit ein. Das ist für die Softwaremessung insbesondere
bei der Vielzahl von Programmcodemaßen, die zumeist jeweils nur einen einzelnen
Aspekt betrachten, von besonderer Bedeutung.

Die im SPSS anwendbare **multiple lineare Regressionsanalyse** ist eine besonders
leistungsfähige Komponente. Sie bestimmt die Ausreißer, die Anpassungsgüte des

zugrunde gelegten (statistischen) Modells, die Wertevorhersage bzw. die eigentliche Regressionsmodellierung überhaupt.

Schließlich sind im SPSS auch verteilungsfreie bzw. **nichtparametrische Tests** anwendbar.

Die Hauptmenüfunktionen haben beim SPSS den folgenden, zum Teil selbstdokumentierenden Inhalt:

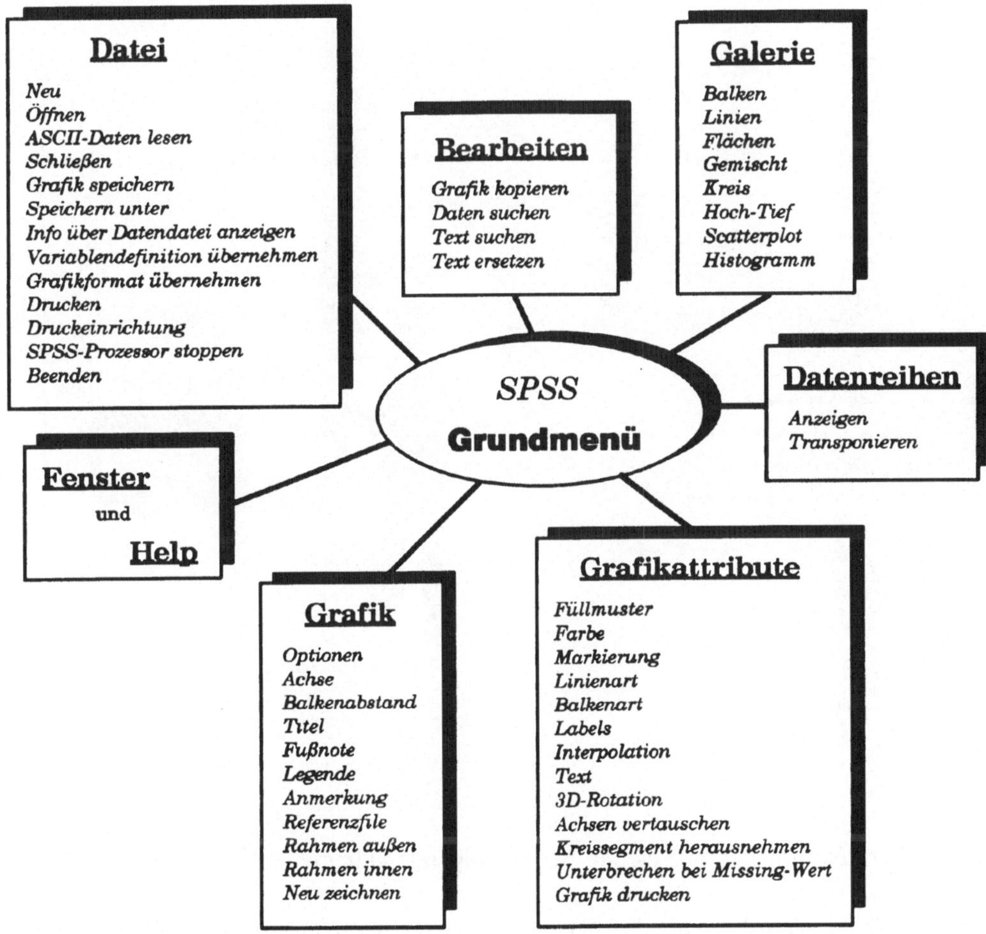

SPSS besitzt eine syntaxgesteuerte Ausgabemöglichkeit, die eine nahezu freie Anbindungsform zu weiteren Verarbeitungs- oder Auswertungstools ermöglicht.

Ein weiteres Tool zur Meßdatenverwaltung (/Hetzel 93/) ist der Metrics Manager.

2.6 Tools zur Softwaremeßmethodik

2.6.1 Das Metrikeninformationssystem von Zuse

Das Tool MIS /Zuse 95/ stellt ein Demonstrationsprogramm für Programmcodeme-
triken dar und erlaubt insbesondere die Analyse der meßtheoretischen Eigenschaften
derartiger Metriken. Das allgemeine Layout hat die folgende Form.

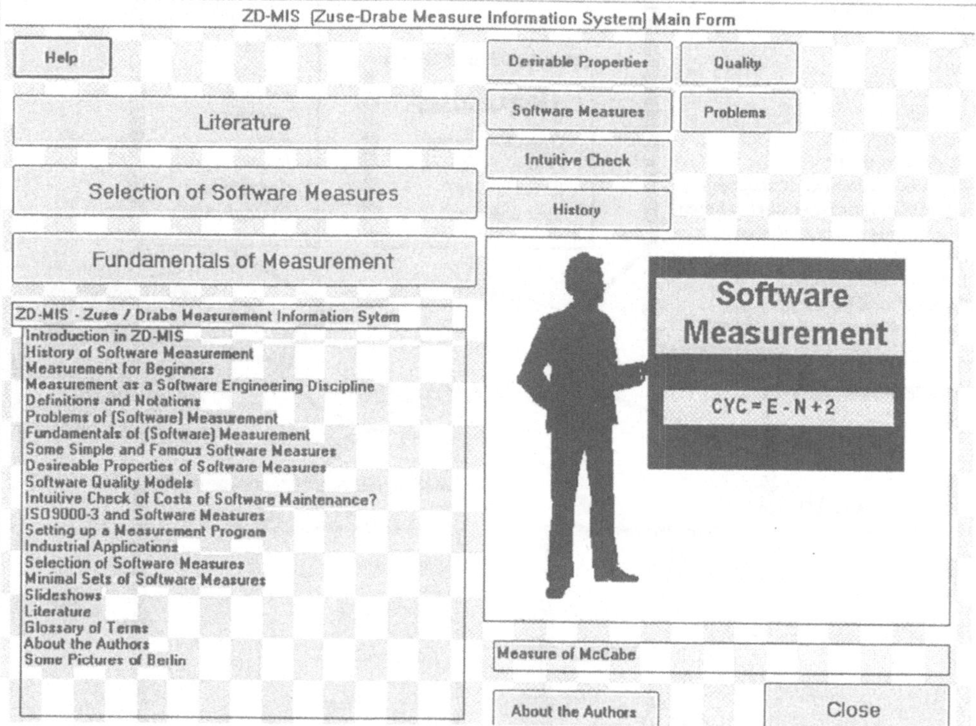

Dieses Metrikeninformationssystem besitzt folgende allgemeine Charakteristika:

- es enthält eine einführende Lernkomponente zur Softwaremessung im allgemeinen,

- es zeigt vor allem auf der Grundlage der Anwendung der Meßtheorie die wesentlichen Eigenschaften von einigen Hundert gespeicherten Metrikenbeispiele,

- es weist auf Literaturquellen von über 1200 Autoren hin,

- es ermöglicht die Definition, Modifikation und Archivierung beliebiger Steuerflußgraphen,

- es beinhaltet eine Reihe prägnanter Beispiele zur korrekten Anwendung der Meßtheorie für Softwaremetriken überhaupt.

Es ist auf PC anwendbar und kann als wertvolle Ergänzung für Schulungszwecke verwendet werden. Das Layout einer Metrikbewertung zeigt das folgende Bild.

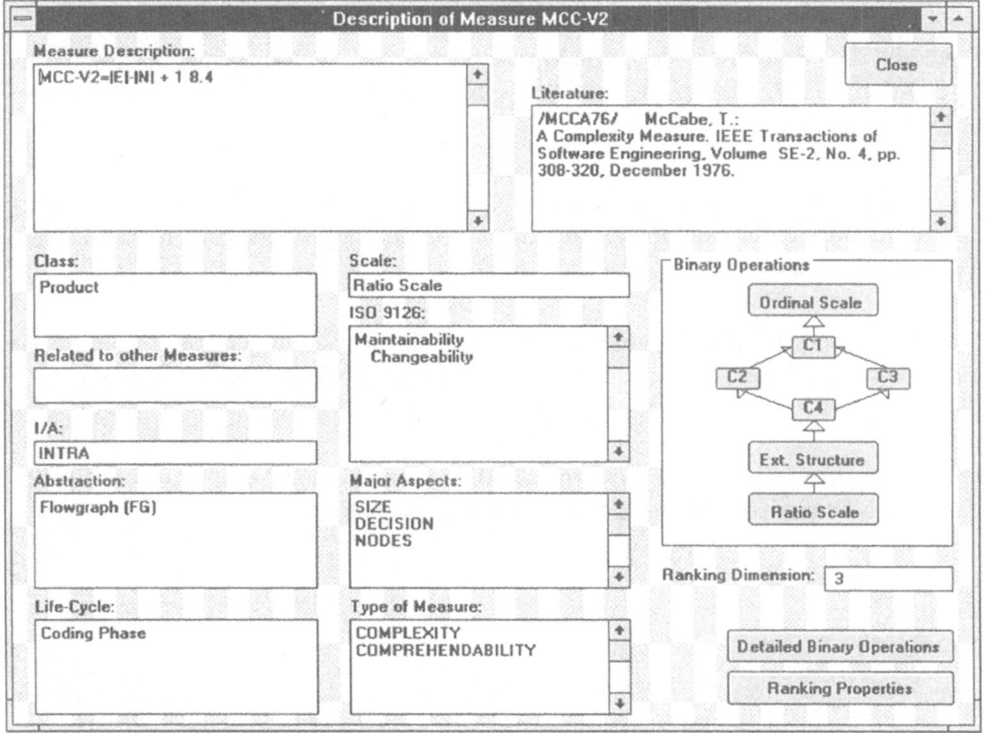

2.6.2 Die METKIT-Tools

METKIT steht für MEtrics Tool-KIT /METKIT/ und wurde im Rahmen eines ESPRIT-Projektes entwickelt. Der Begriff Tool steht hierbei allerdings für eine Lernvorlage bzw. Seminaranleitung. Die die Lehrmaterialien begleitenden Tools sind einfache Übungsprogramme für die Analyse ausgewählter Softwaremetriken bzw. Bibliographien zum Thema Softwaremessung. Die einzelnen Kapitel („Tools") haben folgenden Inhalt:

* **AM0:** Zitate und Abbildungen zur Motivation der Softwaremessung (Begriffe, Begründung, Anwendungsaspekte, Standards, Tools und Ziele),

* **AM2:** dieses Kapitel ist überschrieben mit „Was ist Softwaremessung?" und beinhaltet Begriffserklärungen zur Meßausrichtung, zu den Meßgegenständen, Meßformen, Skalierungen und zu den möglichen statistischen Auswertungen,

* **AM2.4:** hier werden Experimente zur Softwaretechnik beschrieben und die experimentellen Grundlagen (Hypothese, statistische Grundgesamtheit, gesteuerte Experimente, statistische Auswertung usw.) erläutert,

* **AM3:** die Prinzipien der Softwaremessung und Measurement Frameworks (GQM u.a.), Modelle (COCOMO usw.), Methoden und Meßdatenanalyse werden beschrieben,

* **AM3.2:** hierbei werden die Software-Engineering-Maße und Modelle hinsichtlich der Ansatzpunkte für die Qualitätsverbesserung - insbesondere der Zuverlässigkeit - angegeben,

* **AM4:** dieses Kapitel beinhaltet schließlich die Anwendungsmöglichkeiten und die derzeitige Situation in der Industrie sowie die Anwendung von Meßtools.

Wesentliche Ergebnisse dieser Lehrmaterialien sind im Buch von Norman Fenton (/Fenton 91/) enthalten und in eine einheitliche Form gebracht.

3 EFFIZIENTE SOFTWAREMESSTOOLANWENDUNG

3.1 Einleitende Bemerkungen

Aus der vorangegangenen Auflistung und der dabei zum Teil bereits gegebenen analytischen Betrachtungsweise ergibt sich folgende Situation bei den Tools zur Softwaremessung:

♦ Die größte Anzahl von Meßtools orientieren sich auf die Softwareproduktkomponenten und dabei vor allem auf den Quellcode in den verschiedensten (imperativen) Sprachen. Meßtools für andere Programmiersprachenparadigmen (funktionale, logische usw.) sind nahezu kaum vorhanden oder verwenden zu starke Vereinfachungen in ihrer Modellform.

♦ Meßtools für den Entwurf sind hauptsächlich auf klassische Entwurfsdokumente orientiert (z. B. Function-Point-Verfahren) und sind nicht mit einer Messung der Implementationsphase verbunden.

♦ Meßtools für die Spezifikation beinhalten oftmals zu starke Vereinfachungen (z.B. COSMOS für LOTOS), um die wesentlichsten *unterschiedlichen* Sprachkonstrukte auch unterschiedlich zu bewerten.

♦ Meßtools für die Dokumentationen zu einem Softwareprodukt sind nicht vorhanden. Die jeweiligen Messungen werden zumeist indirekt über Textverarbeitungstools teilweise realisiert.

♦ Für eine komplexe Softwareproduktbewertung sind die vorhandenen Meßtools nicht ausgerichtet.

♦ Für eine softwareentwicklungsbegleitende, durchgängige Messung und damit mögliche Steuerung des Prozesses fehlen die theoretischen Grundlagen und somit auch die Meßtools.

♦ Die Trennung der allgemeinen Meßanleitung, wie z. B. durch das AMI-Tool, von der dann i. a. separat auszuführenden Messung erweist sich für die Steuerung der Softwaremessung insgesamt als ungünstig.

Der effiziente Einsatz von Meßtools ist natürlich unbedingt von der gegebenen Zielstellung abhängig. Diese reicht von

* dem Ziel des einfachen Verständnisses einer Entwicklungsmethode, eines Programmierparadigmas hinsichtlich des quantitativen Charakters als Lernaufwand, Ressourcenaufwand u. ä. m.

* der angestrebten Verbesserung der angewendeten Entwicklungsmethode mit den jeweiligen (rechnergestützten) Hilfsmitteln,

* der Gewährleistung der Meßbarkeit für die Entwicklungskomponenten bzw. Komponenten des Softwarewareproduktes bis hin zu

* der gezielten Messung, Bewertung und Verbesserung von Entwicklungsaspekten überhaupt.

Unter diesem allgemeinen Aspekt sollen im folgenden zunächst die bisher beschriebenen Tools zur Softwaremessung klassifiziert werden.

3.2 Meßtools für die unterschiedlichen Meßbereiche der Softwareentwicklung

Für die angegebenen Beispiele ergibt sich bezogen auf den Inhalt und die Ziele der Softwaremessung folgende Toolsituation.

Meßobjekt	Evaluierung	Merkmalsabschätzung	modellbezogene Softwaremessung	direkte Softwaremessung
Prozeß	SOFT-ORG AMI SynQuest NEXTRA	CHECKPOINT SPQR/20 SOFT-MESS SQUID M-Base		Compiler bzw. Betriebssystemkomponenten
Produkt	NEXTRA	FPTOOL FP Workbench SOFT-CALC SPQR/20	COSMOS DATRIX DEMETER LDRA Testbed LOGISCOPE OOM PROMETRIX QUALIGRAPH QUALMS STW-METRIC Battlemap	CodeCheck Foundation Manager MCOMP MPP PC-METRIC SunNet Manager
Ressource	NEXTRA	SPQR/20		Betriebssystemkomponenten, Benchmarks, SunNet Manager Foundation Manager

Dabei ist zu erkennen, daß eine vorrangige Orientierung auf die Programmanalyse und Bewertung vorliegt.

3.3 Meßtools für die verschiedenen Entwicklungsphasen

Die folgende Tabelle zeigt die allgemeine Toolunterstützung in den einzelnen Softwareentwicklungsphasen.

Entwicklungs-phase	Prozeßbe-wertung	Produktbewertung	Ressourcen-bewertung
Problemde-finition		PDM Texteditoren	
Analyse/ Spezifikation	CECKPOINT SOFT-CALC SPQR/20	COSMOS FPTOOL FP Workbench OOM SOFT-CALC SPQR/20 SPQUID M-Base	CHECKPOINT SOFT-MESS SPQR/20
Entwurf		DEMETER ESQUT MOOD OOM	
Kodierung		COSMOS DATRIX LOGISCOPE MCOMP MPP PC-METRIC ProVista QUALIGRAPH QUALMS	
Test		Battlemap IDAS-TESTDAT LDRA Testbed LOGISCOPE STW METRIC	
Wartung	SOFT-MESS	Seela SmallCritic SOFT-MESS	Foundation Manager SOFT-MESS SunNet Manager

Hierbei ist zu erkennen, daß gerade in den „frühen Entwicklungsphasen", wie zum Beispiel bereits bei der Problemdefinition kaum eine Toolstützung für eine kontinuierliche Entwicklungsarbeit vorliegt. Außerdem ist die phasenübergreifende Meßwertanalyse und -kontrolle relativ gering ausgeprägt.

3.4 Leistungsbereiche der Meßtools für die Softwaremessung und -bewertung

Eine weitere Tabelle zeigt den Leistungsbereich der Meßtools von der Modellierung, der Messung, der Meßdatenaufbereitung bis hin zur Bewertung.

MESSTOOL	Definition und Planung	Modellierung	Messung/ Merkmalswerterfassung	Aufbereitung	Bewertung
AMI	x				
ATHENA		x	x		
Battlemap		x	x		x
CHECKPOINT			x		x
CodeCheck			x		
COSMOS		x	x	x	x
DEMETER	x	x	x	x	
DATRIX		x	x		x
ESQUT			x	x	x
EXCEL				x	
Foundation-Manager			x		x
FPTOOL			x	x	x
FP Workbench			x	x	
LDRA Testbed			x	x	x
LOGISCOPE		x	x	x	x
MCOMP			x		
METROPOL		x	x		x
MPP			x	x	
NEXTRA			x		x
OOM			x		
OOMetric			x	x	x
PC-METRIC		x	x		x
PDM			x		
Prometrix		x	x	x	
ProVista			x	x	x
QUALIGRAPH		x	x	x	
QUALMS		x	x	x	
RMS			x		x

MESSTOOL	Defini-tion und Planung	Model-lierung	Messung/ Merkmals-werterfassung	Aufbe-reitung	Bewer-tung
SmallCritic			x	x	x
Smalltalk Measure			x		x
SOFT-AUDOTIR			x	x	
SOFT-CALC				x	x
SOFT-MESS				x	x
SOFT-ORG	x				
SPQR/20			x		x
SPSS				x	
SQUID M-Base	x		x		x
STW/METRIC		x	x		x
SunNet Manager			x	x	x
SynQuest	x				
TESTSCOPE			x		x

Die Anzahl der Meßtools, die alle (gegebenenfalls) notwendigen Meß- und Bewertungsbereiche unterstützt, ist relativ gering bzw. schlägt sich auf jeden Fall in den Kosten des Meßtools nieder.

3.5 Meßtools für die verschiedenen Entwicklungsparadigmen

Bezogen auf die jeweilige Softwareentwicklungsmethodik ergibt sich folgende Klassifikation und Anwendungsform ausgewählter Softwaremeßtools.

Entwicklungsbereich	Paradigma	Meßtool
Entwurf	*Strukturierte Analyse*	DEMETER, SPQR/20, SVS
	objektorientiert	OOM, MOOD
	formale Spezifikation	COSMOS Prometrix
Programmierung	*imperativ*	COSMOS, DATRIX LOGISCOPE QUALIGRAPH LDRA Testbed
	applikativ	COSMOS Prometrix
	objektorientiert	MPP, LOGISCOPE
Dokumentation	*Hypertext*	PDM
	Textdokumente	RMS

Hierbei ist die Dominanz auf die imperative Programmierung und die klassische Entwurfstechnik zu erkennen.

3.6 Eine allgemeine Meßtoolanwendungsstrategie

Die Notwendigkeit der Anwendung von Softwaremeßtools ist wohl unumstritten. Dennoch gibt es häufig Unsicherheit zum Einführungsaufwand bzw. den Kosten eines derartigen Meßtools und dem (sich möglichst sofort einzustellenden) Nutzen der CAME-Toolanwendung. Strategische Hinweise können in diesem Zusammenhang nur allgemeinen Charakter haben und sollen im folgenden kurz angegeben werden (siehe auch /Dumke et al 94a/).

1. *Die Zielsetzung der Anwendung von Softwaremetriken kann gegebenenfalls auch durch organisatorische Maßnahmen (Mnemonik in Programmen, Konventionen bei der Softwareentwicklung u. ä. m.) oder durch eigene Implementation einfacher Metrikenberechnungen, wie dem McCabe-Maß bzw. der Auswertung der durch die Softwareentwicklungsumgebungen bereits bereitgestellten Informationen im Sinne einer wesentlichen Prozeßverbesserung gewährleistet werden.*

2. *Bei der Auswahl eines Softwaremeßtools ist stets zu beachten, daß*

   - *das Meßtool sich in die bereits vorhandene Toollandschaft relativ problemlos einpaßt,*

   - *die Grundidee, die mit dem jeweiligen Meßtool verfolgt wird, auch umfassend zur Anwendung kommt (das schließt die effiziente Bereitstellung der Meßobjekte aber auch eine flexible und wirkungsvolle Auswertungsmöglichkeit ein),*

   - *das Meßtool natürlich auch selbst der Dynamik im Hard-/ Softwarebereich unterliegt.*

3. *Einer wirkungsvollen Anwendung von Softwaremeßtools muß unbedingt eine Bestandsaufnahme (Assessment) aller Charakteristika der eigenen Softwareentwicklung und der Softwareproduktcharakteristiken vorausgehen. Oft erhält man dabei wichtige Hinweise zu den erforderlichen Voraussetzungen, die erst einmal geschaffen werden müssen (z. B. in Form von Fehleranalysen usw.), um das **richtige** Meßtool an der **richtigen** Stelle zum Einsatz zu bringen.*

Weitere Informationen zu Softwaremeßtools bzw. zur Softwaremessung überhaupt können unter **http://irb.cs.uni-magdeburg.de/se/metrics_eng.html** im World-Wide-Web eingesehen werden.

Literaturverzeichnis

/Abreu 94/ Abreu, F.de: *Object-Oriented Software Engineering: Measuring and Controlling the Development Process.* Proc. of the Fourth ICSQ, Washington, Oktober 1994

/AMI1/ AMI-Corporation: *Metrics Users' Handbook.* Handbuch zur Software-Qualitätssicherung der Europäischen Interessengemeinschaft AMI (Application of Metrics in Industry), South Bank University, London, 1993.

/AMI2/ AMI-Corporation: *The AMI Tool. User Manual* . V1.01, P.G.C.C. Technologie, Bourg-la-Reine, Frankreich, 1993.

/Arthur 93/ Arthur, L.J.: *Improving* Software *Quality - A Insider's Guide to TQM.* John Wiley & Sons Inc., 1993

/Arthur 92/ Arthur, L.J.: *Rapid Evolutionary Development - Requirements, Prototyping & Software Creation.* John Wiley & Sons, New York 1992

/Arnold 94/ Arnold, R.S.: *Software Reengineering.* IEEE Computer Society Press, Los Altimos, 1994

/Bache et al 91/ Bache, R.; Leelasena, L.:*QUALMS - for Control Flow Analysis and Measurement.* South Bank University, London, 1991.

/Baisch et al 94/ Baisch, E.; Ebert, C: *Produktivitätsbewertung im Softwareentwicklungsprozeß.* in /Dumke et al 94b/, S. 1-17

/Basili et al 88/ Basili, V.; Rombach, D.: *The TAME Project: Towards Improvement-Oriented Software Ingineering.* IEEE Trans. on Software Engineering, 14(1988)6, S. 758-773

/Basili et al 86/ Basili, V.R.; Selby, R.W.; Hutchens; D.H.: *Experimentation in Software Engineering.* IEEE Transactions on Software Engineering, 12(1986)7, S. 733-743.

/Berg 95/ Berg, K.van den: *Software Measurement and Functional Languages.* Ph. D., University of Twente, Enschede 1995

/Boehm 86/ Boehm, B.W.: *Wirtschaftliche Software-Produktion.* Forkel-Verlag, Wiesbaden, 1986

/Brooks 75/ Brooks, F.P.: *The Mythical Man Month - Essays on Software Engineering.* Addison-Wesley Publ., 1975

/Card et al 90/ Card, D.N.; Glass, R.L.: *Measuring Software Design Quality.* Prentice-Hall Inc., 1990

/CHECKPOINT/ CHECKPOINT for Windows: *CHECKPOINT Overview.* Software Productivity Research Inc., Burlington, 1993

/CodeCheck/ CodeCheck, *User Manual.* Abraxas Software Inc., Portland, USA 1995.

/Conger 94/ Conger, S.: *The New Software Engineering.* Wadsworth Publishing Comp., Belmont, Kalifornien, 1994

/COSMOS/ COSMOS: *Metrics Workbench 3.* User Guide, Leiden, July 1993.

/Debou et al 93/ Debou, D.; Liptak, J.; Schippers, H.: *Decision making for software process improvement, a quantitative approach.* Proc. of the AQuIS'93, Venice, Oktober 1993, S. 363-377

/DeMarco 89/ DeMarco, T.: *Software-Projektmanagement.* Wolfram's Fachverlag, 1989

/Quali 87/ DIN 55350: *Begriffe der Qualitätssicherung und Statistik.* Beuth Verlag, Berlin, 1987

/Quali 90/ DIN/ISO 9000-9004: *Qualitätssicherungssysteme.* Beuth Verlag, Berlin, 1990

/Dumke 93/ Dumke, R.: *Modernes Software Engineering - Eine Einführung.* Vieweg Verlag Braunschweig Wiesbaden, 1993

/Dumke 92a/ Dumke, R.: *Softwareentwicklung nach Maß -- Schätzen, Messen, Bewerten.* Vieweg Verlag, Wiesbaden Braunschweig, 1992.

/Dumke et al 93/ Dumke, R.; Koeppe, R.: *Komplexität bei der Software-Entwicklung und Softwarezuverlässigkeit.* Tagungsband zum Workshop „Software hoher Zuverlässigkeit, Verfügbarkeit , Sicherheit", Mai 1995, Universität der Bundeswehr, München, S. 6-1 - 6-22

/Dumke et al 95/ Dumke, R.; Foltin, E.: *Measurement Based Object-Oriented Software Development.* Workshop Paper Presentation ECOOP'95, Arhus, August 1995

/Dumke et al 94a/ Dumke, R.; Kuhrau, I.: *Tool-Based Quality Management in Object-Oriented Software Development.* Proc. of the 3rd Symposium on Assessment of Quality Software Development Tools, 7.-9. Juni, 1994, Washington, S. 148-160.

/Dumke et al 92b/ Dumke, R.; Neumann, K.; Stoeffler, K.: *The Metric Based Compiler -- A Current Requirement.* SIGPLAN Notices, 27(1992)12, S. 29-38.

/Dumke et al 94b/ Dumke, R.; Zuse. H.: *Theorie und Praxis der Softwaremessung.* Deutscher Universitätsverlag Wiesbaden, 1994

/EXCEL/ EXCEL: *Benutzerhandbuch.* Microsoft, 1992

/Fenton 91/ Fenton, N.: *Software Metrics -- A Rigorous Approach.* Chapman & Hall, London, 1991.

/Fenton 93/ Fenton, N.: *System Construction and Analysis.* Mc-Graw-Hill Inc., 1993

/Fisher 91/ Fisher, D.T.: *Myths and Methods - a guide to software productivity.* Prentice Hall Inc., 1991

/Foltin 95/ Foltin, E.: *Entwurf und Implementation eines Hypertextbewertungstools.* Technischer Report, Universität Magdeburg, Mai 1995

/FPTOOL/ FPTOOL: *Aufwandsschätzung von DV-Projekten mit dem Schätzwerkzeug FPTOOL.* dürr comsoft GmbH, München, 1994

/FPW/ FUNCTION POINT WORKBENCH, *User Manual.* CHARISMATEK Software Metrics Inc., Melbourne, 1994.

/Geringer et al 94/ Geringer, P.T.; Gulledge, T.R.; Hutzler, W.P.: *Software Engineering Economics and Declining Budgets.* Springer Verlag, 1994

/Gilb 88/ Gilb, T.: *Principles of Software Engineering Management.* Addison Wesley Publ., 1988

/Gillies 92/ Gillies, A.C.: *Software Quality - Theory and management.* Chapman & Hall Inc., 1992

/Glass 95/ Glass, R.L.: *Software Creativity.* Prentice-Hall Inc., 1995

/Grady 92/ Grady, R.B.: *Practical Software Metrics for Project Management and Process Improvement.* Prentice Hall Inc., 1992

/Großjohann 94/ Großjohann, R.: *Über die Bedeutung des Function-Point-Verfahrens in rezessiven Zeiten.* in /Dumke et al 94b/, S. 20-43

/Gustafson et al 93/ Gustafson, D.; Tau, J.; Weaver, P.: *Software Measure Specification.* Software Engineering Notes, 18(1993)5, S. 163-168

/Hausen et al 93/ Hausen, H.; Wetzel, D.: *Guides to Software Evaluation.* GMD Arbeitspapier 746, St. Augustin, 1993

/Heckendorf 95/ Heckendorf, R.: *Metrikenbasierte Smalltalk-Erweiterungen.* Studienarbeit, Universität Magdeburg, Mai 1995

/Heitkoetter 90/ Heitkoetter et. al.: *Design metrics and aids to their automation collection.* Information and Software Tehnology, 32(1990)1, S. 79-87

/Hetzel 93/ Hetzel, B.: *Making Software Measurement Work: Building and Effictive Measurement Program.* QED Publ., 1993

/Humphrey 90/ Humphrey, W.S.: *Managing the Software Process.* Addison Wesley Publ.; 1990

/IDAS/ IDAS-TESTAT, *Anwendungsbeschreibung,* IDAS GmbH, Limburg, 1994

/IEEE 93/ IEEE Standard *for a Software Quality Metrics Methodology.* IEEE Std. 1061-1992, New York, 1993.

/ISO 9126/ ISO/IEC Standrad for a *Software Quality Metrics Methodology.* IEEE Publisher, Geneve, USA, 1991

/Jannasch 92/ Jannasch, H.: *Comparative Description of Software Quality Measurement Tools.* Technical Report, Siemens AG, Berlin 1992

/Jones 91/ Jones, C.: *Applied Software Measurement.* McGraw-Hill Inc, 1991

/Jones 94/ Jones, C.: *Assessment and Control of Software Risks.* Yourdon Press, New Jersey, 1994

/Jones 93a/ Jones, C.: *Critical Problems in Software Measurement.* IS Management Group Report, Carlsbad, Kalifornien, 1993

/Jones 93b/ Jones, C.: *Source of Errors in Software Cost Estimating.* Technical Report, SPR Inc., Burlington, 24. November 1993

/Jones 94a/ Jones, C.: *Table of Programming Languages and Levels.* Version 7, Technical Report, Sofwtare Productivity Research Inc., Burlington, Januar 1994

/Kan 95/ Kan, S.H.: *Metrics and Models in Software Quality Engineering.* Addison-Wesley Publ., 1995

/Kitchenham et al 93/ Kitchenham, B.; Känsälä, K.: *Inter-item Correlation among Function Points.* Proc. of the First Int. Software Metrics Symposium, Baltimore, Mai 1993, S. 11-14

/Kitchenham et al 89/ Kitchenham, B.A.; Littlewood, B.: *Measurement for Software Control and Assurance.* Elsevier Publ., 1989

/Knaak et al 94/ Knaak, K.; Kunert, O.; Schmidt, S.: *Anwendung des AMI-Tools in einer Softwareentwicklungsgruppe.* Studienarbeit, Universität Magdeburg 1994

/Koch 93/ Koch, G.: *Process Maturity Models: German Experience.* Proc. of the German-Quebec Workshop on Metrics in Software Evolution, St. Augustin, Oktober 1993, S. 3-1 - 3-67

/Kuhrau 94/ Kuhrau, I.: *Konzeption und Implementation eines Software-Meß-Tools für C++.* Diplomarbeit, Universität Magdeburg, 1994.

/Lehner 94/ Lehner, F.: *Messung der Software-Dokumentation und Messung der Dokumentationsqualität.* Carl Hanser Verlag, München Wien, 1994

/Lehner 91/ Lehner, F.: *Softwarewartung - Management, Organisation und methodische Unterstützung.* Carl Hanser Verlag, München Wien, 1991

/Leiste 91/ Leiste, H.: *Implementation des Prototyps eines Softwarebewertungsplatzes.* Diplomarbeit, Universität Magdeburg, 1991.

/Linger 94/ Linger, R.C.: *Cleanroom Process Model.* IEEE Software, März 1994, S. 50-58

/Lorenz 94/ Lorenz, M.; Kidd, J.: *Object-Oriented Software Metrics.* Prentice-Hall Inc., 1994

/MAIN/ *Maintenance Tools.* IEEE Software, Mai 1990, S. 59-66

/Ency 94/ Marciniak, J.J.: *Encyclopedia of Software Engineering.* Vol. I und II, John Wiley & Sons Inc., 1994

/Mayerhauser 90/ Mayerhauser, A.v.: *Software Engineering - Methods and Management.* Academic Press Inc., Boston, 1990

/McCabe 92/ McCabe, T.J.: *The Outlook - Newsletter.* McCabe Associates, Columbia, 1992

/McCabe et al 89/ McCabe, T.J.; Butler, C.W.: *Design Complexity Measurement and Testing*. CACM 32(1989)12, S. 1415-1425

/METKIT/ METKIT: *Anwendungdsbeschreibung*. ESPRIT Projekt 2384, South Bank University London 1992

/Mills 88/ Mills, E.E.: *Software Metrics*. SEI-CM-12, Technical Report, Carnegie Mellon University, Pittsburgh, 1988

/Möller et al 93/ Möller, K.H; Paulish, D.J.: *Software-Metriken in der Praxis*. Oldenbourg Verlag, 1993

/Morschel 94/ Morschel, I.: *Applying Object-Oriented Metrics to Enhance Software Quality*. in /Dumke et al 94b/, S. 97-110

/NEXTRA/ NEXTRA: *User Manual*. Neuron Data Inc., Palo Alto, Kalifornien, 1989

/Norris et al 93/ Norris, M.; Rigby, P.: Payne, M.: *The Health Software Project*. John Wiley & Sons, 1993

/Papritz 93/ Papritz, T.: *Implementation eines OOM-Tools für die Messung von OOA-Modellen*. Studienarbeit, Universität Magdeburg, Juli 1993

/PERF/ *Performance Tools*. IEEE Software, Mai 1990, S. 21-30

/Perry 91/ Perry, W.E.: *Quality Assurance for Information Systems*. QED Technical Publishing Group, Wellesley, 1991

/Prometrix/ Prometrix: *User Manual*. Infometrix Software, Glasgow, 1992

/ProVista/ ProVista: *Benutzerhandbuch*. 3SOFT, Erlangen, 1994

/Putnam et al 92/ Putnam, L.H.; Myers, W.: *Measures for Excellence*. Prentice Hall Inc., 1992

/QUALI/ QUALIGRAPH: *An Automated Tool for Software Quality Control & Graphic Documentation*, SZKI, Budapest, 1989.

/Roberts 79/ Roberts, F.S.: *Measurement Theory with Applications to Decisionmaking, Utility, and the Social Science*. Addison-Wesley Publ., 1979

/Robillard 91/ Robillard, P.: *Profiling Software Through the Use of Metrics*. CRIM, Montreal, Canada, 1991.

/Schmauch 94/ Schmauch, C.H.: *ISO 9000 for Software Developers*. ASQC Quality Press, Milwaukee, 1994

/Sneed 94/ Sneed, H.: *Bessere Projektaufwandsschätzung durch Einsatz von Function-, Data- und Object-Point-Metriken*. Tagungsband „KAIZEN - Kontinuierliche Sofwtare-Projekt-/Prozeßverbesserung durch Bewertung und Messen, Zürich, August 1994, S. 3-1 - 3-23

/SOFT1/ SOFT-AUDITOR: *Anwendungsbeshreibung*. SES GmbH, München, 1994

/SOFT2/ SOFT-CALC: *Benutzerhandbuch*. SES GmbH, München, 1995

/SOFT3/ SOFT-MESS: *Benutzerdokumentation*. SES GmbH, München, 1994

/SOFT4/ SOFT-ORG: *Benutzerhandbuch*. SES GmbH München, 1995

/SPQR/ SPQR/20: *User Manual*. Software Productivity Research Inc., Burlington, Maryland, 1995

/SPSS/ SPSS: *Benutzerhandbuch für das Basissystem*. SPSS Inc., Chicago, 1994

/Symons 91/ Symons, C.R.: *Sofwtare Sizing and Estimation: MK II FPA*. John Wiley & Sons Inc., 1991

/SynQuest/ SynQuest: *Handbuch Version 1.04*. SynSpace GmbH, Freiburg, 1995

/Thaller 93/ Thaller, G.E.: *Qualitätsoptimierung der Software-Entwicklung - Das Capability Maturity Model (CMM)*. Vieweg Verlag, Braunschweig Wiesbaden, 1993

/Tiedge 92/ Tiedge, I.: *Erweiterung des Softwarebewertungsplatzes SVS zu einem Softwaremeßplatz*. Diplomarbeit, Universität Magdeburg, 1992

/Tsalidis 90/ Tsalidis, C.: *The ATHENA Software Measurement Tool.* Proc. of the Magdeburg Workshop on Software Measurement, Oktober 1990, S. 83-109

/LOGI/ Verilog: *LOGISCOPE - Reference Manual Version 3.1.* Verilog SA, Toulouse, 1992

/Wallmüller 95/ Wallmüller, E.: *Ganzheitliches Qualitätsmanagement in der Informationsverarbeitung.* Carl-Hanser Verlag, München Wien, 1995

/Wellmann 92/ Wellmann, F.: *Software Costing.* Prentice Hall Inc., 1992

/Weyuker 88/ Weyuker, E.J.: *Evaluating Software Complexity Measures.* IEEE Trans. on Software Engineering, 14(1988)9, S. 1357-165

/Whitty 90/ Whitty, R. W.: *Structural Metrics for Z Specifications.* Proc. of the Z User Workshop, Oxford 1989, Springer Verlag, 1990, S. 186-191

/Winkler 94/ Winkler, A.: *Leistungsmodellierung und -bewertung.* Vorlesungsskript, Universität Magdeburg, 1994

/Yamada 90/ Yamada et al.: *Quantitative Analysis Method of Software Design Charateristics for Quality Improvement.* Proc. of the ECSQA'90, Oslo 1990

/Zuse 95/ Zuse, H.: *MIS - Anwendungsbeschreibung.* TU Berlin, 1995

/Zuse 91/ Zuse, H.: *Software Compexity - Measures and Methods.* Verlag de Gruyter, Berlin, 1991

Sachwortverzeichnis

L

LDRA Testbed 179
Leistungsanalyse 190
Leistungsbereiche 212
Life-Cycle-Maße 33
LOC 10
LOGISCOPE 157
LOTOS 115

M

Managementaktivität 8
Managementmaße 33
Maturity-Maße 33
McCall-Modell 84
MCOMP 129
Merkmalsabschätzung 28
Meßausrichtung 2
Meßbereiche 210
Meßdatenauswertung 197
Meßdatenverwaltung 197
Meßkomponenten 16
Meßobjekt 15, 18
Meßobjektraum 14
Meßstrategien 19
Meßtoolanwendungsstrategie 214
Meßwertdarstellung 197
Methodenmaße 146
METKIT 207
Metrikenprogramm 38
METROPOL 169
MIS 206
MK II FPA 86
Modulmaße 121
MOOD 123
MPP 143
MTBF 184
MTTF 19
MTTR 184

N

NCSS 23

NEXTRA 55
NLLOC 22

O

Object-Point-Methode 87
OOM 197
OOMetric 145

P

Pareto-Gestetz 4
PC-METRIC 167
PDM 88
Personalmaße 33
Produkt 15
Produktbewertung 81
Produktivität 12
Produktivitätsfaktor 6
Produktmaße 33
Produktqualität 81
Programmbewertung 128
Programmflußgraphen 147
Programmklassen 4
Programmetriken 140
Programmtest 170
Prometrix 168
ProVista 152
Prozeß 15
Prozeßmaße 33

Q

QUALIGRAPH 142
Qualitätskreis 45
Qualitätsmaße 33
Qualitätssicherung 44
QUALMS 147

R

Ressourcenbewertung 189
Ressourcenmaße 33
RMS 90

QM-Handbuch der Software-entwicklung

von Dieter Burgartz

1995. XVIII, 185 Seiten mit Diskette.
(Zielorientiertes Business-Computing;
hrsg. von Stephen Stephen)
Gebunden.
ISBN 3-528-05493-X

Über den Autor:
Dipl.-Math. Dieter Burgartz studierte Mathematik, Informatik und Physik in Bonn. Seit 1973 ist er in der Softwarebranche tätig als Projektleiter, Geschäftsbereichsleiter und Geschäftsführer. Außerdem ist er Fachautor und Berater für Informationstechnologie, Projektmanagement, Qualitätsmanagement und DV-Controlling.

Aus dem Inhalt:
Qualitätsmanagement – Qualitätssicherung – DIN ISO 9000 – Software – Softwareentwicklung – Zertifizierung – Qualitätsmanagementelemente – Qualitätsmerkmale der Software.

Qualität ist eine wachsende Forderung des Marktes, dient der Erfüllung der Kundenerwartung und der Vermeidung von Fehlern und Verlusten in den Prozessen zur Erstellung einer Software. Mit den DIN ISO 9000-Normen sind Richtlinien zur Festlegung, Darstellung und Verwirklichung von Qualitätsmanagementsystemen gegeben, die ein System von konstruktiven, analytischen und administrativen Maßnahmen zur Sicherstellung der Erfüllung der Qualitätsanforderungen fordern. Für die Erstellung eines unternehmensspezifischen Qualitätsmanagementsystems ist das Qualitätsmanagementhandbuch das wichtigste Dokument. Das Buch zeigt, was ein solches Handbuch enthalten muß und wie es erstellt wird. Mustertexte und Leitfäden zeigen auf, auf was zu achten ist, und weisen den Weg zu einem normengerechten Handbuch, das Voraussetzung für die Zertifizierung eines Qualitätsmangementsystems ist. Die Texte des Musterhandbuches, die weitgehend direkt übernommen werden können, sind auf der beiliegenden Diskette enthalten.

Verlag Vieweg · Postfach 1546 · 65005 Wiesbaden

Softwareentwicklung nach Maß

von Reiner Dumke

1992. XVIII, 243 Seiten.
Gebunden.
ISBN 3-528-05232-5

Über den Autor:
Dr.-Ing. habil. Reiner Dumke lehrt an der Technischen Universität „Otto von Guericke", Magdeburg.

Aus dem Inhalt:
Ziele der Software-Messung – Meßgegenstand – Software-Messung – Software-Metriken und deren Validation – Meß-Tools – Software-Entwicklung nach Maß.

„Software-Metrie" ist eine junge Disziplin der Informatik, die sich mit der Messung, Bewertung und Qualiätssicherung bei der Entwicklung und Produktion von Software befaßt. Das Buch macht mit den anwendungsrelevanten Grundlagen vertraut und stellt die Verfahren, Metriken und Tools vor. Gegenstand des vorliegenden Werkes ist es, die Produktion von Software mit geeigneten Software-Maßen zu unterstützen. Dabei ist die Darstellung so gehalten, daß Studenten, Praktiker und Entscheidungsträger gleichermaßen einen gezielten Ein- und Überblick erhalten können. Ein Informatikbuch, das nicht zuletzt auch für den Wirtschaftsinformatiker von Interesse ist.

Verlag Vieweg · Postfach 1546 · 65005 Wiesbaden